다시 쓴

유기화학 실험

제4판

김 홍 범

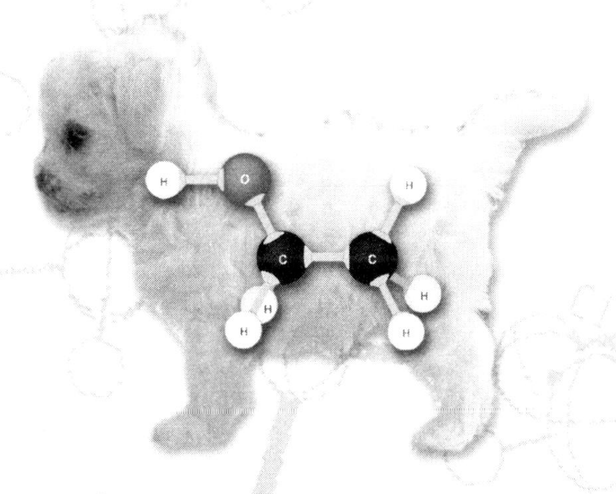

자유아카데미

유기화학에서는 물질이 나타내는 물성과 반응성을 그 물질의 분자 구조로 설명하려고 한다. 술을 마시면 사람이 개같이 된다는 말이 있다. 그런데 술의 주성분인 에탄올의 구조는 표지 그림과 같이 개의 형태를 취하고 있다. 과연 이것은 우연의 일치일까?

차 례

4판을 내면서

“다시 쓴 유기화학 실험” 이 세상에 나온 지 어느 새 4년이 지났습니다.

먼저 제 책을 학부 유기실험에 채택하여 주신 유기화학실험 담당 교수님들과 책방에서 우연히 접한 제 책으로 공부하였다고 알려 준 학생들에게 감사드립니다.

그 동안 매년 조금씩 부족한 점을 고쳐나갔지만 충분히 검토하지 못하고 있는 것 같아서 늘 아쉬웠습니다. 이번에는 시간을 가지고, 2006년 이 책을 기반으로 만들었던 영문판 "K's Manual for Organic Laboratory" 에서 준비한 자료도 참조하여 다음과 같은 점을 보완하여 4판을 내놓게 되었습니다.

1. 상급 유기실험과정에서는 꼭 필요하지만 국내 학부실험 여건을 고려하여 빼놓았던 **컬럼 크로마토그라피** 실험과정을 추가 하였습니다.
2. 이 책의 특징중에 하나인 얇은막 크로마토그라피 내용에서 사용한 시료 화합물의 물성에 대하여 수정 보완 하였습니다.
3. 유기화학물의 물성과 반응 메카니즘을 이해하는 데 꼭 필요한 **전자쌍 이동**에 대한 쉽고 자세한 설명을 부록에 추가하였습니다. 실험 중 기다리는 시간에 학생들이 **전자쌍 이동**에 대한 연습을 하여 숙지하면 유기화학의 주요개념을 이해하는데 좋은 도움이 될 것입니다.
4. 켐드로를 이용한 유기화합물 구조 그리기의 내용을 강의 내용에 따라서 다양하게 구성하였습니다.
5. 본문 내용의 이해를 돕기 위하여 유기화합물의 구조를 보충하였습니다.

4판을 만드는 데 도움을 준 유기화학연구실 이태성군의 노고를 밝혀 둡니다. 이번에 나름대로 내용을 보강하였지만 아직도 고치거나 보충해야 할 부분 있으리라고 생각됩니다. 유기화학 실험을 공부하는 학생들에게 도움이 되는 책이 되기 위하여 여러분들의 조언 부탁드립니다.

2008년 11월

머리말

이 책은 국내외의 교육 현장에서 사용되고 있는 기존의 여러 유기화학 실험책을 검토한 후, 새로운 형식으로 다시 쓴 **유기화학 실험교과서**입니다.

글쓴이의 일차적인 목표는 실험결과를 바탕으로 유기 실험의 기본 테크닉, 유기 반응 및 이에 필요한 이론 등에 대한 쉽고도 자세한 설명을 제공함으로써 학생들이 유기화학에 대한 흥미를 가질 수 있도록 하는 데 있습니다. 나아가 학생들이 이러한 흥미를 바탕으로 다양한 전공 서적을 찾아 공부할 수 있는 학습능력을 갖도록 하는 데 이 책의 궁극적인 목적이 있습니다.

기존의 여러 실험책의 내용은 유기화학 교과서와 중복되는 경우가 많았으며, 대부분 먼저 이론적 설명을 전개한 후, 실험을 통하여 그것을 이해하는 순서로 기술되어 있습니다. 다시 말해 실험보다 이론을 중시하는 태도가 지배적이었습니다. 이를 감안해 이 책의 서론 부분에서는 수업 시간에 유기화학 교과서를 통해 제공되는 일반적인 내용을 가능한 한 다루지 않았습니다. 서론에서는 유기화학을 공부하면서 다루게 될 화합물 및 여러 반응에 대한 실용적이나 좀 더 고급 유기 지식을 전달하고자 시도하여, 학생들이 수업시간에 배우는 지식보다 중급 정도의 유기화학 지식을 습득할 수 있도록 지도하고 있습니다. 뿐만 아니라 **학생들이 실험을 먼저 수행함으로써 실험 과정, 결과, 화합물 등에 대한 지식을 실제로 접할 수 있는 기회를 마련하고, 이것을 바탕으로 기초적인 지식을 숙지한 연후에 서론 부분을 이해하도록 구성**했습니다. 실제 실험 과정과 결과에 대한 체험을 통해 유기화학 지식의 유용성을 직접 확인하도록 한 것입니다.

이 책은 **동의서**, **유기화합물의 물성과 구조**, **유기반응**, **부록**의 순서로 구성되어 있습니다.

동의서는 학생들이 실험실에서 반드시 준수해야 하는 안전에 관한 주의사항에 대해 언급하고 있습니다. 유기화합물은 일반적으로 환경오염의 주범일 뿐만 아니라 매우 위험한 물질로 잘못 인식되어 있습니다. 그러나 유기화합물은 주의사항만 잘 지키면 더할 나위 없이 안전하고 유용하다는 사실을 강조하기 위하여 특별히 서두에 배치하였습니다.

유기 화합물의 물성과 구조에서는 **유기화합물의 용해**, **TLC**, **증류**, **추출**, **재결정** 등의 실험을 통하여 유기반응을 수행하는 데 필요한 기본 실험조작 방법을 습득하도록 합니다. 이를 통해 여러 가지 유기 용매 및 유기 화합물을 실제로 취급할 수 있는 기회를 마련하여, **유기화합물의 물성과 구조의 상관관계**를 다루는 데 필요한 유기화학의 기초 지식을 전수하고자 합니다.

유기반응에서는 기본적인 작용기 변환에 쓰이는 여러 반응을 중점적으로 다루어 **실험방법의 조작과정, 반응 원리와 반응 메카니즘** 등과 관련시켜 설명하려고 시도하였습니다. 기존 유기화학 실험책의 실험 방법에 따르면, 반응조건에 대한 명확한 설명이 부족하여 재현성 있는 결과를 얻지 못하거나, 학생들의 실험시간이 길어지는 경우가 많이 있습니다. 글쓴이 자신의 경험에 비추어보아도 이렇게 유기화학 실험을 수행하였을 경우, 실험을 통해 보람과 즐거움을 주기 보다는, 유기실험이 어렵다는 선입견만 심어주게 되어, 유기화학에 대한 학생들의 흥미와 신뢰를 반감시키는 결과를 낳게 되었습니다. 이러한 폐단을 개선하기 위하여 이 책은 각 **실험방법 - 시약의 양, 반응조건, 반응모니터 등 - 을 최대한 확인하여 재현성을 확립하였을 뿐만 아니라, 반응을 효율적으로 수행**할 수 있도록 하였습니다.

앞으로 미래를 선도할 젊은 과학도들이 이 책을 통해 유기화학 실험의 보람과 즐거움을 느끼고, 하루 하루가 다르게 발전하고 있는 유기화학의 세계로 인도할 이정표가 되기 바랍니다.

우선 이 책이 기존의 유기 실험책을 저술한 국내 외 저자들의 노고를 바탕으로 이루어진 것임을 밝히며 그들에게 감사의 말을 전합니다. 그리고 이 책의 실험 과정과 결과를 실험하여 확인하는 데 참여한 동국대학교 이과대학 화학과 유기화학 연구실 소속의 학부생들, 실험 내용을 정리하고 작성한 석사과정의 장윤선양, 원순기군 그리고 김완중군에게 감사의 뜻을 밝혀둡니다. 보다 나은 실험교재를 만들기 위한 저의 의도에 대한 그들의 따뜻한 이해와 자발적인 참여가 없었다면 이 책을 쓸 수 없었을 것입니다. 아울러 이 책의 내용을 처음부터 끝까지 꼼꼼하게 살펴 준 김성훈 교수의 도움도 큰 힘이 되었습니다.

마지막으로 저로 하여금 유기화학자의 길로 들어설 수 있도록 인도해 주셨을 뿐만 아니라, 이 책의 초고를 처음부터 끝까지 검토하시고 여러 도움말을 주신 아버님, 언제나 곁에서 모든 것을 지켜봐 주셨던 할머님과 어머님께 이 책을 바칩니다

2006년 7월

동국대학교 이과대학 화학과

김 홍 범

실험하는 학생들에게 주고 싶은 말

유기 화학자에게 유기 실험실은 외과의사에게 수술실이나 축구선수에게 축구장과 같은 것입니다. 수술이나 시합을 하면서 다른 생각을 하거나, 휴대 전화를 받은 사람은 없을 것입니다. 유기실험을 하는 사람도 마찬가지입니다. 유기 실험실에서는 유기화학 실험만을 생각하고, 고민하기 바랍니다. 지식의 습득은 본인이 집중하여 노력한 만큼 얻어지는 것이므로, 유기화학 실험시간을 효율적이고 유용하게 운영하기 바랍니다.

1. 이 책은 **서론**, **실험과정**, 그리고 **참고** 로 이루어져 있습니다.

   학생들이 **실험과정**과 **노트**를 읽으면서 바로 실험을 수행하며, 실험과정에서 관찰과 결과를 책에 직접 기술할 수 있도록 씌어졌습니다. 그러나 반드시 실험을 시작하게 전에 해당 실험에서 사용할 **기구 이름** 및 유기 **화합물의 구조와 물성** 등을 정리, 숙지하고 실험에 임하기 바랍니다.

2. 실험실에서는 반드시 **보안안경**을 착용해야 하며, 실험과정을 조작하게 앞서 그 과정에 대한 해당 **참고의 내용과 주의사항**을 읽은 다음 실험과정을 수행하기 바랍니다.

3. 유기실험은 반응이 진행되는 동안 기다리는 시간이 많이 있습니다. 실험과정에서 기다리는 동안 참고 부분의 **반응 메카니즘**을 스스로 직접 그려보는 연습을 반복하여 충실히 해야 합니다.

   서론에서는 여러분이 다룬 화합물이나 해당 반응에 대해 일반적으로 적용되는 내용 및 보다 고급의 내용을 다루고 있습니다. 반응과정과 내용에 대하여 이해가 되면 서론을 읽고, 그 곳에서 언급된 화합물들의 구조도 역시 반복하여 그려보기 바랍니다.

   실험을 끝낸 후에는 얻어진 실험 결과를 생각하면서 그 **실험내용**과 **서론 내용**에 대하여 **강의 교과서 및 그 외의 고급 유기화학관련 서적들**을 참조하여 공부해야 합니다.

   실험실에서는 막연히 기다리는 시간이 있는 것이 아니라 **유기화학 실험과 유기화학 지식에 대하여 생각하는 시간**만이 있다는 마음가짐이 필요합니다.

4. 여러분들이 이제 유기반응 실험을 한다고 가정해 봅시다. 이 책에 적혀진 과정을 그대로 수행하면 원하는 결과를 바로 얻을 수 있을 것으로 기대한다면 유기 화학 반응의 특성을 올바로 이해하고 있다고 할 수 없습니다. **교과서에 실린 많은 화학반응의 반응조건은 수십 번이나 수백 번, 또는 그 이상의 시도와 실패 및 무수**

한 실수를 통하여 만들어진 것입니다.

따라서 아무리 잘 만들어진 반응과정이라도 처음 시도하는 사람으로부터는 소정의 결과가 나오지 않는 확률이 훨씬 높습니다. 그러므로 여러분이 처음 시도한 유기반응 실험에서 원하는 결과를 얻지 못했다고 해서 실망할 필요가 없습니다. **실험이란 한번 시도에 의하여 결정되는 것이 아니고 되풀이하였을 때 같은 결과가 나올 수 있는 방법을 찾기 위하여** 하는 것입니다. 실험을 수행하는 과정에서 여러분이 좋은 결과를 얻지 못한다고 해도 그것은 여러분의 잘못이 아닙니다. 이는 여러분이 아직 숙달되지 못했다는 사실을 시사 하기도 하지만, 원래 실험 자체가 그럴 수밖에 없는 것입니다.

5. 실험실에서 얻어진 결과는 그것이 원하던 것이든 실패한 것이든 간에 모두 중요한 자료입니다. 무엇이 어떻게 잘못되어 이런 결과를 얻었는지 여러분이 설명할 수 있다면, 실패한 결과는 우연히 얻은 좋은 결과보다 다음 실험의 성공을 위해 훨씬 더 유용한 지식을 제공할 것입니다. 만족할 수 있는 결과를 얻기 위해서는 실험을 되풀이하는 것을 귀찮아하거나 실험의 실패를 두려워하지 말고 과감하게 다시 도전해야 합니다.

여러분들이 이 책을 통해 유기실험의 수행능력이나 유기화학 지식을 습득하는 것에 그치지 말고, **낯설고 새로운 현상에 도전하고 그것을 재현할 수 있는 방법을 찾아내어 자기 것으로 만들며, 이를 바탕으로 보다 더 나은 실험 방법과 유용한 물질을 개발함으로써 눈부시게 발전하여 온 유기화학 연구의 전통**을 배우고 계승한다는 마음 자세로 실험에 임하기를 바랍니다.

실험 담당 교수께 드리는 제안

유기화학 실험 과목은 일반적인 강의와 달라서 새로운 교과서를 채택하여 실험 내용을 바꾸기 어려울 뿐만 아니라, 학교에 따라 실험 토픽 및 운영 방법의 편차가 현격한 것이 현실입니다. 따라서 각 학교에서 유기화학 실험을 담당하고 있는 여러 교수님께서도 기존 유기화학 실험의 내용과 운영을 근본적으로 개선할 만한 대안의 필요성을 절실하게 체감하고 계시리라 생각됩니다. 이 책 역시 이런 대안으로서 씌어진 것입니다. 이를 계기로 학부의 유기화학 실험에 관한 논의가 활발하게 이루어지기 바랍니다.

1. 기존의 여러 실험안내서가 **반응 과정을 모니터 하는 방법과 만들어진 화합물의 확인**을 위한 적절한 방법을 제시하지 못했던 점을 보완하기 위해, 이 책은 모든 과정에 TLC를 적극 도입하였습니다. TLC 확인을 용이하게 하기 위하여 가능한 실험시료로 U.V에 활성이 있는 방향족 화합물을 사용하였습니다. 또한 기본 테크닉과 유기반응에서 가능하면 유기 화합물들을 중복 사용하여 이들 물성의 정확한 이해를 돕고, 재활용도 가능할 수 있도록 하였습니다.
2. 실험은 직접 보고 배워야 하는 것이므로 조교의 역할이 매우 중요합니다. 대부분의 학교에서 대학원생들을 조교로 활용하고 있는데, 조교 1인이 20~30 명의 학생들의 실험을 담당하기란 사실상 무리한 점이 적지 않습니다. 따라서 3, 4학년 학생 가운데 실험에 대해 흥미와 관심을 가진 학생들을 선발하여, 한 가지 실험 토픽에 대해 집중적으로 훈련시킨 후, **유기실험실 도우미**로 활용할 것을 제안합니다. 기존의 조교와 각 테크닉의 내용을 숙지한 도우미들을 통해 실험실을 운영한다면 처음 배우는 학생들에게 실험 내용을 원활하게 전달할 뿐만 아니라 실험기기 세팅과 같은 실험 방법에 대한 확실한 지식을 습득하도록 할 수 있습니다.
3. 여러 가지 다양한 실험들을 하는 것도 좋지만, 재현성 있는 실험 결과를 얻을 수 있도록 결과가 제대로 얻어지지 않은 실험을 반복할 수 있는 시간을 부여할 것을 제안 드립니다. 아울러 4, 5주 정도 개별 실험을 한 후에는 그 동안 각자 실험한 내용의 발표 및 얻어진 결과에 대한 토의의 기회를 확보하여 유기실험실 분위기를 활성화하고, 유기실험과정과 유기화학지식의 질적인 면을 강조할 것을 권장합니다.
4. 학생들의 실습을 체크할 수 있는 실험내용에 대한 관찰과 결과에 관한 데이터가 준비되어 있습니다. 필요하신 분은 연락 주십시오. 그 밖에 책의 내용이나 실험실 운영에 관한 의문 사항이 있으시면 문의해 주시기 바랍니다.

5. 이 책을 활용하는 데 있어서 전반부 **유기 화합물의 물성과 구조 (기본 테크닉)** 부분을 먼저 진행한 후에 **유기반응** 부분을 다루어 주시기 바랍니다. 기본 테크닉을 충실히 이행한 학생들은 유기반응에서도 어려움 없이 효율적으로 실험을 진행할 수 있습니다. 기본 테크닉 부분의 운영에 있어서는 동시에 동일한 실험을 똑같이 부과하기보다는 각 조 별로 나누어 **기본 테크닉 실험의 각 부분을 동시에 진행**하실 것을 제안합니다. 처음부터 다섯 가지 실험을 동시에 전개해야 하기 때문에 지도에 어려움이 예상되지만, 2주 후부터는 조교 대신 학생들로 하여금 스스로 수행한 실험에 대해 직접 다른 학생들에게 설명하도록 했을 때, 학생들 사이에서 실험 과정 및 결과에 대한 토의와 논의가 활발하게 이루어지는 아주 바람직한 결과를 얻을 수 있었습니다. 아울러 각각 다른 실험을 동시적으로 진행하는 방법은 실험실의 초자와 기기 사용의 효율성도 아울러 증진할 수 있는 이점도 있으므로 적극 권장하는 바입니다.

유기화학 강의 진도가 실험 내용과 크게 차이가 없으면, 유기반응실험의 경우에도 너덧 가지 반응을 동시에 진행하는 실험내용의 프로젝트화를 제안합니다. 실험 내용의 Project화를 통한 학기 당 강의계획의 범례는 다음과 같습니다.

<table>
<tr><th></th><th>주차</th><th>실험내용</th></tr>
<tr><td rowspan="4">기본테크닉</td><td>1주</td><td>실험소개 및 Check-in</td></tr>
<tr><td>2주~ 6주</td><td>용해와 극성
얇은 막 크로마토그라피
증류와 편극성
추출과 산 해리상수
재결정과 녹는점</td></tr>
<tr><td>7주</td><td>化畵展 - Casein을 이용한 물감만들기 (부록참고)</td></tr>
<tr><td>8주</td><td>중간고사 및 예비시간</td></tr>
<tr><td rowspan="4">유기반응</td><td>9주</td><td>추출/재결정/증류가 통합된 혼합물의 분리실험</td></tr>
<tr><td>10주 ~ 14주</td><td>산 촉매 에스터 반응
친전자성 치환 나이트로벤젠 합성
PCC를 이용한 산화반응
알돌 축합 엔온 합성
환원반응</td></tr>
<tr><td>15주</td><td>기말고사 및 예비시간</td></tr>
<tr><td>16주</td><td>실험실 정리 및 Check-out</td></tr>
</table>

Project화를 이용한 학기 당 강의계획의 예

실험실의 Module화는 다음과 같이 실험실의 벤치에 각각 실험 토픽별로 필요한 초자와 시약을 배치하였습니다. 그 결과 중복된 초자의 수를 최대한 줄임으로써 각 실험에 필요한 초자 사용의 효율성을 도모할 수 있었습니다. 아울러 필요한 시약을 각 벤치별로 구비한 결과 학생들이 시약을 찾고 가져오기 위해 움직이는 동선을 최소화하여 효과적으로 실험 시간이 단축되는 결과를 얻을 수 있었습니다. 실험실의 Module화는 다수의 기기를 활용하여 실험을 수행하는 물리 및 물리화학 영역에서 이미 시행하고 있는 것이지만 유기화학 실험에서도 이를 유용하게 적용할 수 있다는 사실을 확인할 수 있었습니다.

컴퓨터	산 후드	염기 후드	
추출	추출	재결정	재결정
TLC	TLC	용해도	용해도
증류	저울	감압필터 장치	증류
감압 증류장치	감압 증류장치		

기본 테크닉의 Module

컴퓨터	산 후드	염기 후드	
에스터화 반응	에스터화 반응	주석을 이용한 환원반응	주석을 이용한 환원반응
PCC 산화반응	PCC 산화반응	나이트로화반응	나이트로화반응
알돌 축합반응	저울	감압필터 장치	알돌 축합반응
감압 증류장치	감압 증류장치		

반응의 Module

실험실에서 지켜야하는 주의 사항

사고사례 1

2001년 노벨상의 수상했던 **K. Barry Sharpless** 교수의 회고담입니다. (실험실에서 보안경을 착용하는 것이 얼마나 중요한 일인지를 잘 알려주는 사고 사례로 미국에서 안전 관련 교육이 있을 때 항상 소개되고 있습니다.)

저는 1970년 실험실에서의 사고로 한쪽 눈을 못 쓰게 되었습니다. 그 당시 저는 MIT에 조교수로 부임한지 얼마 안 된 상태였습니다. 나는 실험실에 있을 때 항상 보안경을 쓰고 있었고, 나는 내 자신이 안전 관리를 꼼꼼하게 준수한다고 느꼈고, 내 경험으로는 보안경 착용에 아무리 주의를 기울여도 지나치는 법은 없다는 것을 스스로 확인하던 시절이었습니다.

사고당일 날 새벽에 나는 실험실에서 집으로 퇴근 준비를 하고, 내 실험대로 돌아와 보안경을 벗고 외투를 입었습니다. 나는 실험실 출입문으로 나가다가 박사과정 1학년 학생이 NMR튜브를 가스 토치로 밀봉하는 중인 실험대 옆을 지나가게 되었습니다. 나는 잘 되어 가냐고 물었고 그 학생은 "잘 돼요, 다 때웠어요."라고 대답하였습니다. 나는 그 학생의 실험대에 들렀고, 액체 질소 안의 튜브를 꺼내 들어 빛에 비추어 보았습니다. 꺼내든 NMR튜브 위에는 곧바로 얼음이 맺혔고 내가 시료를 보기 위해 튜브를 닦고 보니 용매가 지나치게 많다는 것을 깨달았습니다. 갑자기 용액의 높이가 낮아졌습니다. 나는 순간 응축된 산소가 NMR튜브 안에 있는 상태로 봉해졌다는 것을 알게 되었습니다. 나는 정말 문자 그대로 두려움에 움직일 수 없이 굳어졌고, 곧바로 튜브는 내 눈앞에서 폭발하였습니다.

사고 후 2 주일 동안 나는 안과 병동에서 꼼짝도 못하고 두 눈에 안대를 대고 지냈습니다. 상처의 아픔도 대단했지만, 시력을 완전히 잃을 수도 있다는 것에 대한 공포는 그보다 더했습니다. 다행히 나는 한쪽 눈을 회복했고, 시력을 회복한 한 쪽 눈 덕분에 볼 수 없게 된 다른 쪽 눈에 대한 실망은 뒷전이 되었습니다.

내 경험으로부터 배울 수 있는 교훈은 확실합니다. **실험실에서 보안경을 항상, 반드시 착용해야 한다는 간단한 원칙입니다.** (화학 세계 2000년도 제40권 1호에서 발췌)

반드시 지켜야 하는 안전사항 1

1) **보안경 착용과 콘택트렌즈 금지** : 눈을 보호하기 위하여 반드시 보안경을 착용하도록 한다. 콘택트렌즈는 착용하지 않는 것이 좋다.

2) **침착한 행동과 적절한 신발 착용** : 실험실에서 시약이 담겨진 기구를 들고 움직일 때에는 조심하여야 하고, 실험실에서 뛰어 다녀서는 안된다. 신발은 발등을 덮는 잘 미끄러지지 않는 운동화 또는 굽이 낮은 구두를 착용하는 것이 좋다.

3) **집게나 장갑 사용** : 뜨거운 유리기구는 반드시 집게를 사용하여 취급한다. 반응성이 큰 화합물을 취급할 때는 적절한 장갑을 사용하여 손을 보호한다.

사고 사례 2

1999년 4월 3일 플러톤에 위치한 캘리포니아 주립대학(University of California at Fullerton)의 실험실에서 폭발 사고가 일어나서 십 여대의 소방차와 사십 여명의 소방관들이 출동하는 소란이 있었습니다. 다행히 인명피해는 손에 약간의 찰과상을 입는 정도이고 더 큰 화재피해 없이 끝나게 되었지만, 이 사고도 무심코 알코올 폐액을 산 폐기물 통에 따라 버려서 일어난 사고입니다. 극렬한 반응으로 산 폐기물 통이 터지면서 주변의 실험용기를 깨뜨렸던 것입니다. 이러한 이유로 폐액통으로 유리용기를 사용하는 것을 금지하고 있지만 아직 잘 지켜지지 않고 있습니다. 근처에 인화성 유기 용매가 있었다면 연쇄적인 폭발로 더 큰 사고가 있을 뻔한 아슬아슬한 순간이었습니다.

산이나 염기 폐기물은 항상 유기 폐기물과 떨어뜨려서 보관하여 혼동할 가능성도 줄이고 만일의 사고 때 연쇄적인 폭발로 인한 피해를 줄여야 합니다.

(http://mail.kcsnet.or.kr/chemworld/plan2/plan2_006.htm에서 인용)

반드시 지켜야 하는 안전사항 2

4) **폐기물을 정해진 용기에 처리** : 시약은 반드시 제공된 용기에 버려야 한다. 산화성이 있거나 과산화물을 형성하는 시약들은 처분되기 전에 절대로 다른 물질과 섞지 말아야 한다. 특히 유기용매는 할로겐 원소를

포함한 것과 아닌 것을 구별하여 회수통을 이용하여 모두 회수한다. 진한 산, 염기 또는 유기 용매를 싱크의 하수구에 버리지 않도록 한다.

5) **시약병 사용시 유의** : 시약은 반드시 시약병의 표지를 확인한 후 사용하도록 하고, 기체가 발생하는 시약은 후드 밖으로 가지고 나오지 않아야 한다. 시약병은 반드시 두 손을 사용하여 병의 몸통 부분과 바닥을 받쳐들어야 한다. 한 손으로 병의 마개를 잡고 옮기지 않는다.

6) **시약병 뚜껑 확인** : 용기로부터 약품을 꺼낸 다음에는 반드시 뚜껑이 정확히 잠겼는지 확인해야 한다.

7) **꺼낸 시약 넣지 말 것** : 시약 용기로부터 일단 꺼낸 시약은 일반적으로 다시 되돌려 넣지 말아야 한다. 특별한 경우에 시약이 오염되지 않았는지를 확인하고 되돌려 넣어야 한다. 공기 중에 있는 수분도 시약을 오염시킬 수 있다.

8) **용기에 정보 적기** : 장기간 동안 사용하는 화학 약품들을 함유한 모든 저장용기는 이름을 반드시 붙여 두어야 한다. 합성된 물질이나 중간체들은 이름과 구조뿐만 아니라 합성한 날짜, 무게 등기타 필요한 사항들을 기입해두어야 한다.

9) **건조한 용기 사용** : 용기로부터 약품을 꺼내기 위해 사용하는 약수저나 기타 기구들은 반드시 깨끗하게 건조하여 사용해야 한다.

10) **가열할 때 유의** : 액체를 가열할 때에는 시험관의 입구가 주위의 학생을 향하지 않도록 조심한다. 인화성이 있는 액체는 반드시 물중탕을 사용하여 가열한다.

11) **후드 사용** : 독성이 있거나 냄새가 심한 기체가 발생할 때에는 항상 후드에서 실험하여야 한다. 후드를 사용할 때에는 후드 안에 머리를 넣지 않도록 한다. 발암성이 있거나 눈물을 자아내는 약품, 높은 증기압을 나타내는 물질 (예: 브롬, 발연황산, 염화아세틸)은 반드시 후드 안에서 취급하여야 한다.

12) **산에 물 넣기** : 진한 산을 묽힐 때에는 언제나 물을 천천히 저으면서 산을 가한다. 물을 산에 부으면 안된다.

응급처치

1) **화재가 발생하였을 때** : 버너, 전기들의 열원을 모두 끄고 인화성물질은 먼 곳으로 옮기며, 화학 화재용 소화기 또는 모래를 사용하여 소화 작업을 한다. 물에 잘 섞이지 않는 유기용매에 불이 붙었을 경우에는 절대 물을 사용하여서는 안된다.

2) **의복에 불이 붙었을 때** : 당황하여 뛰지 말고 담요나 실험복을 덮어 불을 끈다. 얼굴 부근의 불이 아닐 경우에는 화학 화재용 소화기를 사용하여도 좋다. 또한 물에 섞이지 않는 유기 용매에 의한 불이 아닐 경우에는 물을 사용할 수도 있다.

3) **시약에 의한 화상** : 즉시 다량의 깨끗한 물로 씻는다. 산에 의한 화상일 경우에는 묽은 탄산수소나트륨 용액으로, 염기성 시약에 의한 화상일 경우에는 묽은 아세트산 용액으로 씻은 후, 적절한 치료를 받는다.

4) **눈에 시약이 들어갔을 때** : 즉시 다량의 깨끗한 물로 세척한 후, 반드시 의사의 검진을 받도록 한다.

5) **유독한 기체를 흡입하였을 때** : 즉시 통풍이 잘 되는 곳으로 옮기고, 앉거나 누워서 깊게 호흡을 한다. 다량의 기체를 흡입하였을 경우에는 즉시 의사의 치료를 받는다.

화학과 안전에 관한 웹사이트

대한 화학회 홈페이지의 화학과 환경
(http://www.kcsnet.or.kr/kcs/environment/environ_ index.htm)
충남대학교 화학연구 정보센터 (http://www.chemwave.com/)
미국 화학물질 안전학회 (http://www.schc.org/)
민간단체인 안전위원회 (http://www.nsc.org)
MSDS (http://www.msdssearch.com)
(화학세계 2000년 제 40권 12호에서 발췌)

실험 초자 및 기구 확인서

조 :　　　　　　이름:

초자 이름 \ 수량		필요한 수량	실제 수량	Comment
증류 장치 (Distillation set)	디스틸레이션 헤드 (Distillation Head)	1		
	냉각기 (Condenser)	1		
	연결관 (Adapter)	1		
환류 냉각기 (Reflux condenser)	14/20	1		
분별 깔대기 (Separatory funnel)	100mL or 250mL	2		
둥근바닥 플라스크 (Round bottom flask)	100mL	2		
이구 둥근바닥 플라스크 (Two-neck flask)	100mL	1		
감압 플라스크 (Filter flask)	250mL	1		
눈금 실린더 (Graduated cylinder)	100mL	1		
삼각 플라스크 (Erlenmeyer flask)	25mL	3		
	50mL	3		
	100mL	3		
비이커 (Beaker)	50mL	2		
	100mL	2		
	250mL	2		
TLC 전개통 (TLC chamber)		1		
뷰흐너 깔대기 (Buchner funnel)		1		
마개 (Stopper)		1		
시계 접시 (Watch glass)		1		
삼각 깔대기 (Conical funnel)		1		

실험 초자 및 기구 확인서

수량 / 기구 이름	필요한 수량	실제 수량	Comment
자석 젓개 및 가열판 (Magnetic stirrer)	1		
변압기 (Transformer)	1		
가열 망태기 (Heating mentle)	1		
높낮이 받침대 (Lab jack)	2		
유틸리티 클램프 (Utility clamp)	2		
클램프 받침 (Clamp holder)	2		
링 (Ring)	2		
링 받침 (Ring holder)	2		
코르크 링 (Cork ring)	1		
핀셋 (Forcep)	1		
자석 스핀바 (Spin-bar)	1		
약 숟가락 (Spatular)	1		
유리 막대 (Glass rod)	1		
온도계 (Thermometer)	1		

날짜: 년 월 일

본인: 담당교수:

동　　의　　서

실험실에 지켜야하는 주의사항을 자세히 읽고, 본인이 실험실 안에서 반드시 지킬 것으로 동의한 주의 사항을 다섯가지와 그 이유를 쓰고 실험담당자 확인을 받는다.

1.

2.

3.

4.

5.

날짜:　　　　년　　　　월　　　　일

본인:　　　　　　　　　　담당교수:

CHAPTER

01

유기 화합물의 물성과 구조

1.1 용해와 극성 (Dissolution and Polarity)

● 핵심어 : 극성, 전기음성도, 친수성, 소수성, 이성질체, 쌍극자

고체 덩어리 설탕을 물에 넣어 잘 저으면 설탕은 사라지듯이 보이지 않게 되고 물은 투명한 상태를 유지한다. 그러나 일정량 이상 첨가하면 설탕이 바닥에 침전하여 설탕의 고체 형태를 다시 보게 된다. 눈에 보였던 설탕이 물에 녹으면 왜 안 보이게 되는 것일까 ? 고체 덩어리로 존재하는 설탕과 물에 녹아 있는 설탕은 어떻게 다른 것일까?

두 물질이 액체인 경우에는 서로 섞었을 때 두 물질을 구별하지 못하는 경우와 서로 섞이지 않고 상이 갈라지는 것이 관찰된다. 예를 들면 에탄올을 물에 넣으면 층의 구별을 할 수 없지만 기름과 물은 섞으면 두 개의 층이 형성된다. 이런 경우 에탄올은 물에 녹고, 기름은 물에 녹지 않는다고 정의한다. 그렇다면 기름은 물에 녹지 않고 에탄올은 물에 녹는 이유는 무엇일까?

재미있는 사실은 영어 단어 **"dissolve"**을 찾아보면 **"녹는다"**는 뜻 뿐만 아니라 **"사라진다"**는 뜻을 포함하고 있다는 것이다. 이것은 이미 오래 전에 사람들은 고체물질이 액체에 녹을 때나 액체들이 섞이는 과정을 잘 관찰하고 있었다는 것을 보여준다.

유기화학에서는 고체와 액체간에 녹는 현상은 **녹음 (soluble)**, **안 녹음 (insoluble)**, 액체간에 녹는 현상을 **섞인다 (miscible)**, **섞이지 않는다 (immiscible)** 라고 각각 기술한다. 고체가 **"녹는다"**는 것은 뭉쳐 있던 고체 덩어리가 작은 입자로 쪼개져서 액체에 골고루 분포하게 되는 것으로서 쪼개진 입자의 크기가 작아서 우리의 눈으로 보이지 않게 되는 것이다. 여기서 액체는 고체 물질을 아주 잘게 자른 칼이나 분쇄기 역할을 한 것이 된다. 서로 잘 섞인 액체의 경우에는 두 물질이 같은 공간에 균등하게 분포하는 것이다. 이 두 가지의 공통점은 상호 접촉면들이 현저히 증가하고 두 물질간의 이동이 자유롭게 된다는 것이다.

화학반응은 반응물질 사이의 충돌에 의하여 에너지를 교환하여 결합이 끊어지거나 새로 만들어져서 다른 물질로 변환되는 것으로 설명되고 있다. 따라서 반응물질들의 접촉면의 증가와 자유로운 이동은 화학반응을 수행하는 데 아주 중요한 요인이 된다. 서로 섞이지 않는 액체들은 경계면에서만 접촉하게 되고, 액체에 녹지 않은 고체는 접촉면이 더 감소하여 물질간의 상호 에너지 교환이 잘 일어나지 않게 되어 화학 반응이 원활하게 일어나지 않게 된다.

위와 같이 녹는 성질을 이용하여 자연계에 존재하는 물질을 크게 **친수성** (**hydrophilic** 또는 **lipophobic**)과 **소수성** (**lipophilic** 또는 **hydrophobic**)을 가진 것으로 분류할 수 있다. 유기화학에서는 이런 성질을 가진 화합물의 구조적 특징을 가지고 구분하여, **극성 물질 (polar)**과 **비극성 물질 (nonpolar)**이라고 기술한다. 경험적으로 극성 물질은 극성 물질끼리 비극성 물질은 비극성 물질끼리 서로 잘 섞이는 경향이 있다. **(likes dissolve likes)** 근대 유기화학에서는 이 원리를 이용하여 이미 잘 알고 있는 극성화합물과 섞었을 때 섞이면 극성 아니면 비극성으로 많은 화합물을 분류하였다. 이렇게 하여서 얻어진 수많은 유기화합물에 대한 자료와 분자를 구성하는 원자들의 결합에 대한 이론을 바탕으로 현대 유기화학에서는 어떤 물질이 극성이나 비극성을 가지게 되는 것을 **분자 구조**로 설명할 수 있게 되었다.

분자 구조는 분자를 구성하는 원자의 종류와 수, 그리고 이 원자들이 유지하고 있는 거리와 각도를 가지고 있는 결합으로 구성된다. 지난 50여 년 동안 과학계의 헌신적이고 유능한 화학자들의 기여로 분자 구조에 대한 이론들이 획기적으로 발전되었으며, 분자 구조를 통하여 자연계에 존재하거나 실험실에서 만들어진 수많은 화합물이 나타내고 있는 다양한 물성과 반응성의 차이를 이해하고 설명할 수 있게 되었다. 따라서 유기 화학을 배우는 학생들에게 **물성이나 반응성과 분자 구조 상관관계**를 이해하는 것을 가장 중요하게 강조하고 있다. 나아가서 최근 활발한 연구 분야들 중에 하나는 이것을 바탕으로 생체 내에서 쓰여지는 화합물들이 나타내고 있는 여러 가지 생리활성 (bioactivity)과 분자 구조의 상관관계를 규명하려고 노력하고 있다. 이런 연구들의 결과가 축적되어 분자 구조와 생리활성의 상관관계가 확실하게 정립된다면, 생명 연장에 꼭 필요한 생리활성을 가지는 적절한 분자의 설계와 합성이 가능해져서 유기 합성이 인류 복지에 크게 기여할 것이다.

이 실험에서는 기본적인 유기 작용기를 익히고, 실험실에서 자주 사용되는 유기 용매와 간단한 유기화합물의 용해 현상을 관찰하여 이를 분자 구조로 설명하는 방법을 소개한다. 일반적으로 화합물이 어떤 용매에 "녹는다"라고 할 때는 실온 (25℃)에서 100mL의 용매에 3.0g의 물질을 녹였을 때, 고체가 눈에 안보이고 균일한 용액으로 되면 이를 녹는다고 정의한다. 그러나 이번 실험에서는 화합물의 녹는 또는 섞이는 정도를 상대적으로 구분하기 위하여 그 동안의 실험결과를 바탕으로 화합물 간의 차이를 관찰할 수 있는 임의의 양으로서, 고체인 경우 고체 시료의 50mg에 용매 3.0mL를 사용하였으며, 액체인 경우에는 육안으로 쉽게 구별하기 위해 시료와 용매를 같은 부피로 사용하였다.

실험 1 다음 화합물들의 용해도를 관찰하시오.

실험기구

⇨ 10mL 시험관, 시험관대, 1.00mL 용량의 마이크로 피펫 [참고 1]

실험방법

다음 각 화합물 2.0mL를 시험관에 취하고 동량의 용매를 섞은 후, 잠시 놓아둔 후 층이 갈라지는지 관찰하시오. 층이 분리되지 않으면 "섞인다", 층이 분리되면 "섞이지 않는다"로 기록하고 결과를 해석하시오.

명 명	구 조	물(H_2O)	헥세인(Hexane)
사염화탄소 (Carbon tetrachloride)			
에탄올 (Ethanol)			
메탄올 (Methanol)			
다이에틸 에테르 (Diethyl ether)			
아세트산 (Acetic acid)			
에틸 아세테이트 (Ethyl acetate)			
아세톤 (Acetone)			
이세토나이트릴 (Acetonitrile)			
톨루엔 (Toluene)			

참고 극성 vs 비극성

1. 눈금 피펫을 사용하여도 무방하지만, 1.00mL 마이크로 피펫을 사용하면 정확한 양을 빠르게 옮길 수 있어서 실험시간을 단축할 수 있다.

2. 분자와 분자 간 힘 (inter molecular 힘 또는 van der Waals 힘)이 액체나 고체의 밀도, 끓는점, 녹는점 등과 같은 물리적 성질을 결정한다. 만약 분자 간의 힘이 전혀 없다면 액체나 고체는 존재하지 않을 것이며 모든 물질은 기체 상태로만 존재하게 될 것이다.
   분자와 분자 간의 힘에는 극성 분자 사이에 일어나는 **쌍극자－쌍극자 상호작용** (dipole－dipole interaction)과 비극성 분자 사이에서 일어나는 **분산력** (dispersion 힘 또는 London 힘), 그리고 잘 알려진 **수소결합** 등이 있다.

3. 극성 화합물은 0 보다 큰 쌍극자 모멘트 (dipole moment)를 가지고 있으며, 예를 들면 염산 (HCl, μ=1.11D), 물 (H_2O, μ=1.84D), 메탄올 (CH_3OH, μ=1.55D), 아세톤 ($(CH_3)_2CO$, μ=2.69D) 등이 있다. 비극성 화합물은 0에 가까운 쌍극자 모멘트를 가지고 있으며, 예로서 수소 (H_2, μ=0D), 헥세인 (Hexane, C_6H_{14}, μ=0.09D), 사염화탄소 (CCl_4, μ=0D) 등이 있다. 극성 분자가 가지고 있는 극성의 세기는 실험에서 얻어진 분자 쌍극자 모멘트 (μ(뮤), D(debye))의 측정값을 가지고 비교할 수 있다.
   극성 화합물의 분자는 결합된 원자들 사이의 전기 음성도 (electro-negativity, E.N.)의 차이 때문에 전자구름과 핵의 전하가 분극되어 부분적인 양극 (+δ)과 음극 (－δ)으로 나뉘어져 쌍극자 모멘트를 가지게 된다. 한 분자의 부분 양전하가 다른 분자의 부분 음전하와 가까워지면 정전기적 인력에 의하여 전체 에너지가 낮아지므로, 이웃한 극성 분자들은 부분 양전하와 음전하가 서로 마주 보게 배열한다.
   결과적으로 극성 분자들은 서로 끌어당겨 함께 뭉치게 되고 이것을 **쌍극자－쌍극자 상호 작용**이라고 한다. 이 힘의 크기는 2 kJ/mol 정도 되고 거리의 d^{-3}에 비례한다. 쌍극자－쌍극자 상호 작용에서 나타나는 힘은 부분전하 사이의 상호작용에 기인하므로 이온 간의 인력보다 약하지만 액체로 응축할 때 열을 내놓을 만큼 강하게 많은 극성 분자들을 함께 결합시킨다.

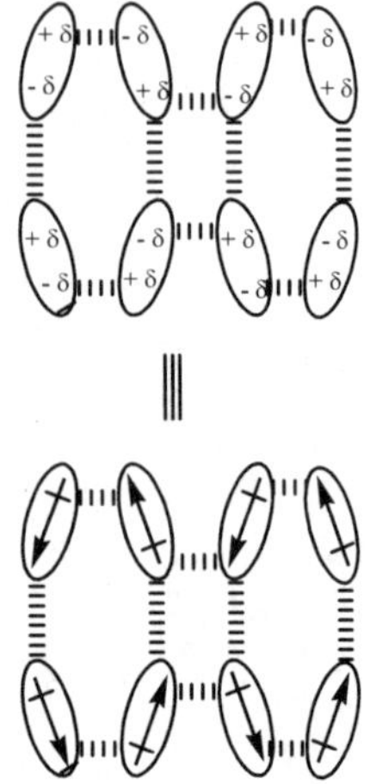

4. 극성을 가지고 있는 다양한 극성 물질들은 이들 분자 간의 쌍극자－쌍극자 상호작용에 의하여 안정화되기 때문에 서로 골고루 섞이게 된다 그러나 쌍극자 모멘트를 갖지 않은 비극성 분자는 극성 분자의 쌍극자와 작용하여 안정한 결합을 만들 수 없으므로 각자의 상태를 유지하고 섞이지 않는다. 따라서 극성 분자는 극성 분자끼리 비극성 분자는 비극성 분자끼리 섞이게 된다. (likes dissolve likes)

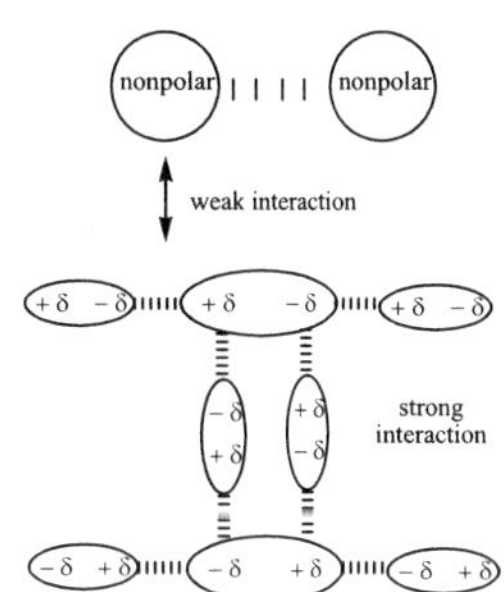

5. 분자의 극성 (polarity)은 분자 내 모든 결합 쌍극자 모멘트 (bond dipole moment)와 분자 내 고립 전자쌍 (lone pair)의 벡터합으로 얻어진다. 물 (H_2O, 1.84 D)은 산소 (E.N.=3.5)－수소 (E.N.=2.1) 극성 공유 결합 (하이드록시 결합)으로 이루어져 있고 산소 원자에 존재하는 비공유 전자쌍 간의 반발로 인하여 결합각이 약 104.5°를 이루고 있다. 산소 원자에 있는 비공유 전자쌍들은 양전하를 띠는 핵으로부터 공간적으로 멀리 튀어나와 있어 전하 분리가 크므로 쌍극자 모멘트에 기여하는 정도가 크다.

element	E. N.
F	4.0
O	3.5
Cl	3.2
N	3.0
C	2.5
H	2.1
Si	1.9

6. 하이드록시기는 산소, 질소, 불소를 포함하는 다른 화합물과 **수소 결합**을 할 수 있고 이러한 상호작용으로 물에 녹을 수 있게 된다. 대표적인 **친수성기** (hydrophilic group)로 불소, 카복실기, 아민기 등이 있다. 소금과 같이 이온으로 이루어진 이온성 화합물은 양이온과 음이온이 물분자에 둘러싸이는 수화현상으로 물에 녹을 수 있으므로 친수성이 된다.

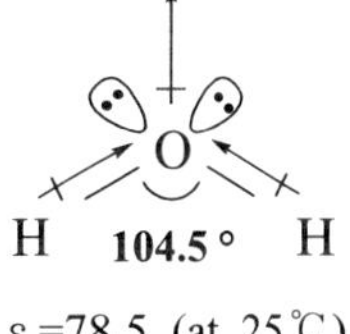

ε =78.5 (at 25℃)

7. 헥세인 (C_6H_{14})은 탄소와 수소의 단일 결합만으로 이루어진 비극성 화합물이다. 탄소와 수소만의 결합으로 이루어진 화합물을 탄화수소 화합물이라고 한다. 탄소－수소의 단일 결합은 탄소 (E.N.=2.5)와 수소 (E.N.=2.1) 사이에 전기음성도 차이가 크지 않아 쌍극자 모멘트가 형성되지 않는다. 따라서 이러한 원자로 이루어진 화합물은 비극성 화합물이다. 이들 비극성 화합물 분자는 극성이 없어서 친수성을 가진 하이드록시기와는 상호 작용하지 않게 되므로 물과는 섞이지 않는다. 이렇게 물에 섞이지 않는 성질을 가진 작용기를 소수성 기 (hydrophobic group)라고 한다. 비극성 분자 사이에는 **분산력** (dispersion 힘 또는 London 힘)이 작용하여 자기 분자들끼리 뭉치려는 경향이 있다. **분산력**에 대해서는 **증류와 편극성** 과정에서 자세히 다룬다.

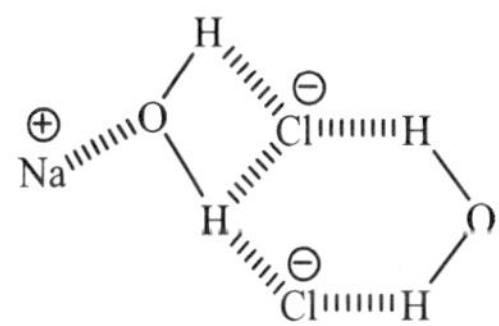

8. 극성 공유 결합을 가지고 있는 모든 분자가 극성을 가지게 되는 것은 아니다. 사염화탄소의 탄소원자 (E.N.= 2.5)와 염소원자 (E.N.= 3.2)의 결합

μ= 0D

μ=0.10 D

은 전기음성도의 차이에 따라 쌍극자 모멘트를 가지고 있다. 그러나 탄소는 정사면체 (tetrahedron) 구조를 가지고 있으므로 사염화탄소의 탄소-염소 결합의 쌍극자 모멘트의 벡터 합은 0이 되어 사염화탄소는 비극성 화합물이 된다. 따라서 사염화탄소는 비극성 화합물이다. 클로로폼과 다이클로로 메테인의 구조는 각각 2, 3개의 염소원자가 한쪽으로 치우쳐 있어 전기 음성도가 큰 염소 원자 쪽으로 전자들이 모여있어 벡터의 합에 의해 사염화탄소보다는 극성을 띠게 된다.

μ = 0 D μ = 1.89 D μ = 1.60 D

9. 에탄올은 전기음성도가 큰 산소원자가 한쪽으로 치우쳐 있어서 쌍극자 모멘트가 크다. 따라서 에탄올은 물에 잘 섞인다. 또한 소수성기인 에틸기를 가지고 있어서 비극성 용매인 헥세인에서도 섞인다. 탄소수가 하나인 메탄올에서는 물에는 잘 섞이나 헥세인에는 섞이지 않는다. 이것으로 탄소수에 따라 물성이 크게 달라지는 것을 실험으로 확인할 수 있다.

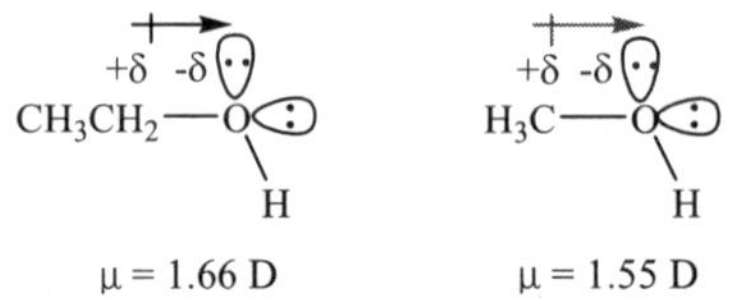

μ = 1.66 D μ = 1.55 D

10. 다이에틸 에테르의 경우는 동일한 하나의 산소원자에 두 개의 에틸기가 결합하고 있어 전체적인 벡터의 합은 크지 않다. 또한 전자가 어느 한쪽으로 편재되지 않으므로 비극성의 성질을 갖는다. 따라서 비극성 용매인 헥세인에만 섞이는 경향을 보인다.

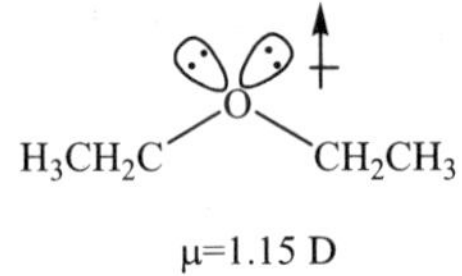

μ=1.15 D

11. 아세트산은 극성의 카복실기를 가지고 있고, 하이드록시기의 친수성이 작용하므로 물에 잘 녹는다. 반면 에틸 아세테이트는 극성의 카복실기를 가지지만 에톡시기를 가지고 있어 극성의 성질이 감소하므로 물에는 섞이지 않고 헥세인에는 잘 섞인다.

CH_3COOH μ=1.70 D　　$CH_3COOCH_2CH_3$ μ=1.66 D

12. 아세톤은 카보닐기를 가지고 있어서 전체적인 벡터의 합은 비공유 전자쌍이 존재하는 쪽으로 형성되어 극성을 나타내어 물에 녹지만 이 극성은 크지 않아서 양쪽의 메틸기에 의해 비극성의 요소도 작용되어 헥세인에서도 잘 섞인다.

   아세토 나이트릴의 나이트릴기는 삼중결합에 의한 짧은 결합 거리에서 나타나는 탄소와 질소사이의 전기음성도 차이에 의해 강한 극성을 띤다. 따라서 물에 잘 섞이고 헥세인에는 섞이지 않는다.

$H_3C-CO-CH_3$ μ=2.69 D　　$H_3C-C\equiv N$ μ=3.44 D

13. 벤젠에 메틸기가 치환된 톨루엔은 물에 섞이지 않고 헥세인에는 잘 섞인다. 벤젠은 이중 결합들이 콘쥬게이트 (conjugated)되어 있으며, 평면구조를 가지고 있다. 벤젠의 파이전자 6개는 분자 내에서 자유로이 이동할 수 있어서 각 탄소 사이의 결합에 골고루 분포한다. 따라서 벤젠은 비극성 화합물이다.

   벤젠의 파이전자의 자유로운 움직임은 고리 전류 (ring current)를 만들어 낼 수 있어서 외부 자장이 걸렸을 때 이것을 상쇄하는 유도 자장이 발생한다. 이런 현상은 NMR 분광법에서 자세히 다루고 있다. 벤젠의 이중결합은 단일결합과 이중결합의 중간 성질을 가지고 있어서 이중결합이 나타내는 대표적인 반응인 첨가 반응을 하지 않는다. 이와 같이 이중결합이 콘쥬게이트되고, 평면구조를 가지고 있으면서 전자의 수가 4n+2 (n= 0,1,2,3, etc)를 만족하는 화합물을 방향족 화합물 (arene 또는 aromatic compound)이라고 부르며 이들이 나타내는 특이한 물리적,

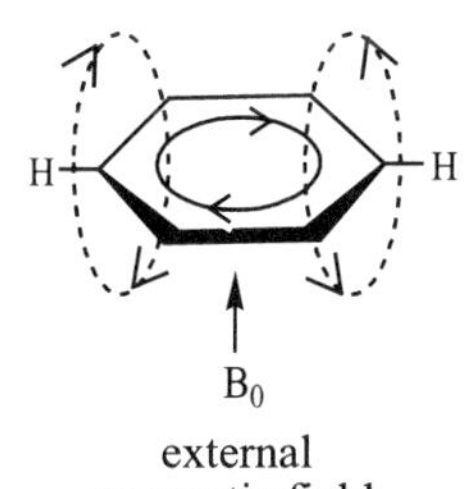

화학적 성질을 방향족성 (aromaticity)이라고 한다.

14. 이 책에서 사용하는 용매들의 쌍극자 모멘트 값과 유전상수 (dielectric constant) 값은 다음과 같다.

용 매	쌍극자 모멘트 (D)	유전 상수 (ε)	끓는점 (℃)	극성 경향
노말헥세인 (n-Hexane)	0.09	1.88	68.7	↓
사염화탄소 (Carbon tetrachloride)	0	2.24	77	
다이에틸 에테르 (Diethyl ether)	1.15	4.34	34.6	
클로로폼 (Chloroform)	1.01	4.80	61.2	
에틸 아세테이트 (Ethyl acetate)	1.66	6.08	77.1	
테트라하이드로퓨란 (THF)	1.75	7.58	66	
메틸렌 클로라이드 (Methylene chloride)	1.60	9.10	39.8	
아세톤 (Acetone)	2.69	20.7	56.2	
에탄올 (Ethanol)	1.66	25.3	78	극성 증가
메탄올 (Methanol)	1.55	32.7	65	
다이메틸 폼아마이드 (DMF)	3.86	36.1	153	
아세토나이트릴 (Acetonitrile)	3.44	37.5	82	
다이메틸 설폭사이드 (DMSO)	3.96	46.7	189	
물 (Water)	1.84	78.5	100	

실험 2 다음 화합물들의 물과 헥세인에 대한 용해도를 관찰하시오.

● [Part A] 알코올 화합물의 용해를 관찰하시오.

실험기구

⇨ 10mL 시험관, 시험관대, 1.00mL 용량의 마이크로 피펫

실험방법

1. 다음 각 화합물 2.0mL를 시험관에 취하고 동량의 용매를 섞은 후, 잠시 놓아둔 후 층이 갈라지는지 관찰하시오. 층이 분리되지 않으면 "섞인다", 층이 분리되면 "섞이지 않는다"로 기록하고 결과를 해석하시오.

명 명	구 조	물(H_2O)	헥세인(Hexane)
메탄올 (Methanol)			
프로판올 (Propanol)			
펜탄올 (Pentanol)			
옥탄올 (Octanol)			
로우리 알코올 (Lauryl alcohol)			
에틸렌 글라이콜 (Ethylene glycol)			

참고 알코올 화합물의 용해

1. 알코올 화합물의 물에 섞이는 정도는 하이드록시기의 친수성과 알킬(R−)기의 소수성의 경쟁에 의하여 정해 진다. 하이드록시기의 영향이 크면 물에 녹고, 알킬기의 영향이 더 크면 물에 섞이지 않게 된다.

2. 메탄올, 프로판올은 하이드록시기의 영향이 커서 물에 잘 섞인다. 1−펜탄올은 알킬기의 영향이 커져서 물에 잘 섞이지 않는다. 친수성의 하이드록시기가 있더라도, 소수성의 알킬기가 상대적으로 길어지게 되면 물에 잘 섞이지 않게 된다. 1−옥탄올이나 로우리 알코올은 이러한 소수성 부분이 더욱 길어지게 되어 물에는 거의 녹지 않음을 확인할 수 있다. 극성의 작용기가 있다 하더라도 화합물을 이루는 알킬기의 탄소 수가 4~5개 이상인 화합물은 일반적으로 소수성을 나타내는 경향이 크다.

3. 에틸렌 글라이콜은 하이드록시기를 2개 가지고 있어서 물에서는 잘 섞이나 헥세인에서는 섞이지 않는다.

화합물	쌍극자 모멘트 (D)
메탄올	1.55
프로판올	1.67
펜탄올	1.71
옥탄올	1.72
에틸렌 글라이콜	2.28

[Part B] $C_4H_{10}O$ 이성질체 화합물의 용해도.

실험기구

⇨ 10mL 시험관, 시험관대, 1.00mL 용량의 마이크로 피펫

실험방법

1. 다음 각 화합물 3.0mL를 시험관에 취하고 1.0mL의 용매를 섞은 후, 잠시 놓아둔 후 층이 갈라지는지 관찰하시오. 층이 분리되지 않으면 "섞인다", 층이 분리되면 "섞이지 않는다"로 기록하고 결과를 해석하시오.

명 명	구 조	물(H_2O)	헥세인(Hexane)
1-뷰탄올 (1-Butanol)			
아이소뷰틸 알코올 (Isobutyl alcohol)			
2-뷰탄올 (2-Butanol)			
t-뷰틸 알코올 (tert-Butyl alcohol)			
다이에틸 에테르 (Diethyl ether)			

참고 이성질체

1. 1－뷰탄올은 물과 섞이지 않고 헥세인과 섞인다. 이것은 하이드록시기가 있지만 알킬기가 길어서 소수성이 커지기 때문에 물에는 녹지 않게 된다. 그러나 t－뷰틸 알코올은 물에 물을 섞는 것과 같이 아주 잘 섞이는 것을 관찰할 수 있다. 이들 화합물은 같은 분자식 ($C_4H_{10}O$)으로 이루어져 있으면서 공통적으로 하이드록시기를 가진 알코올 화합물이지만 물에 대한 용해도는 전혀 다르다. **이와 같이 분자식은 같지만 물성이 다른 화합물을 이성질체 (isomer)라고 하며, 분자 구조식을 이용하여 물성의 차이를 설명할 수 있다**.

2. t－뷰틸 알코올은 1－뷰탄올에 비하여 탄소－탄소 결합의 비극성 부분이 구형을 띠게 되어 있어서 소수성이 감소하여, 1－뷰탄올에 비하여 상대적으로 하이드록시의 친수성의 영향을 더 많이 받게 된다. 따라서 분자 전체로 친수성을 가지게 되어 물에 더 잘 녹을 수 있게 되는 것이다. [p 65. 참고 2]

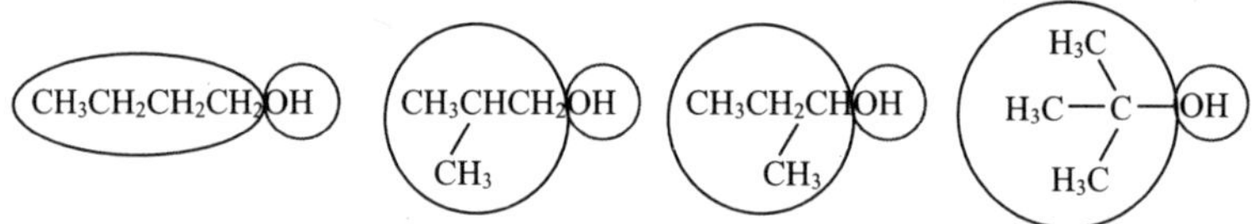

3. 1－뷰탄올 (μ=1.66D)은 알코올 화합물이고 다이에틸 에테르 (μ=1.15D)는 에테르 작용기의 화합물이지만 분자식이 같은 이성질체들이다. 다이에틸 에테르는 1－뷰탄올이 가진 친수성의 하이드록시기가 없으므로 소수성을 가지게 된다.

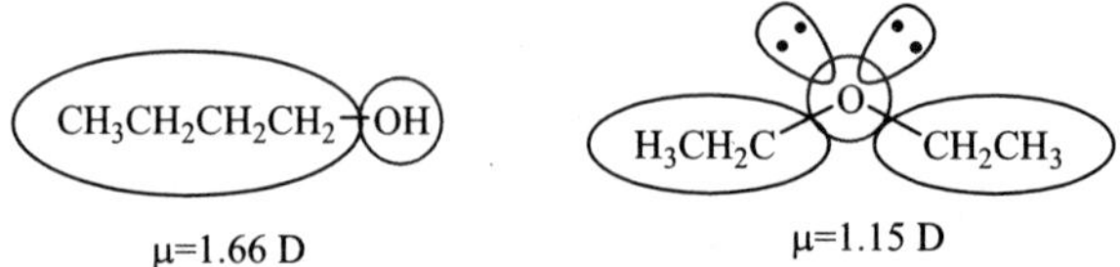

● [Part C] 다이에틸 에테르, 테트라하이드로퓨란(THF), 퓨란 (Furan)의 용해도.

실험기구

⇨ 10mL 시험관, 시험관대, 1.00mL 용량의 마이크로 피펫

실험방법

1. 다음 각 화합물을 약 2.0mL씩 시험관에 취하고 동량의 물을 섞은 후 잠시 놓아둔 후 층이 갈라지는지 관찰하시오. 층이 분리되지 않으면 "섞인다", 층이 분리되면 "섞이지 않는다"로 기록하고 결과를 해석하시오.
2. 1의 각 시험관에 고체 염화소듐 (NaCl) 0.2g을 2회 첨가하여 섞은 후 각각 층이 갈라지는지 관찰하시오. 층이 분리되지 않으면 "섞인다", 층이 분리되면 "섞이지 않는다"로 기록하고 결과를 해석하시오.

명 명	구 조	물(H_2O)	염화소듐 (NaCl)
다이에틸 에테르 (Diethyl ether)			
테트라하이드로퓨란 (THF)			
퓨란 (Furan)			
다이옥세인 (Dioxane)			

참고 5 분자의 구조에 따른 극성도 차이

H−Ö−H

R−Ö−R′

H_3CH_2C O CH_2CH_3

μ = 1.15D

b.p. : 34.6℃

1. 다이에틸 에테르는 물과 섞이지 않고 층이 나뉘어지나 테트라하이드로퓨란은 물에 아주 잘 녹아 균일하게 섞인다. 이들 화합물은 분자량은 약간 차이가 있으나 네 개의 탄소와 하나의 산소를 가지고 있고 에테르기를 공통적으로 가지고 있다. 다이에틸 에테르는 비고리 (acyclic) 화합물이며 테트라하이드로퓨란은 고리 (cyclic) 화합물이다. 용해도의 결과로 보아 테트라하이드로퓨란 (μ = 1.75D)가 다이에틸 에테르 (μ = 1.15D)보다 극성임을 알 수 있다.
   고리골격을 이루는 화합물은 분자내 고리가 만들어지므로 탄소 원자와 원자사이의 단일결합에서 나타나는 회전운동 (conformation)이 자유롭지 못하게 된다. 이 회전운동이 자유롭지 못하면 분자는 일정한 구조를 유지하게 되고 산소의 비공유 전자쌍은 고리 바깥쪽으로 향하는 방향성이 커지게 되어 분자의 극성이 증가하게 된다.

μ = 1.75D

b.p. : 65℃

2. 물과 섞여 있는 테트라하이드로퓨란에 염화소듐 (소금)을 넣고 흔들어 주면 물층과 테트라하이드로퓨란층이 나뉘어지는 현상을 관찰할 수 있다. 소금이 물에는 녹으나 테트라하이드로퓨란에는 녹지 않기 때문이다. 이런 현상을 **염석 효과 (salting out)** 라고 한다. 소금이 물에 녹는 성질이 테트라하이드로퓨란이 물에 녹는 성질보다 더 강하므로, 물에 녹아 있던 테트라하이드로퓨란을 소금이 대체하게 되어 물과 테트라하이드로퓨란 층이 분리된다. 이 원리는 물에 녹아 있는 유기물질을 유기층으로 옮기려고 할 때 많이 적용된다.

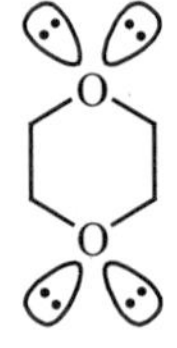

μ = 0 D

b.p. : 100~102℃

3. 퓨란은 물과 섞이지 않고 층이 나뉘어진다. 테트라하이드로퓨란과 퓨란은 오각형의 고리 화합물과 에테르의 작용기를 갖고 있다는 점이 유사하다. 그러나 퓨란은 이중 결합이 콘쥬게이트되어서 평면구조를 가지고 있으며, 이중결합의 4개 파이전자와 산소의 비공유 전자쌍의 전자가 상호 작용하여 벤젠의 경우와 같이 음이온이 각 탄소에 골고루 분포한다. 따라서 퓨란은 비극성이며 방향족 화합물이다.

μ = 0.66D

b.p. : 32℃
(at 758mmHg)

4. 이번 실험에서 사용하는 다이옥세인 I은 여러 가지 환경 문제를 일으키는 다이옥신 II와는 다른 것이다. 다이옥세인 화합물은 고리형 에테르기를 가지고 있으며 유기용매로 쓰인다. 환경 문제를 야기하는 다이옥신 화합물은 벤젠기를 포함하고 여기에 여러 가지 할로겐 원소가 치환된 것들이다. 실험실에서 다루는 다이옥세인은 다이옥신보다 상대적으로 안전하다고 보고되어 있다.

◎ [Part D] 카복실산 화합물의 용해도.

실험기구

⇨ 10mL 시험관, 시험관대, 1.00mL 용량의 마이크로 피펫, 작은 약숟가락, 지울

실험방법

1. 10mL 시험관에 고체 화합물의 경우 50mg을 담고 용매를 3.0mL 넣은 후 맑은 용액으로 되었으면 "녹음" 또는 "녹지 않음"으로 기록한다. 액체인 경우에는 화합물 2.0mL에 용매 2.0mL 넣고 관찰한다. 고체 시료의 50mg은 성냥개비 2알 크기 정도의 무게이다.

명 명	구 조	물(H_2O)	메틸렌 클로라이드 (methylene chloride)	1.0M NaOH
아세트산 (Acetic acid)				
스테아르산 (Stearic acid)				
벤조산 (Benzoic acid)				

[Part E] 아민 화합물의 용해도.

실험기구

⇨ 10mL 시험관, 시험관대, 1.00mL 용량의 마이크로 피펫, 작은 약숟가락, 저울

실험방법

1. 10mL 시험관에 다음 화합물 1.0mL를 넣고, 사용하는 용매를 2.0mL 넣은 후 층 분리여부를 확인하여 "녹음" 또는 "녹지 않음"으로 기록한다. (6.0M 염산 (HCl)을 넣을 때는 산 / 염기 반응이므로 주의한다.)

명 명	구 조	물(H_2O)	메틸렌 클로라이드 (methylene chloride)	6.0M HCl
헥실아민 (Hexylamine)				
옥틸아민 (Octylamine)				
아닐린 (Aniline)				

참고

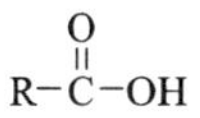

1. 카복실기는 탄소와 산소의 이중결합 (카보닐기)과 하이드록시기로 이루어진 작용기로서 수소 결합을 할 수 있는 친수성 작용기이다. 카복실기를 가진 화합물을 카복실산이라고 하고 이들 화합물은 극성을 나타낸다.

$$R-\overset{O}{\overset{\|}{C}}-OH$$

$$R-\overset{O}{\overset{\|}{C}}-O^{\ominus} \longleftrightarrow R-\overset{O^{\ominus}}{\overset{|}{C}}=O$$

carboxylate

2. 아세트산은 물에 녹지만 스테아르산은 물에 녹지 않는다. 아세트산은 탄소가 2개인 카복실산이다. 물과 카복실기와의 수소 결합을 할 수 있고 소수성의 알킬기 부분이 짧아 카복실기의 친수성에 더 크게 영향을 받고 있음을 알 수 있다. 그러나 스테아르산은 알킬기가 길어져 소수성이 증가하게 되므로 물과 섞이지 않고, 헥세인과는 섞이게 된다.

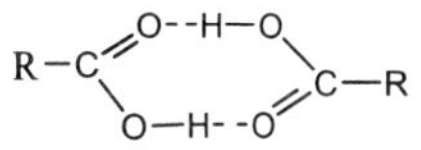

3. 벤조산은 카복실기를 가진 가장 간단한 방향족 화합물로 흰색의 고체 화합물이다. 벤조산은 물과 헥세인에 거의 녹지 않는다. 벤조산과 같은 카복실산은 분자들끼리 수소 결합을 하여 다이머 형태로 존재하는 경향이 있다. 따라서 벤조산은 친수성기인 카복실기와 소수성기인 벤젠기를 가지고 있지만 자기 분자들끼리 있으려는 경향이 더 커지기 때문에 물이나 핵세인에 잘 녹지 않는다.

R−C(=O··H−O)(−O−H··O=)C−R

카복실산 화합물의 다이머 형태

4. 아민기는 질소와 수소의 결합으로 이루어진 화합물로 하이드록시기나 카복실기와 마찬가지로 수소 결합을 할 수 있는 친수성 작용기이다. 아민 화합물의 경우에는 알코올이나 카복실산보다 소수성의 알킬 부분이 더 긴 헥실 아민까지 물에 섞인다. 탄소 수가 7개인 헵틸 아민보다 더 긴 알킬의 아민은 물과 섞이지 않는다.

5. 카복실기는 염기성의 소듐 하이드록사이드 용액과 쉽게 반응하여 물을 내놓는다.

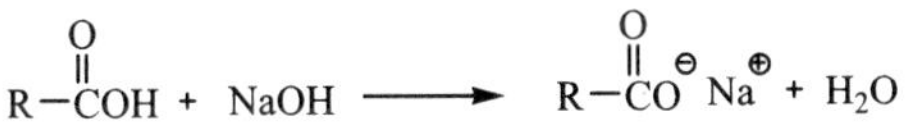

$$R-\overset{O}{\overset{\|}{C}}OH + NaOH \longrightarrow R-\overset{O}{\overset{\|}{C}}O^{\ominus} Na^{\oplus} + H_2O$$

여기서 생성된 화합물을 카복실산의 염 (salt)이라 하고, 카복실산의 음이온과 소듐의 양이온으로 이루어져 있다. 이러한 염은 물에 대부분 잘 녹는다.

6. 스테아르산은 상대적으로 친수성을 나타내는 카복실산의 염부분보다 긴 알킬기의 소수성이 더 영향을 미쳐서 염기성의 소듐 하이드록사이드 용액에 녹지 않는다.
   아민 화합물은 염산과 같은 산성의 수용액과 반응하여 물에 잘 녹는 아민의 염 (암모늄 염)을 형성한다. 물에 잘 녹지 않는 아민 화합물도 산성의 수용액에는 잘 녹을 수 있다.

$$RNH_2 + HCl \longrightarrow R\overset{\oplus}{N}H_3\overset{\ominus}{Cl}$$

1.2 크로마토그래피와 이성질체
(Chromatography and Isomers)

핵심어 : 정지상, 이동상, 공점적, R_f, 발색시약, 이성질체

크로마토그래피는 모든 과학 분야에서 널리 이용되고 있는 분석 방법으로서 소량으로 화합물을 확인하고, 많은 종류로 이루어진 혼합물을 분리하는데 사용하고 있다. 크로마토그래피는 금세기 초 구소련의 식물학자인 믹카이 티스위트 (Mikhail Tswett)에 의하여 발명되었다. 그는 엽록소와 카로티노이드계 색소인 카로틴이나 크산토필과 같은 여러 가지 식물성 색소의 혼합 용액을 잘게 빻은 탄산칼슘을 채운 유리관에 통과시켜 분리하였다. 분리된 화학종은 관에 색을 가진 띠로 나타났으며, 이것이 크로마토그래피라고 이름을 붙인 연유가 되었다. (그리스어에서 크로마 (Chroma)는 '색'을, 그라페인 (Graphein)은 '기록한다'는 것을 의미한다.) 그 후 크로마토그래피의 응용은 지난 40년 동안 폭발적으로 발전하였으며 크로마토그래피를 이용하여 노벨상을 탄 과학자들이 1937년에서 1972년 사이에 12명이나 된다. 그리고 88 올림픽 때에는 선수들의 약물 복용을 검출하는데 이 크로마토그래피가 이용되기도 했었다.

크로마토그래피는 상 분배 원칙에 근거하여 정지상 (stationary phase)과 이동상 (mobile phase) 사이의 물질의 분배를 수반한다. 크로마토그래피 중 얇은 층 크로마토그래피는 유리판 위에 실리카 겔이나, 알루미나 가루를 바인더로 이용하여 만든 고체 - 액체 흡착 크로마토그래피이다. 얇은 층 크로마토그래피에서 정지상 (고체)은 실리카 겔 층이고 전개용매는 이동상 (액체)이며 실리카 겔 층 밑의 유리는 단순히 지지체이다. 분석물질은 모세관 현상에 의해서 전개되는데 이 때 실리카 겔 층과 분석물질, 전개용매와 분석물질의 상호작용에 의해서 선택적으로 흡착된다. 일반적으로 정지상 (실리카 겔, 알루미나)은 강한 극성 (strongly polar)이다. 따라서 실리카 겔은 극성을 띠는 화합물일수록 잘 흡착한다. 극성이 약하거나 비극성 (nonpolar)인 물질일수록 실리카 겔 층에는 덜 흡착되어 멀리 이동한다.

실리카 겔과 강하게 결합하는 순서는

산 (acid)과 염기 (base) > 아마이드류 (amides) > 알코올류 (alcohols) > 알데하이드류 (aldehydes), 케톤류 (ketones) > 할라이드류 (halides) > 에스터류 (esters) > 불포화 탄화수소류 (unsaturated hydrocarbons) > 포화 탄화수소류 (saturated hydrocarbons)

얇은 층 크로마토그래피에서도 강한 극성을 띄는 물질일수록 실리카 겔 층에 잘 흡착되어 전개용매가 이동하는 동안 상대적으로 느리게 이동해 얇은 층 크로마토그래피 판 아래쪽에 흡착되고, 극성이 약한 물질은 실리카 겔 층과 덜 흡착되어 위쪽에 나타나게 된다.

유기화학 반응에서 얇은 층 크로마토그래피 (TLC)가 필요한 이유를 몇 가지로 나누어 보면 아래와 같다.

1) 유기반응에서는 시작 물질로 사용되는 시약의 순도를 반드시 확인해야 한다. 시약에 불순물이 포함되어 있으면 부가 반응 (side reaction)이나 부가 생성물 (by - product)의 형성으로 반응이 원활하게 진행하지 않는다. 특히 오래 전에 개폐를 한 시약들은 분해 (decomposed)가 있을 수 있으므로 반응 시작 전 시작물질의 순도는 반드시 확인해야 한다. TLC에서는 핵자기 공명 분광법 (NMR)에서도 감지되지 않은 극소량의 불순물도 감지 할 수 있다. 순수한 물질이라면 한 개의 점적 (spot)만이 나타나며, 반응물이 오염되었거나 혼합물이라면 그 구성물의 개수만큼 점적이 나타난다.

2) 반응을 진행시키면서 시간이 경과함에 따라 시작 물질의 감소와 새로운 화합물의 생성을 확인하는 모니터링 (monitoring)은 반응의 진행속도와 종결을 결정하는 데 중요하다. 얇은 층 크로마토그래피를 찍고 확인하는데 2~3분의 시간이 소요되고, 얇은 층 크로마토그래피 시료 표본(sample)의 양은 밀리그램 (milligram) 이하이므로 전체적인 수율에 큰 영향 없이 반응 중간 과정을 간편하고 빠르게 확인할 수 있다.

3) 반응 후 생성물 확인을 위해서는 생성물의 건조, 핵자기 공명 분광법 (NMR), 적외선 분광법 (IR), 질량 분광법 (Mass) 분석 등의 여러 작업과 시간이 필요하다. 하지만 알려진 화합물 (authentic sample)인 경우에는 이것과 비교하여 알에프 (R_f) 값이 같은지를 확인하면 된다.

따라서 이 책에서는 모든 실험에서 **시작물질의 순도확인, 반응의 모니터링, 생성물질의 확인 과정 등에서 얇은 층 크로마토그래피의 사용**을 적극적으로 도입하였다.

크로마토그래피는 유기화학 뿐만 아니라 화학분야 전반에 중요한 실험수단을 제공하여 다양한 방법이 개발되었다. 그 대표적인 예로는 $-SO_3^-$ 음이온이나 $-N^+(CH_3)_3$ 양이온을 정지상 (Resin)에 사용하여 이동상의 반대 이온과 정전기 힘으로 결합하게 하여서 분리하는 이온교환 그로마토그래피 (Ion-exchange chromatography), 나공성 겔을 이용하여 적은 분자는 정지상에 남고 큰 분자는 먼저 나오게 하여 분자의 크기에 따라서 분리하는 겔 크로마토그래피 (Gel Permeation chromatography) 그리고 특정 단백질과 항체 반응과 같이 선택적인 분자간의 반응을 이용한 친화성 크로마토그래피 (Affinity chromatography) 등이 있다.

최근 키랄성 (Chiral) 유기반응물에 대한 연구가 활성화 되면서, 키랄 정지상 (Chiral Stationary Phase : CSP)을 가진 컬럼을 이용하여 라세믹 혼합물(Racemate)을 광학 이성질체 (Enantiomer)로 직접 분리하는 방법이 활발히 개발되고 있다. 이동상의 라세믹 화합물과 CPS 사이의 수소결합, 친수 또는 소수성 상호작용과 $\pi - \pi$ 상호작용에 의한 전하이동 착물 형성 등에 의하여 만들어진 키랄 환경에 의하여 광학분할 (Resolution) 이 이루어진다. CPS 로는 광학활성 나선형 구조 가지고 있고, 분석물질과 수소결합을 할 수 있는 셀룰로오스 (Cellulose), 소수성 내포 착물 (Inclusion)을 형성하는 사이클로데스트린 (Cyclodextrin) 그리고 펩타이드 결합에 의하여 특이한 3차원 구조를 가진 단백질 등의 광학활성 천연물들이 사용된다. 아울러 광학활성 천연물의 장점을 살려서 키랄 단량체나 광학 나선형구조를 가진 (+)-polytriphenylmethylmethacrylate (PTrMA) 와 같은 광학활성 고분자를 합성하여 응용한다. 광학활성 천연물이나 고분자는 그 자체로서 또는 실리카겔에 흡착시키거나 공유결합을 하여 CPS로 사용한다.

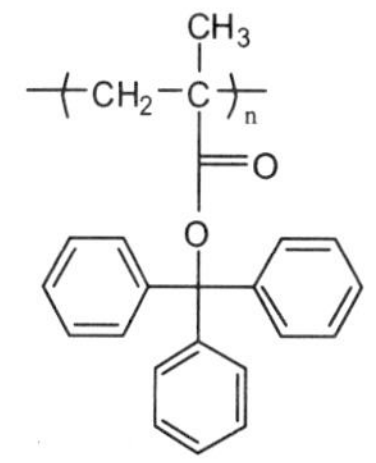

(+)- polytriphenylmethylmethacrylate (PTrMA)

이 실험에서는 전개용매의 혼합비와 화합물 종류에 따른 전개 경향을 얇은 층 크로마토그래피와 컬럼 크로마토그래피를 사용하여 알아본다.

여기서 사용한 화합물들은 이 책 후반부의 유기 반응 부분에서 다루는 것을 택하여, 이들 화합물에 대한 이해와 특히 TLC의 R_f값을 미리 수지하도록 하였다.

얇은 층 크로마토그래피를 이용한 여러 화합물의 분리

실험기구

⇨ 얇은 층 크로마토그래피 판, TLC 전개통, 작은 병 (10mL vial), 가열판, 모세관, 자외선 램프, 핀셋, 스포이드, 연필, 피펫, 눈금자

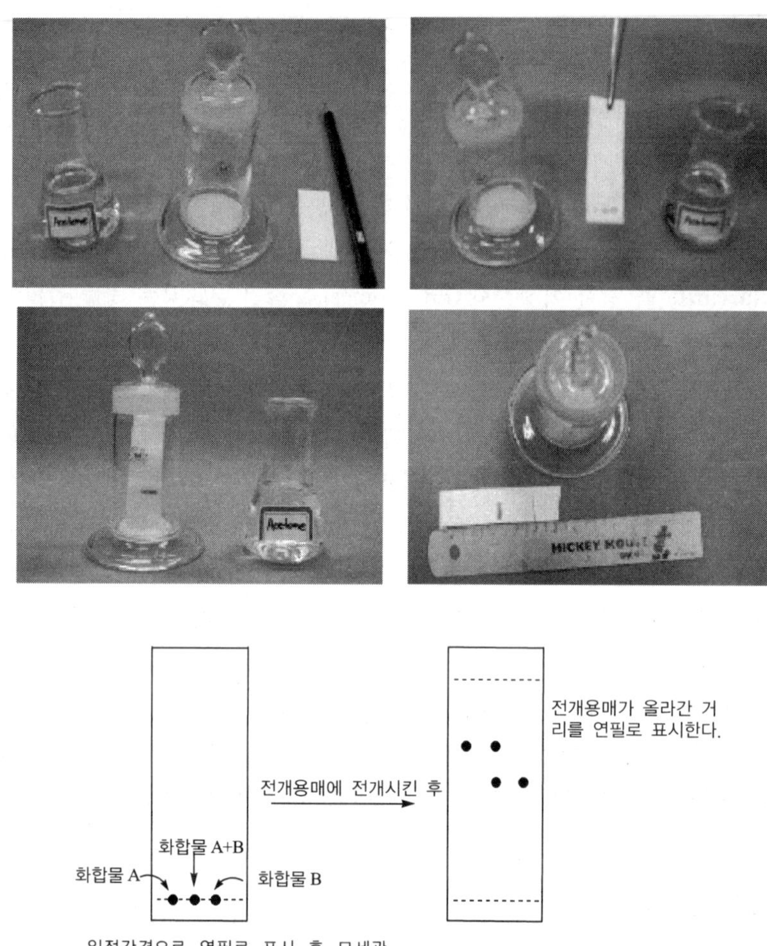

실험 1 전개용매의 조성을 변화시켜 가며 분석 물질의 R_f값의 변화를 관찰한다. [참고 1]

1. 분석물질 준비 – 분석물질들을 선택해서 각각을 작은병 (vial)에 50.0 mg씩 넣고 각각의 병에 에틸 아세테이드 (ethyl acetate) 3.0mL를 넣어 녹인다.
   a) 벤즈알데하이드 (benzaldehyde), 벤질 알코올 (benzyl alcohol)

2. 전개용매 준비 – 에틸 아세테이트와 헥세인의 혼합용액을 여러 가지 조성으로 전개용매를 제조한다. [참고 2]
   에틸 아세테이트 : 헥세인 = 8:1, 4:1, 1:1, 1:4, 1:8의 전개용매를 각각 제조한다.

3. TLC 전개통에 2에서 제조한 전개용매를 바닥에서 0.5cm정도 높이까지 넣은 후 전개통의 뚜껑을 덮어놓아 전개용매가 휘발되어 조성이 변하는 것을 막는다.

4. TLC 판에 분석물질을 공점적 (co-spot)하여 찍은 후 핀셋을 이용하여 TLC 전개통에 약간 세워서 넣는다. [참고 3]
   (ex) TLC판에 점을 찍을 때는 모세관을 사용하며 분석물질이 들어 있는 병에 모세관 끝을 접촉시켜 시료가 모세관에 빨려 올라오게 한 후 이것을 TLC판에 찍는다. 한번 사용한 모세관은 불순물을 제거하기 위해서 아세톤을 이용하여 세척한 뒤에 사용한다. 세척하는 방법으로는 모세관 현상을 이용하여 모세관 끝을 아세톤에 접촉시킨 뒤 빨려 들어간 아세톤을 휴지에 흡수시키는 방법을 2–3회 반복한다.

5. 전개용매가 TLC 판 끝에서 0.5cm정도 남은 곳까지 이동하면 핀셋으로 꺼내서 전개용매가 날아가기 전에 연필로서 이동한 거리를 표시하고 상온에서 잠시 동안 TLC 판을 말린다.

6. TLC 판을 자외선 램프를 이용하여 분석물질의 종류와 이동거리를 관찰한다. [참고 4]

7. R_f값을 구한다. 전개용매 조건을 적고, TLC판은 직접 대고 그린다. [참고 5]

실험 날짜 : 년 월 일 실온 :

관찰 :

명 명	구조식	R_f (E.A. : Hex.)				
		8 : 1	4 : 1	1 : 1	1 : 4	1 : 8
벤즈알데하이드 (Benzaldehyde)						
벤질 알코올 (Benzyl alcohol)						

R_f* : TLC판을 그릴 때 전개용매 조건도 같이 써준다.

〈TLC판 그리기〉

핵심어 :

확인 :

참고

1. 분석 물질은 바꾸지 않고 전개용매의 조성을 변화시켜 극성이 더 강해지거나 약해지는 경우에는 같은 분석 물질이라 하더라도 전개 거리가 달라진다. 이 때 전개용매의 극성이 강해지는 경우에는 분석 물질은 실리카 겔 층에는 덜 흡착되고 전개용매에는 더 잘 녹아 전개 거리가 늘어나게 된다. 전개용매의 조성 혹은 극성을 고정시키고 분석물질을 여러 가지로 변화시켜가며 분석 물질의 전개 경향성을 살펴볼 수 있는데, 만약 이 때 분석물질의 극성이 증가한다면 그에 따라 실리카 겔 층에 잘 흡착되고 전개용매에는 덜 녹아 분석 물질의 전개 거리는 줄어든다. 따라서 이 경우 분석물질을 더 멀리 전개시키기 위해서는 전개용매 역시 극성을 증가시켜 실리카 겔 층에는 덜 흡착되고 전개용매에는 잘 녹게 만들어야 한다.

2. 다이에틸 에테르를 전개용매로 사용하기도 하는데, 다이에틸 에테르는 끓는점이 낮아 휘발성이 크기 때문에 전개용매의 조성이 쉽게 변하여 분석물질의 성분비 (composition)에 변화를 줄 수 있으므로 에틸 아세테이트를 사용한다.

3. 화합물들은 같은 전개용매 조건에서 각각 다른 R_f값을 갖지만, 그 값이 매우 비슷한 경우가 있다. 이런 경우 각각의 R_f값을 비교하는 것 보다는 공점적 (co-spot)을 찍어서 비교하면 아주 작은 R_f값의 차이도 잘 구별할 수 있다. TLC판 위에 모세관을 이용하여 점을 찍을 때는 TLC판 밑에서부터 0.5cm되는 지점에 연필로 가볍게 선을 긋고 그 위에 세 개의 점을 표시한다. 이 세 개의 점을 순서대로 1, 2, 3번이라 한다면, 1번과 2번에는 표준물질을 찍고, 2번과 3번에는 혼합물을 찍는다. 바로 이 가운데 겹쳐서 찍는 것을 공점적이라 한다. 공점적은 반응 생성물을 이미 알려진 화합물과 비교할 때나 반응을 모니터 할 때 아주 유용하게 쓰여진다. 두 가지 이상 다른 전개용매 조건에서 두 화합물의 공점적이 한 점으로 나타나면 이 두 화합물은 같은 화합물일 확률이 매우 높다.

4. 우리가 TLC에 의해 분리한 대부분의 유기 화합물은 색깔을 띠고 있지 않다. 그래서 분리한 이 화합물들을 눈으로 보기 위한 작업이 필요하다. 이렇게 색깔을 띠지 않는 점을 색깔을 나타나게 하는 작업을 발색 (visualization)이라 한다. 크게 자외선 램프 (ultraviolet lamp)를 이용하는 방법과 요오드 발색법 그리고 발색 시약을 이용하는 방법이 있다.

1) 자외선 빛을 이용해서 발색하는 방법은 자외선 램프법이다. TLC판 위에는 아연과 황화카드뮴을 주로 사용하여 만든 형광 물질이 발라져 있고, 이 물질은 자외선 아래에서 형광을 띄며, TLC판 위에 유기물질은 이 형광을 가려서 검은 점으로 보인다. 자외선 램프의 파장은 254nm와 365nm가 있고 우리가 많이 쓰는 파장은 254nm이다.

2) 요오드 발색법은 요오드가 유기물을 갈색이나 노란 색의 점으로 나타나게 하는 현상을 이용하는 것으로써, 입이 넓은 스크류 병뚜껑이 있는 병에 소량의 요오드 결정을 넣어 두면 이 병 속에는 요오드 증기가 가득 차게 되고 그 안에 전개시킨 TLC판을 넣어 두면 점들이 TLC판 위에서 보이게 된다. 이 방법은 많은 유기화합물 (예: 불포화 탄화수소, 알킬 할라이드 등)을 발색할 때 사용한다.

3) 발색 시약을 사용하는 방법은 발색 시약을 제조한 후 전개시킨 TLC판을 핀셋으로 집어서 발색 시약 (dyeing reagent)에 담근 후 꺼내서 가열판 위에 구워서 분석물질이 전개된 정도를 확인한다.
<발색 시약 부록 참조>

5. R_f (ratio of front 또는 retention factor) 값이란 분석물질이 전개된 정도를 나타나는 것으로써 R_f = 분석물질이 전개된 거리 / 전개용매가 전개된 거리로써 표현된다. 분석물질이 전개된 거리는 발색된 점의 중앙까지의 거리를 말한다.
각각의 분석물질에 대한 발색 작업을 거쳤는데도 분석물질의 점이 나타나지 않을 경우에는 제조한 분석물질이 너무 묽은 경우로써 이때에는 같은 자리에 모세관으로 점을 여러 차례 찍는다. 이 경우 한 번 찍고 나면 TLC 판 위에 점이 마르기를 기다렸다가 다시 찍는 식으로 여러 차례 찍는다. 다른 방법으로는 분석물질의 농도를 높이는 방법이 있다.
또한 발색을 거친 후 TLC판 위에 나타난 분석물질의 모양이 긴 줄무늬 모양이라면 분석물질의 농도가 너무 진하거나 여러 가지 분석 물질이 길게 늘어선 것일 수도 있다. 농도가 너무 진한 경우에는 분석물질의 농도를 묽게 한 후 다시 실험한다. 여러 가지 분석 물질이 늘어선 것으로 보일 경우에는 실험과정에서 불순물이 오염되었는지 여부를 점검하고 다시 실험한다. 전개용매의 극성을 일정하게 유지한 상태에서 작용기를 변화시켜 가며 분석 물질의 R_f값의 변화를 관찰한다. [참고 1]

실험 2-1 전개용매의 극성을 일정하게 유지한 상태에서 작용기를 변화시켜 가며 분석물질의 R_f값의 변화를 관찰한다.

1. 전개용매의 조성 선택과 제조 - 에틸 아세테이트와 헥세인의 혼합용액을 제소 - 에틸 아세테이트 : 헥세인 = 1 : 4

2. 분석 물질 준비 - 분석 물질들을 선택해서 각각을 작은병에 50.0mg씩 넣고 각각의 병에 에틸 아세테이트 3.0mL를 넣어 녹인다.

   a) 벤질 알코올 (benzyl alcohol) / 벤질 브로마이드 (benzyl bromide)
   <전개용매는 에틸 아세테이트 : 헥세인 = 1 : 4>

3. TLC 전개통에 1에서 제조한 전개용매를 바닥에서 0.5cm정도 높이까지 넣은 후 뚜껑을 덮어놓아 전개용매가 휘발되어 조성이 변하는 것을 막는다.

4. TLC 판에 분석 물질을 공점적으로 찍은 후 핀셋을 이용하여 TLC 전개통에 약간 세워서 넣는다. 3가지 물질 중 2가지씩 공점적하여 찍는다.

5. 전개용매가 TLC 판 끝에서 0.5cm정도 남은 곳까지 이동하면 핀셋으로 꺼내서 전개용매가 날아가기 전에 연필로서 이동한 거리를 표시하고 상온에서 잠시 동안 TLC 판을 말린다.

6. TLC 판은 자외선 램프를 이용하여 분석 물질의 종류와 이동 거리를 관찰한다.

7. R_f값을 구한다. 전개용매 조건을 적고, TLC판은 직접 대고 그린다.

실험 날짜 : 년 월 일 실온 :

관찰 :

명 명	구조식	분자량	녹는점 (℃)	끓는점 (℃)	R_f* (E.A.:Hex.= :)
벤질 알코올 (Benzyl alcohol)					
벤질 브로마이드 (Benzyl bromide)					

R_f* : TLC판을 그릴 때 전개용매 조건도 같이 써준다.

〈TLC판 그리기〉

참고

1. 실리카겔의 분자식은 SiO_2, 이지만 CO_2 와는 다르게 분자 단독으로 존재하지 않고 실리콘과 산소 사이에 단일결합을 가진 다음과 같은 그물구조를 가지고 있다. 실리카겔 표면에는 실리콘과 결합하지 않은 산소가 존재하고 이것들이 화합물들과 수소결합을 형성한다. 따라서 TLC 에서 R_f 값은 화합물의 극성에만 영향을 받는 것이 아니고, 그 화합물의 실리카겔과 수소결합을 할 수 있는 능력에도 크게 영향을 받는다.

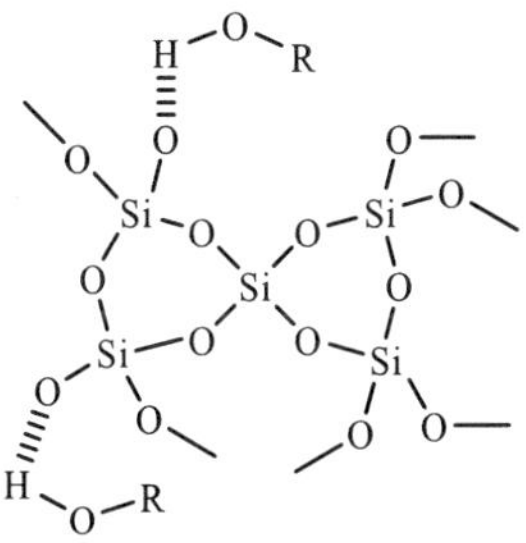

2. 벤질알코올은 벤질브로마이드에 비하여 실리카 겔과 수소결합을 할 수 있는 수소를 가지고 있으므로 더 낮은 R_f 값은 나타낸다.

3. 벤질릭 위치의 양이온, 음이온 또는 라디칼은 벤젠고리의 공명효과에 의하여 안정된다.

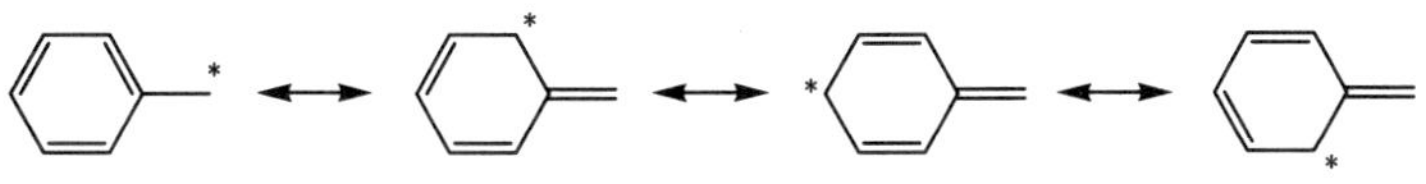

* = cation, anion, radical

알릴 위치도 같은 경향을 나타낸다.

* = cation, anion, radical

실험 2-2

전개용매의 극성을 일정하게 유지한 상태에서 작용기를 변화시켜 가며 분석물질의 R_f값의 변화를 관찰한다.

1. 전개용매의 조성 선택과 제조 - 에틸 아세테이트와 헥세인의 혼합용액을 제조 - 에틸 아세테이트 : 헥세인 = 1 : 4

2. 분석 물질 준비 - 분석 물질들을 선택해서 각각을 작은 병에 50.0mg 씩 넣고 각각의 병에 에틸 아세테이트 3.0mL를 넣어 녹인다.

   a) 아닐린 (aniline) / 나이트로벤젠 (nitrobenzene) / 아세트아닐라이드 (acetanilide) - <아세트아닐라이드는 R_f값이 낮기 때문에 에틸 아세테이트 : 헥세인 = 1 : 2 전개용매로 전개시켜 비교한다.>

3. TLC 전개통에 1에서 제조한 전개용매를 바닥에서 0.5cm정도 높이까지 넣은 후 뚜껑을 덮어놓아 전개용매가 휘발되어 조성이 변하는 것을 막는다.

4. TLC 판에 분석 물질을 공점적으로 찍은 후 핀셋을 이용하여 TLC 전개통에 약간 세워서 넣는다. 3가지 물질 중 2가지씩 공점적하여 찍는다.

5. 전개용매가 TLC 판 끝에서 0.5cm정도 남은 곳까지 이동하면 핀셋으로 꺼내서 전개용매가 날아가기 전에 연필로서 이동한 거리를 표시하고 상온에서 잠시 동안 TLC 판을 말린다.

6. TLC 판은 자외선 램프를 이용하여 분석 물질의 종류와 이동 거리를 관찰한다.

7. R_f값을 구한다. 전개용매 조건을 적고, TLC판은 직접 대고 그린다.

실험 날짜 : 년 월 일 실온 :

관찰 :

명 명	구소식	분자량	녹는점 (℃)	끓는점 (℃)	R_f* (E.A:Hex.= :)
아닐린 (Aniline)					
나이트로벤젠 (Nitrobenzene)					
아세트아닐라이드 (Acetanilide)					

R_f* : TLC판을 그릴 때 전개용매 조건도 같이 써준다.

〈TLC판 그리기〉

참고

1. 나이트로기는 아민기보다 더 큰 극성을 가지고 있어서 나이트로기를 가진 화합물이 TLC에서 더 낮은 R_f 값을 나타낼 것이 예상되지만 실제로는 아민기를 가진 화합물가 더 낮은 R_f 값은 나타낸다. 아민기는 실리카겔과 수소결합을 할 수 있기 때문에 실리카겔과 세게 결합하고 따라서 더 낮은 R_f 값은 나타낸다.

2. 에틸아세테이트 : 헥세인 = 1 : 4 의 전개용매에서 아세트아닐라이드의 R_f 값이 너무 낮으므로 더 극성인 전개용매를 사용한다.

3. 아세트아닐라이드는 아마이드기를 가지고 있는 화합물로서 수소결합을 할 수 있는 수소를 가지고 있을 뿐만 아니라 다음과 같은 공명구조가 크게 기여하므로 매우 큰 극성을 가지고 있어서 아주 낮은 R_f 값을 나타낸다.

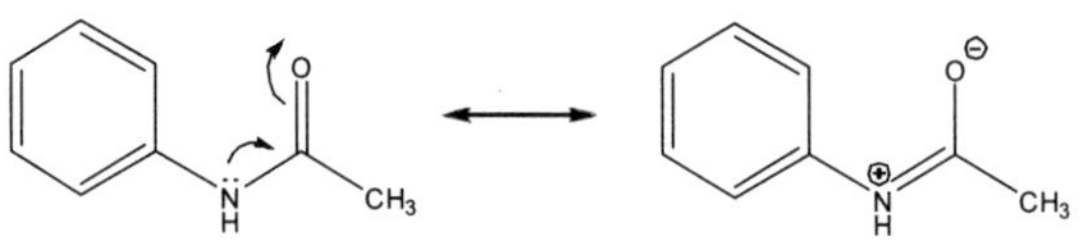

O, N, H, CH_3 ⟷ $O^{\ominus}$, $\overset{\oplus}{N}$, H, CH_3

$\mu = 3.65$ large contributor

참고로 에스터의 경우에는 산소의 전기음성도가 크기 때문에 아마이드에 비하여 위와 같은 공명구조의 기여가 적다.

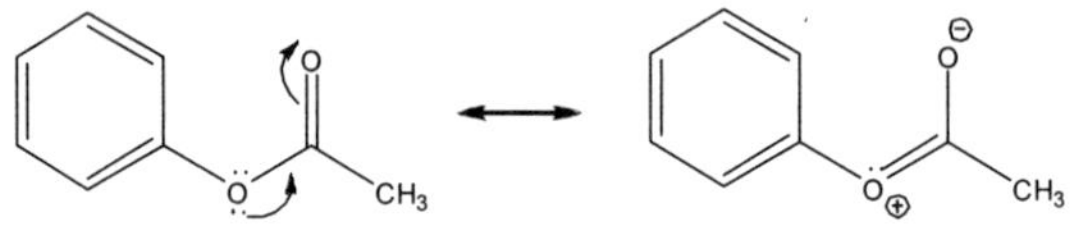

O, O, CH_3 ⟷ $O^{\ominus}$, $O^{\oplus}$, CH_3

$\mu = 1.54$

실험 2-3 전개용매의 극성을 일정하게 유지한 상태에서 작용기를 변화시켜 가며 분석 물질의 R_f값의 변화를 관찰한다.

1. 전개용매의 조성선택과 제조 - 에틸 아세테이트와 헥세인의 혼합용액을 제조 - 에틸 아세테이트 : 헥세인 = 2 : 1, 1 : 2, 1 : 4

2. 분석물질 준비 - 분석물질들을 선택해서 각각을 작은 병에 50.0 mg씩 넣고 각각의 병에 에틸 아세테이트 3.0mL를 넣어 녹인다.

Ⅰ) 자외선 램프로 발색 (visualization)하는 화합물
벤조산 (benzoic acid) / 메틸 벤조에이트 (methyl benzoate) / 벤조나이트릴 (benzonitrile) - <전개용매는 에틸 아세테이트 : 헥세인 = 1 : 4, 벤조산의 꼬리끌림 현상을 방지하기 위해 전개용매에 폼산 (formic acid)을 1~2방울 가한다.> [참고 1]

3. TLC 전개통에 1에서 제조한 전개용매를 바닥에서 0.5cm정도 높이까지 넣은 후 뚜껑을 덮어놓아 전개용매가 휘발되어 조성이 변하는 것을 막는다.

4. TLC 판에 분석물질을 공점적으로 찍은 후 핀셋을 이용하여 TLC 전개통에 약간 세워서 넣는다. 3가지 물질 중 2가지씩 공점적하여 찍는다.

5. 전개용매가 TLC 판 끝에서 0.5cm정도 남은 곳까지 이동하면 핀셋으로 꺼내서 전개용매가 날아가기 전에 연필로서 이동한 거리를 표시하고 상온에서 잠시 동안 TLC 판을 말린다.

6. TLC 판은 자외선 램프와 발색을 이용하여 분석물질의 종류와 이동거리를 관찰한다.

7. R_f값을 구한다. 전개용매 조건을 적고, TLC판은 직접 대고 그린다.

실험 날짜 : 년 월 일 실온 :

관찰 :

명 명	구조식	분자량	녹는점 (℃)	끓는점 (℃)	R_f* (E.A.: Hex.= :)
벤조산 (Benzoic acid)					
메틸 벤조에이트 (Methyl benzoate)					
벤조나이트릴 (Benzonitrile)					

R_f* : TLC판을 그릴 때 전개용매 조건도 같이 써준다.

〈TLC판 그리기〉

핵심어 :

확인 :

참고

1. 산성 화합물은 실리카 겔 표면과 산 염기 반응을 하여 양성자를 잃고 여러 가지 염의 형태로 존재하게 되어 TLC에서 점적이 뚜렷하지 않고 길게 띠를 이루는 경우가 있다. 이런 경우에는 소량의 강산을 전개 용매에 첨가하여 염의 형성을 막으면 보다 나은 점적을 얻을 수 있다.

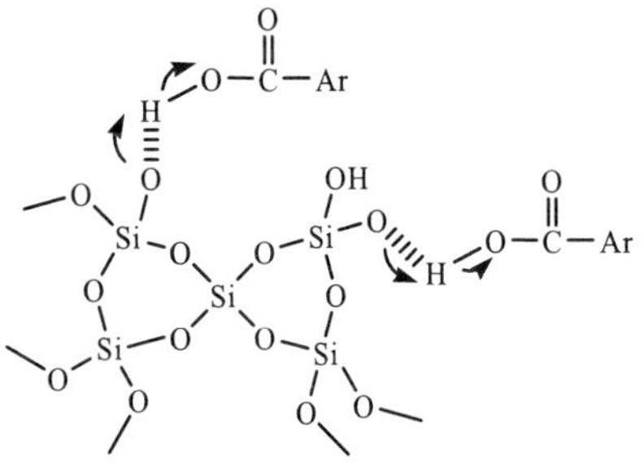

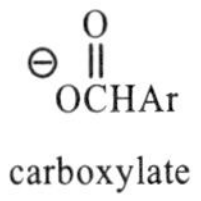

carboxylate

2. 벤조산은 실리카 겔과 수소결합을 함으로 메틸 벤조에이트의 R_f 값 보다 낮은 값을 가지게 된다.

3. 나이트릴 화합물은 카복실산의 유도체로서 주로 에스터와 유사한 물리적 성질과 유기 반응성을 가진다. 예를 들면 벤조나이트릴의 녹는점은 -13℃일 때 메틸 벤조에이트는 -12℃ 이며, 벤조나이트릴의 끓는점이 191℃일 때 메틸 벤조에이트는 198~199℃ 를 가진다.

실험 3 기하 이성질체들 (geometric isomers)

1. 이성질체들을 선정하고 각각을 50.0mg씩 취해서 작은 병에 넣은 후 에틸 아세테이트 3.0mL를 넣고 녹인다.

   a) 다이에틸 말레이트 (diethyl maleate) / 다이에틸 퓨마레이트 (diethyl fumarate) <전개용매는 에틸 아세테이트 : 헥세인 = 1 : 4>

   b) 시스 - 스틸벤 (cis - stilbene) / 트랜스 - 스틸벤 (trans - stilbene) <전개용매는 에틸 아세테이트 : 헥세인 = 1 : 8>

2. TLC 전개통에 전개용매를 바닥에서 0.5cm정도 높이까지 넣은 후 뚜껑을 덮어놓아 전개용매가 휘발되어 조성이 변하는 것을 막는다.

3. TLC 판에 분석물질을 공점적으로 찍은 후 핀셋을 이용하여 TLC 전개통에 약간 세워서 넣는다.

4. 전개용매가 TLC 판 끝에서 0.5cm정도 남은 곳까지 이동하면 핀셋으로 꺼내서 전개용매가 날아가기 전에 연필로서 이동한 거리를 표시하고 상온에서 잠시 동안 TLC 판을 말린다.

5. TLC 판은 자외선 램프를 이용하여 분석물질의 종류와 이동거리를 관찰한다.

6. R_f값을 구한다. 전개용매 조건을 적고, TLC판은 직접 대고 그린다.

실험 날짜 : 년 월 일 실온 :

관찰 :

명 명	구조식	분자량	녹는점 (℃)	끓는점 (℃)	R_f*
다이에틸 말레이트 (Diethyl maleate)					
다이에틸 퓨마레이트 (Diethyl fumarate)					

R_f* : TLC판을 그릴 때 전개용매 조건도 같이 써준다.

〈TLC판 그리기〉

명 명	구조식	분자량	녹는점 (℃)	끓는점 (℃)	R_f*
시스 - 스틸벤 (cis-Stilbene)					
트랜스 - 스틸벤 (trans-Stilbene)					

R_f* : TLC판을 그릴 때 전개용매 조건도 같이 써준다.

〈TLC판 그리기〉

참고

1. 일반적으로 트랜스 (trans) 형태의 화합물은 작용기들의 힘이 서로 상쇄되어 극성이 작아 끓는점이 낮으며 쌍극자 모멘트 (μ) 값이 작다. (다이에틸 퓨마레이트 b.p 218~219℃, μ=2.40D) 시스 (cis) 형태의 화합물은 극성이 커서 끓는점이 높고 쌍극자 모멘트 (μ) 값이 크다. (다이에틸 말레이트 b.p 225℃, μ=2.56D) 따라서 극성이 더 큰 다이에틸 말레이트의 R_f값이 작게 나타난다. (전개 거리가 감소한다.)

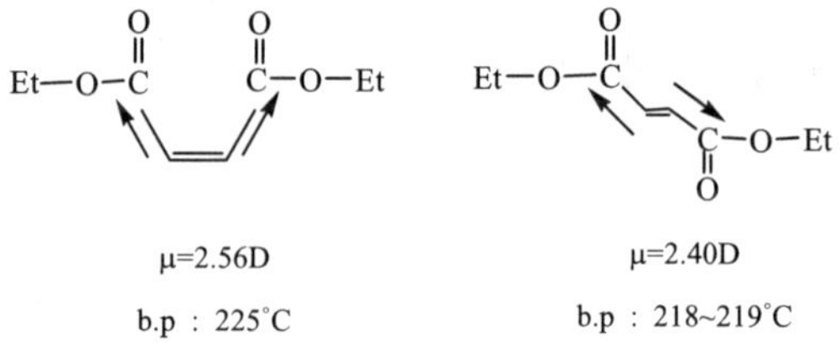

μ=2.56D
b.p : 225°C

μ=2.40D
b.p : 218~219°C

2. 스틸벤은 특이한 경우다.
페닐고리에 의한 입체장애 때문에 시스 - 스틸벤의 경우에는 평면구조를 갖지 못하고, 파이전자가 분자전체에 골고루 분포하지 못하게 된다. 아래 그림과 같은 공명기여구조에 의하여 시스 - 스틸벤은 트랜스 - 스틸벤보다 작은 순간쌍극자 모멘트을 가지게 되어, 낮은 극성을 나타낸다.
(R_f cis > R_f trans)

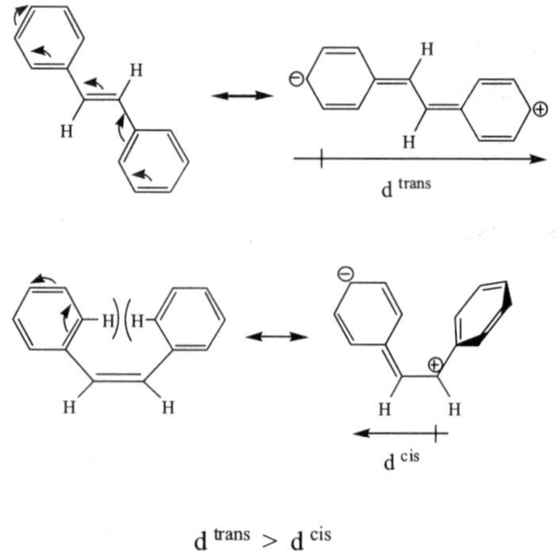

d^{trans}

d^{cis}

$d^{trans} > d^{cis}$

실험 4-1 방향족 화합물 위치 이성질체 1

1. 이성질체들을 선정하고 각각을 50.0mg씩 취해서 작은 병에 넣은 후 에틸 아세테이트 3.0mL를 넣고 녹인다.

   a) 1,2 - 다이나이트로벤젠 (1,2 - dinitrobenzene) / 1,3 - 다이나이트로벤젠 (1,3 - dinitrobenzene) / 1,4 - 다이나이트로벤젠 (1,4 - dinitro benzene) <전개용매는 에틸 아세테이트 : 헥세인 = 1 : 2>

   b) 오쏘 나이트로벤조산 (o - nitrobenzoic acid) / 파라 나이트로벤조산 (p - nitrobenzoic acid) <전개용매는 에틸 아세테이트 : 헥세인 = 1 : 2, 벤조산의 꼬리끌림 현상을 방지하기 위해 전개용매에 폼산 (formic acid)을 1~2방울 가한다.>

2. TLC 전개통에 전개용매를 바닥에서 0.5cm정도 높이까지 넣은 후 뚜껑을 덮어놓아 전개용매가 휘발되어 조성이 변하는 것을 막는다.

3. TLC 판에 분석물질을 공점적으로 찍은 후 핀셋을 이용하여 TLC 전개통에 약간 세워서 넣는다.

4. 전개용매가 TLC 판 끝에서 0.5cm정도 남은 곳까지 이동하면 핀셋으로 꺼내서 전개용매가 날아가기 전에 연필로서 이동한 거리를 표시하고 상온에서 잠시 동안 TLC 판을 말린다.

5. TLC 판은 자외선 램프를 이용하여 분석물질의 종류와 이동거리를 관찰한다.

6. R_f값을 구한다. 전개용매 조건을 적고, TLC판은 직접 대고 그린다.

실험 날짜 :   년   월   일   실온 :

관찰 :

명 명	구조식	분자량	녹는점 (℃)	끓는점 (℃)	R_f*
1,2 - 다이나이트로벤젠 (1,2 - Dinitrobenzene)					
1,3 - 다이나이트로벤젠 (1,3 - Dinitrobenzene)					
1,4 - 다이나이트로벤젠 (1,4 - Dinitrobenzene)					

R_f* : TLC판을 그릴 때 전개용매 조건도 같이 써준다.

〈TLC판 그리기〉

명 명	구조식	분자량	녹는점 (℃)	끓는점 (℃)	R_f*
오쏘 - 나이트로벤조산 (o - Nitrobenzoic acid)					
파라 - 나이트로벤조산 (p - Nitrobenzoic acid)					

R_f* : TLC판을 그릴 때 전개용매 조건도 같이 써준다.

〈TLC판 그리기〉

참고

1. 전자주개기 (EDG, electron donating group)와 전자끌개기 (EWG, electron withdrawing group)의 벡터 합을 통해서 각 화합물들의 극성을 예측할 수 있으며, 측정된 유전상수 (dielectric constant, ε) 값을 통해서 비교할 수 있다.
   전자주개기 : 아민기 (-NH_2), 하이드록시기 (-OH), 메톡시기 (-OCH_3)
   전자끌개기 : 나이트로기 (-NO_2), 나이트릴기 (-CN), 카복실산기 (-COOH)

2. 1,4 - 다이나이트로벤젠과 1,3 - 다이나이트로벤젠
   1,4 - 다이나이트로벤젠은 전자를 잡아당기는 나이트로기가 서로 상쇄되는 구조를 가지게 되어 두 극의 세기 (q)가 0이다. 따라서 쌍극자 모멘트가 0이 되며, 비극성을 띠게 되어 R_f 값이 크게 나타난다. (전개 거리가 증가한다.) 1,3 - 다이나이트로벤젠은 전자를 잡아당기는 나이트로기가 120°를 이루고 있어 쌍극자 모멘트를 가진다. 따라서 1,3 - 다이나이트로벤젠은 극성을 띠며, R_f 값이 작게 나타난다. (전개 거리가 감소한다.)

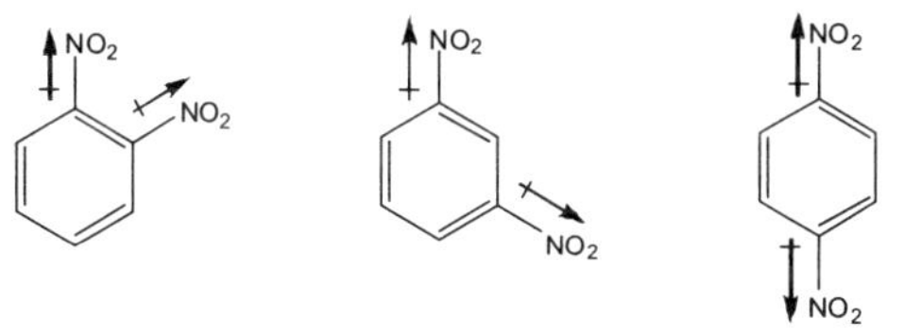

b.p 319°C b.p 303°C b.p 291°C

3. 1,2 - 나이트로벤조산과 1,4 - 나이트로벤조산의 경우에도 나이트로 기와 카복실산기가 모두 전자끌개기이므로 위와 같은 원리가 똑같이 적용된다. 따라서 1.4 - 나이트로벤조산의 R_f 값이 더 크게 나타난다.

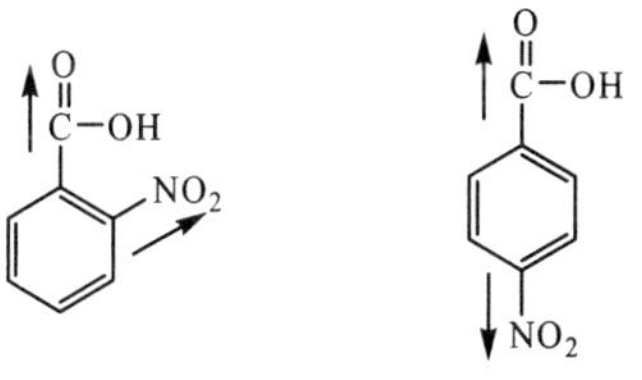

실험 4-2 방향족 화합물 위치 이성질체 2

1. 이성질체들을 선정하고 각각을 50.0mg씩 취해서 작은 병에 넣은 후 에틸 아세테이트 3.0mL를 넣고 녹인다.

 a) 오쏘 나이트로페놀 (o - nitrophenol) / 파라 나이트로페놀 (p - nitrophenol) <전개용매는 에틸 아세테이트 : 헥세인 = 1 : 2>

 b) 오쏘 나이트로아닐린 (o - nitroaniline) / 파라 나이트로아닐린 (p - nitroaniline) <전개용매는 에틸 아세테이트 : 헥세인 = 1 : 2>

2. TLC 전개통에 전개용매를 바닥에서 0.5cm정도 높이까지 넣은 후 뚜껑을 덮어놓아 전개용매가 휘발되어 조성이 변하는 것을 막는다.

3. TLC 판에 분석물질을 공점적으로 찍은 후 핀셋을 이용하여 TLC 전개통에 약간 세워서 넣는다.

4. 전개용매가 TLC 판 끝에서 0.5cm정도 남은 곳까지 이동하면 핀셋으로 꺼내서 전개용매가 날아가기 전에 연필로서 이동한 거리를 표시하고 상온에서 잠시 동안 TLC 판을 말린다.

5. TLC 판은 자외선 램프를 이용하여 분석물질의 종류와 이동거리를 관찰한다.

6. R_f값을 구한다. 전개용매 조건을 적고, TLC판은 직접 대고 그린다.

실험 날짜 :　　　　년　　　　월　　　　일　　　　실온:

관찰 :

명 명	구조식	분자량	녹는점 (℃)	끓는점 (℃)	R_f*
오쏘 - 나이트로페놀 (o - Nitrophenol)					
파라 - 나이트로페놀 (p - Nitrophenol)					

R_f* : TLC판을 그릴 때 전개용매 조건도 같이 써준다.

〈TLC판 그리기〉

명 명	구조식	분자량	녹는점 (℃)	끓는점 (℃)	R_f*
오쏘 - 나이트로아닐린 (o - Nitroaniline)					
파라 - 나이트로아닐린 (p - Nitroaniline)					

R_f* : TLC판을 그릴 때 전개용매 조건도 같이 써준다.

〈TLC판 그리기〉

참고

1. 오쏘 / 파라 - 나이트로페놀 (오쏘 / 파라 - 나이트로아닐린)

오쏘 / 파라 - 나이트로페놀 (또는 오쏘 / 파라 - 나이트로 아닐린)은 모두 전자를 밀어주는 하이드록시기 (또는 아민기)와 전자를 잡아당기는 나이트로기를 가지고 있지만, 두 작용기가 파라 위치에 있는 파라 - 나이트로페놀 (또는 파라 - 나이트로아닐린)이 오쏘 위치에 있는 구조보다 두 극의 거리 (d)가 더 길기 때문에 파라 - 나이트로페놀 (또는 파라 - 나이트로아닐린)의 쌍극자 모멘트가 더 크다.

두 극의 세기 (q)와 거리 (d)의 곱을 쌍극자모멘트 (μ)라고 한다.

쌍극자모멘트 (μ) = 두 극의 세기 (q) x 두 극의 거리 (d)

따라서 파라 - 나이트로페놀 (또는 파라 - 나이트로아닐린)의 R_f값이 작게 나타난다. (전개 거리가 감소한다.) 극성과 비극성은 유전상수 (ε) 값으로도 확인할 수 있다. 극성일수록 유전상수 (ε) 값이 크며, 비극성일수록 유전상수 (ε) 값이 작다.

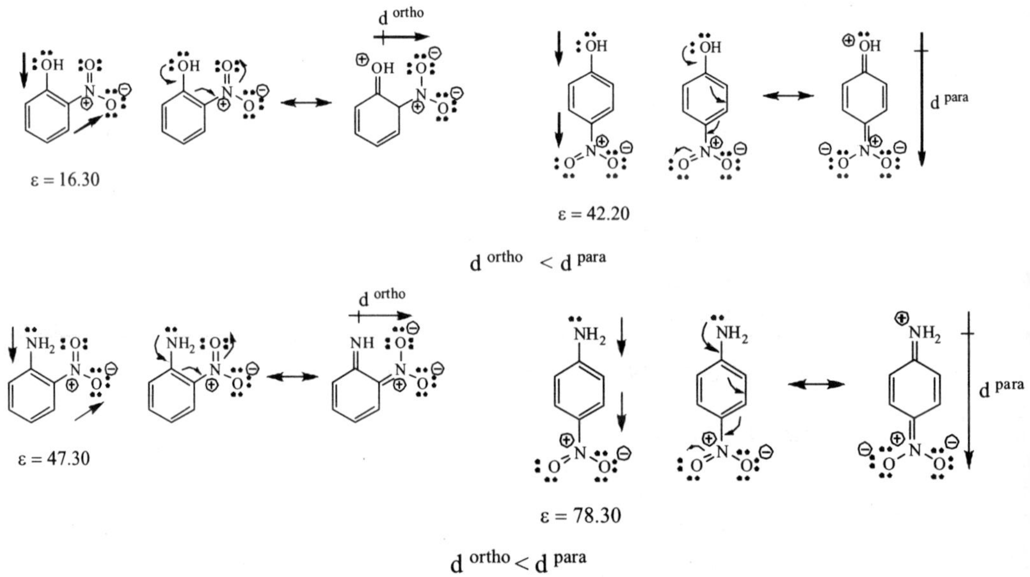
d ortho
ε = 16.30
d para
ε = 42.20
d ortho < d para
d ortho
ε = 47.30
d para
ε = 78.30
d ortho < d para

b.p 284℃ b.p 260℃

2. 전자쌍 이동은 부록 **4.8 전자쌍 이동** 부분을 참고

실험 5 컬럼 크로마토그래피 (Column Chromatography)

실험기구

컬럼 (직경 2 cm 높이 40 cm), TLC 전개통, 250 mL 분별 깔대기, 삼각 깔대기. 500 mL, 250 mL, 50 mL 삼각플라스크, 250 mL 비이커, 시험관

실험 시약

명 명	구조식	분자량	녹는점 (℃)	끓는점 (℃)
오쏘 - 나이트로페놀 (o - Nitrophenol)				
파라 - 나이트로페놀 (p - Nitrophenol)				

그림

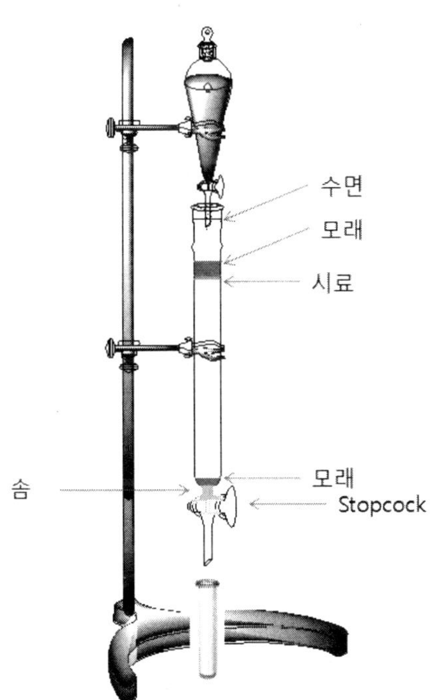

실험방법

1. 용출액 (eluent) 준비

a) 에틸 아세테이트 : 헥산 = 1: 8 혼합용액 300 mL 를 500 mL 플라스크에 만든다.

b) 에틸 아세테이트 : 헥산 = 1 : 2 혼합용액 100 mL 를 250 mL 플라스크에 만든다.

준비한 용출액이 증발하지 않도록 각 플라스크 입구를 50 mL 플라스크로 막아 놓는다. [참고 1]

2. 실리카겔 슬러리 (slurry)와 실리카 겔 충전 (packing)

a) 250 ml 비이커에 실리카 겔 25 g을 준비하고 위에서 준비한 용출액 (E.A:Hex = 1:8) 50 ml를 잘 저어주면서 섞어서 실리카 겔 슬러리를 만든다. [참고 2,3]

b) 실리카 겔 컬럼 끝을 철사나 막대를 이용하여 소량의 솜으로 막은 후 스탠드에 고정한다. 용출액 10mL를 넣고 솜을 충분히 적셔준다. 그 후 모래를 0.5 내지 1.0 cm 높이로 넣고, 용출액을 10 mL 더 넣어준다. [참고 4]

c) 준비한 실리카겔 슬러리를 잘 저으면서, 삼각 깔대기를 통하여 컬럼을 넘치지 않도록 붓는다. 실리카 겔 슬러리와 용출액이 충분히 분리되면 컬럼관을 빈 프라스틱 와싱보틀 (washing bottle)이나 코크 링으로 컬럼관을 밑에서부터 부드럽게 두드리면서, 스톱콕 (stopcock)을 열고 용출액을 컬럼 밑으로 받아낸다. [참고 5]

d) 용출액이 실리카 겔 표면 위로 10 cm 정도 되면, 남은 실리카 겔 슬러리를 가한다. 준비한 실리카 겔 슬러리를 다 넣을 때까지 이 과정을 되풀이 한다.

d) 실리카 겔 슬러리를 다 넣은 후에는 실리카 겔 표면이 약간 마르게 보일 정도로 용출액을 더 받아 낸 후, 컬럼의 스톱콕을 잠근다.

e) 컬럼 표면을 밑에서부터 좀 더 세게 골고루 두드리면 실리카 겔이 골고루 더 패킹되면서 용출액이 실리카 겔 표면위로 다시 나타나게 된다. 그러면 다시 실리카 겔의 표면이 약간 마를 때까지 받아낸 후 스톱콕을 잠그고 위 과정을 되풀이 한다. [참고 6] (관찰 1 : 처음 실리카 겔 슬러리 높이에서 패킹 후 낮아진 실리카 겔 거리)

f) 잘 패킹된 실라카 겔 위로 용출액을 2.0 cm 되게 더 가하고, 실리카 겔 표면에 모래를 1.0 cm 되게 넣는다.

3.시료준비--화합물 오쏘-나이트로페놀 (o-Nitrophenol) 0.30 g 과 파라-나이트로페놀 (p-Nitrophenol) 0.30 g 을 작은병(vial)에 넣고, 0.5 mL 용출액과 0.5 mL 에틸 아세테이트에 녹인다. [참고 7]

4. 분석물질 주입

a) 용출액이 준비한 컬럼의 모래 표면까지 오도록 받아낸다.

b) 준비한 시료를 파스퇴르 피펫을 이용하여 컬럼의 벽면을 따라서 모래 표면에 골고루 펴져 수평을 유지하도록 천천히 주입한다. 주입이 끝나면 모래표면이 마르지 않을 정도로 용출액을 받아 낸 후 0.5 mL 용출액으로 작은 병을 헹구어서 모래 표면 위로 주입한다. [참고 8]

c) 컬럼의 스톱콕을 열어, 용출액을 받아내어서 시료가 모래층을 통과하여 실리카 겔 표면에 흡착하게 한다. (관찰 2 : 시료 색)

c) 용출액을 파스퇴르 피펫을 이용하여 모래 표면의 수평을 유지하면서 천천히 컬럼 10 cm까지 채운다.

5. 컬럼 전개 및 분리

a) 용출액을 채운 250 mL 분액깔대기의 끝이 용출액의 표면보다 아래로 가게 그림과 같이 조립한다. [P 55]

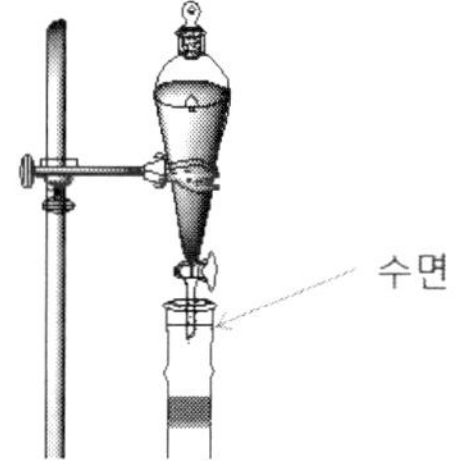

b) 분액깔대기의 스톱콕을 연 후, 컬럼의 스톱콕을 열어서 1초에 한 방울 정도의 속도로 용출액을 5.0 mL 씩 시험관에 받아낸다.
시험관을 바꿀 때마다 스톱콕의 끝을 에틸 아세테이트로 헹구어 준다.
[**조심** : 참고 9] (관찰 3 ; 분액의 색, TLC)

c) 첫 번째 화합물이 나오기 시작하면, 미리 준비한 극성이 큰 용출액 (E.A : Hexane = 1:2) 으로 교체하여 분리를 계속한다. [참고 10]

6. 분석물질 회수

분리된 순수한 화합물의 분액을 감압 증류하여 각각 시료의 무게를 잰다.

7. 사용하고 난 후 실리카 겔은 충분히 건조시킨 후 회수하여 화학약품 폐기물로 준하여 처리한다.

실험 날짜 : 년 월 일 실온:

관찰 1:

관찰 2 :

관찰 3 :

회수율

참고

1. 시료들 사이의 R_f 값의 차이에 따라서 용출액의 극성을 조정한다. 일반적으로 컬럼을 효율적으로 사용하기 위하여 시료 중에서 제일 큰 R_f 값이 0.2가 되는 혼합 용매를 찾아서 용출액으로 사용한다. 용출액의 극성이 너무 높으면 시료들 빨리 섞여서 나오므로 분리가 잘 안되고, 극성이 너무 낮으면 분리에 시간과 용출액의 양이 많이 걸린다. 이 실험에서는 시료들의 R_f 값의 차이가 크므로, 컬럼 시간을 줄이기 위하여 0.2 보다 높은 용출액을 사용한다.

2. 분리하는 화합물들의 R_f 값의 차이와 양에 따라 시료양의 50에서 100배 무게의 실리카 겔을 사용한다. 시료들의 R_f 값이 가까우면 실리카 겔의 양을 증가시킨다. 실리카겔의 작은 입자가 코로 들어가지 않도록 실리카 겔을 덜어낼 때 반드시 마스크를 쓴다.

3. 실리카 겔에 용출액을 가하면 열이 발생하므로 천천히 섞는다.
준비한 실리카 겔 슬러리는 공기층이 남지 않도록 충분히 저어준다.

4. 솜은 컬럼의 끝으로 실리카 겔이 새지 않지만, 용출액이 잘 흘러나올 정도로 최소한 사용한다. 모래는 실리카 겔 표면을 수평으로 유지하고, 용출액이나 실리카 겔 슬러리를 부을 때 솜이 빠져나오는 것을 방지하기 위하여 쓴다. 모래 대신에 Na_2SO_4를 사용해도 된다.

5. 준비한 실리카 겔 슬러리는 용출액을 많이 포함하고 있으므로 한 번에 모두 컬럼에 넣을 수 없다. 실리카 겔 슬러리가 용출액 아래로 충분히 가라앉을 때까지 기다렸다가 용출액을 분리한 후 다시 컬럼을 넘치지 않을 정도로 여러 번 나누어서 넣는다.

6. 컬럼의 분리를 효율적으로 하기 위해서, 실리카 겔 컬럼 충전 (packing)은 컬럼 크로마토그래피에서 중요한 과정이다. 시간이 걸리더라도 실리카 겔 표면 위로 용출액이 더 이상 나오지 않을 때까지 천천히 되풀이하여 충전을 한다.

7. 분석물질을 녹이는 용매는 최소한의 해당 용출액을 쓰거나 비극성 용매를 사용한다. 이 실험의 경우 시료가 용출액에 잘 녹지 않으므로 에틸 아세테이트를 소량 사용한다. 분석물질이 에틸 아세테이트에도 안 녹는 경우에는 최소량의 메틸렌 클로라이드 (methylene chloride) 를 쓰는 경우도 있다.

8. 실리카 겔 컬럼에서 분석물질이 수평을 잘 유지해야 분리가 효율적으로 된다. 모래층은 분석물질을 주입할 때나 용출액을 넣을 때 직접 실리카 겔 표면을 건드리지 않고 분석물질이 수평을 유지하게 하는 완충제 역할을 한다.

9. 분액깔대기의 마개는 꼭 잠겨져 있어야 한다. 그러면 용출액 수위가 분액칼대기 끝 이하로 내려오면 용출액이 자동적으로 채워진다.

10. 화합물의 분리가 시작되면 용출액의 극성을 증가시켜서 낮은 R_f 값을 가진 화합물의 분리 시간을 단축하고, 사용하는 용출액의 양을 줄일 수 있다. (gradient elution) 그러나 용출액의 극성을 너무 갑자기 변화시키면 충진 된 실리카 겔 속에서 균열이 생길 수 있다.

11. 오쏘 / 파라 - 나이트로페놀은 전자를 밀어주는 하이드록시기 와 전자를 잡아당기는 나이트로 기를 가지고 있다. 파라 - 나이트로페놀 이 오쏘 위치에 있는 구조보다 두 극의 거리 (d)가 더 길기 때문에 파라 - 나이트로페놀의 쌍극자 모멘트가 더 크고 더 극성을 띠게 되므로, 오쏘 - 나이트로페놀이 먼저 나오게 된다.
두 극의 세기 (q)와 거리 (d)의 곱을 쌍극자모멘트 (μ)라고 한다.
쌍극자모멘트 (μ) = 두 극의 세기 (q) x 두 극의 거리 (d)

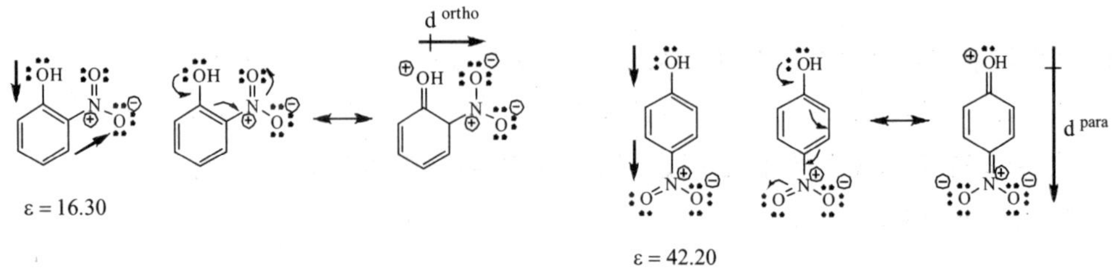

d^{ortho}

OH O N O

$\varepsilon = 16.30$

d^{para}

OH N O

$\varepsilon = 42.20$

$d^{ortho} < d^{para}$

1.3 증류와 편극성 (Distillation and Polarizability)

● 핵심어 : 비극성, 편극성, 분산력, 불변 끓음 혼합물, 환류

증류는 오래 전부터 곡류나 과일로 만든 발효주의 알코올 함량을 높이기 위해서 사용되었다. 끓는점의 차이를 이용하여 원유 증류탑에서 LPG, 휘발유, 등유, 경유 등등의 순도별로 원유를 분류하는 과정도 증류가 사용되는 대표적인 예이다.

증류는 화학실험에서 중요한 기본적인 테크닉이다. 실험을 통해 얻어낸 액체 혼합물은 증류를 통해서 분리 (isolation)하여 정제 (purification)할 수 있다. 기화 후 액화되는 증류액 (distillate)을 얻는 경우 증류 (distillation)라 한다. 휘발성의 액체를 기화시키고 남은 잔여물을 얻는 경우는 증발 (evaporation)이라고 하며 특히 증발기 (evaporator)를 이용한 감압 증발 (reduced pressure evaporation)은 반응 후 고체나 끓는점이 높은 액체 시료에서 유기 용매를 분리하는 데 많이 쓰인다.

ditillation (증류)

reflux (환류)

환류 (reflux)는 용기 속에서 액체가 끓을 때 용기 안의 액체의 온도는 액체의 끓는점 이상이 될 수 없는 점을 이용한 것이다. 화학반응에서 일정한 온도 (용매의 끓는점)를 유지하는 것이 필요할 때 환류가 이용되며, 물중탕은 일상생활에서 쓰여지는 예이다.

이런 차이 때문에 용기에 넣어주는 용액의 양에도 차이를 두어야 한다. 증류는 용매를 날려서 다시 받는 것이기 때문에 열이 과하게 가해져도 상관이 없다. 따라서 가열망태기보다 용액의 높이가 낮아도 상관이 없지만, 환류는 용기 안의 온도를 일정하게 유지해야 하기 때문에 용액의 높이가 항상 가열망태기보다 위에 있어야 한다.

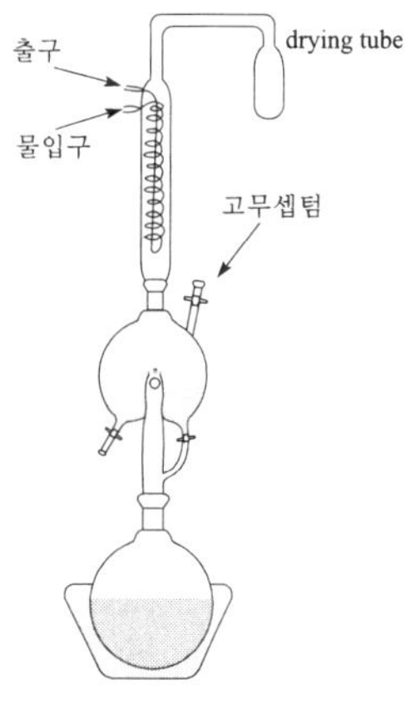

무수용매증류장치

유기용매는 여러 가지 미량의 불순물 (impurity)이 섞여있고, 보관 중에도 공기 중의 수분이 용매 (solvent)에 섞일 수 있다. 그러므로 중요한 유기실험을 하기 전에는 반드시 용매를 정제하여 써야 한다. 특히 무수조건 (anhydrous condition)의 실험을 하기 위해서는 용매의 물을 제거하는 시약 - 보통 소듐 금속 (Na) - 을 넣은 후 환류를 이용하여 기화하고 응축시키는 과정을 반복하여 용매 내의 수분을 제거한 후 사용해야 한다.

액체가 2가지 이상 섞인 혼합물 (mixture)은 증류를 통해서 100% 순물질을 얻을 수 없다. 각 액체의 끓는점과 다른 온도에서 일정한 혼합비율로 액체 혼합물의 증기가 발생하기 때문이다. 이 혼합물을 불변 끓음 혼합물 (azeotrope)이라고 한다. 그 예로 에탄올과 물의 혼합물은 1기압 78.17℃에

서 증류되며 그 혼합기체의 조성은 95.6 : 4.4 이상으로 좁혀지지 않는다. 우리가 마시는 술 중에 에탄올 (ethanol) 함량이 95.6%가 넘는 술은 존재할 수 없다. (실험용 에탄올은 에탄올과 유기물질을 섞은 후 증류하여 물을 제거하였기 때문에 95.6% 이상의 함량을 얻을 수 있다. 따라서 실험용 에탄올을 희석하여 술의 대용품으로 먹는 것은 위험한 일이다.)

물질의 고유 성질 중에 하나인 **끓는점 (boiling point)**은 일정 대기압 하에서 **극성 분자사이의 쌍극자-쌍극자 상호작용 (dipole-dipole interaction), 비극성 분자의 분산력 (dispersion force 또는 London force)** 그리고 **수소결합 등의 분자와 분자 간의 힘 (van der Waals force)**들이 복합적으로 작용하여 결정된다. 일반적으로 끓는점이 높은 화합물은 분자와 분자 간의 인력이 크고, 낮은 것은 분자 간의 인력이 작다. 따라서 화합물의 끓는점은 분자 간의 힘의 세기를 비교할 수 있는 실험적 근거를 제공한다.

I. 극성 분자와 쌍극자 - 쌍극자 상호작용

쌍극자의 상호작용은 용해와 극성 부분에서 자세히 다루었으므로 여기서는 극성이 끓는점에 영향을 미치는 예를 다룬다.

1. 대기압에서 물 (H_2O)은 100℃, 암모니아 (NH_3)는 -33℃, 메탄 (CH_4)은 -161℃의 끓는점을 갖는다. 분자의 극성 (polarity)이 커지면 끓는점도 높아진다. 특히 물과 암모니아는 수소결합 (hydrogen bonding)의 영향을 받기 때문에 끓는점이 더 높아진다.

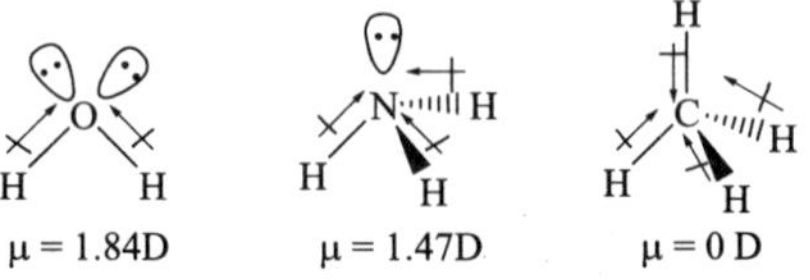

2. 기하 이성질체 (geometric isomer)의 시스 형태 (cis form)는 이중결합을 기준으로 분자가 한쪽으로 몰려있어서 쌍극자 모멘트 (dipole moment)가 증가한다. 트랜스 형태 (trans form)는 이중결합의 양쪽에서 전자를 끌어당기는 힘이 똑같은 영향을 미치므로 쌍극자 모멘트가 0에 가깝다. 그렇기 때문에 일반적으로 시스의 극성이 트랜스보다 크고, 끓는점도 높다. 예를 들면 다이메틸 말레이트 (dimethyl maleate)의 끓는점은 204℃로 다이메틸 퓨마레이트 (dimethyl fumarate)보다 12℃정도 높다.

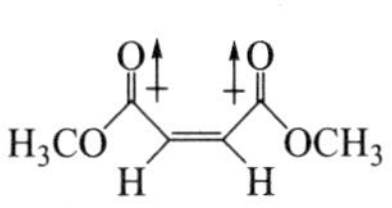

Dimethyl maleate (204°C)
$\mu = 2.48D$

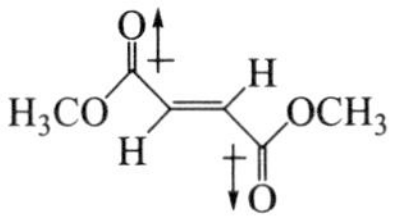

Dimethyl fumarate (192°C)
$\mu = 0D$

3. 이중결합이 콘쥬게이션 (conjugation)되어 있는 1,3 - 펜타다이엔 (피페릴렌, piperylene)은 콘쥬게이션되지 않는 1,4 - 펜타다이엔보다 끓는점이 16℃이상 높다. 이중결합이 콘쥬게이션될 경우 전자쌍이 한 쪽으로 옮겨갈 수 있는 공명구조 (I, resonance)가 기여하므로 분자 쌍극자가 커져서 끓는점도 높아지게 된다.

1, 4-Pentadiene (26℃)

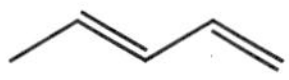

1, 3-Pentadiene (42℃)
(piperylene)

(I)

d^{uc} < d^{c}

4. 다이에틸 에테르나 헥세인은 비고리골격 (acyclic)의 화합물이며, 테트라하이드로퓨란나 사이클로 헥세인은 고리골격 (cyclic)을 이루고 있다. 고리골격을 이루는 화합물은 비고리골격 화합물에 비해 큰 극성을 가져서 끓는점이 더 높다. (용해와 극성 참고.)

비고리 골격의 화합물 (acyclic 화합물)	고리골격의 화합물 (cyclic 화합물)
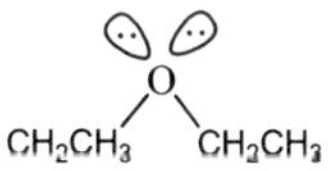 CH_2CH_3–O–CH_2CH_3 다이에틸에테르 μ=1.15D (35~36°C)	 테트라이드로퓨란 μ=1.75D (66.0°C)
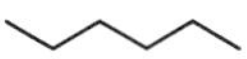 헥세인 μ=0D (68.9°C)	 사이클로헥세인 μ=0D (80.7°C)

II. 비극성 분자와 분산력

편극성 (polarizability)은 외부 전기장에 의해서 분자의 전자구름 밀도가 일그러지기 쉬운 정도의 척도로서 **유도 쌍극자 (induced dipole moment)**가 유발될 수 있는 정도를 나타낸다. 쌍극자를 가지고 있지 않은 비극성 분자도 외부의 영향이나 자체 내 전자의 움직임에 따라 어떤 **순간적인 쌍극자 (instantaneous dipole moment)**를 생성할 수 있다. 이러한 일시적인 쌍극자는 이웃하는 다른 비극성 분자의 전자 구름을 아주 작은 부분 양전하와 음전하로 분극화하여 유도 쌍극자를 만들어내게 된다. 한 분자의 부분 양전하가 다른 분자의 부분 음전하와 가까워지면 전체 에너지가 낮아지므로, 양전하와 음전하 서로 보조를 맞춰 배열하려는 경향이 있다. 결과적으로 두 개의 유도 쌍극자가 서로 끌어당겨 분자들은 함께 뭉치게 된다. 여기서 **유도 쌍극자들 사이의 생기는 인력을 분산력 (dispersion force 또는 London force)**이라고 한다.

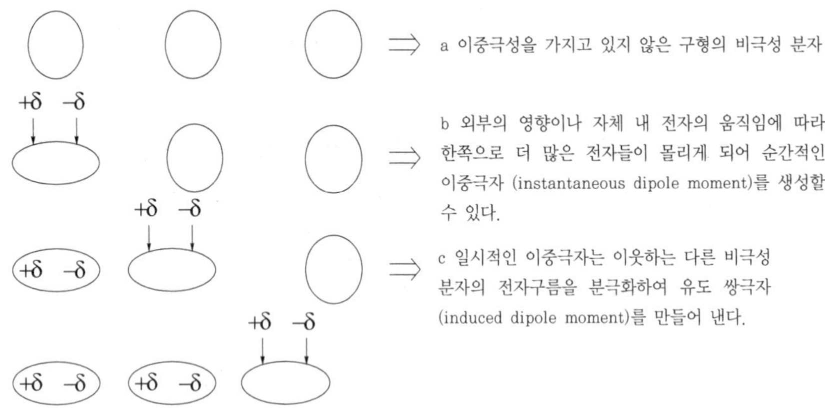

이 힘 때문에 실온에서 벤젠은 액체로 존재하며, 이산화탄소는 응축하여 고체로, 산소와 질소 기체는 낮은 온도에서 액체로 존재한다. 안정한 전자배치를 가지고 있는 영족 기체원자도 이런 분산력에 의하여 낮은 온도에서 액화된다고 설명하고 있다.

분산력은 순간적으로 만들어지기 때문에 평균적으로 작지만 극성과 비극성 분자들 뿐만 아니라 이온들 사이에도 존재한다고 알려져 있다. 이온들 사이의 인력은 너무 강하기 때문에 분산력이 이온들간의 인력에 미치는 영향은 아주 적다. 그러나 비극성 분자들 특히 유기 화합물의 물성과 반응성에 관여하는 분자 간의 인력을 이해하고 설명하는 데 중요한 역할을 한다.

III. 분산력과 분자의 크기와 모양의 상관관계

1. 큰 분자들은 작은 것들보다 바깥쪽 전자들은 더 느슨하게 결합되어 있고, 더 큰 전자 구름을 가지고 있다. 따라서 작은 분자에서 단단하게 결합된 전자들보다 외부 영향에 따라 더 쉽게 전하의 변동을 일으키고, 분극된 전하 사이의 거리도 길어져서 아주 큰 유도 쌍극자를 만든다. 그러므로 큰 분자들은 작은 것들보다 편극성이 커지고, 분자와 분자 간의 힘도 더 강해진다. 예를 들면 메탄은 -162℃에서 끓지만 크고 무거운 염소 원자들로 치환된 사염화탄소는 77℃에서, 사브롬화탄소는 190℃에서 끓는다. 한편 플루오르 화합물들은 전자수가 적고, 핵의 높은 핵전하가 이를 둘러싼 전자들을 단단히 잡아당기므로 편극율이 작아져서 CF_4는 -128℃에서 끓는다. 같은 원리로 포화 탄화수소에서 탄소원자의 수가 4개까지는 기체이고, 5 ~ 17개까지는 액체이며, 18개 이상은 왁스 형태의 고체인 것을 설명할 수 있다.

2. 분산력은 분자 간의 상호작용으로 순간적으로 만들어지는 쌍극자에 의하여 생성되므로 분자 사이의 접촉면이 넓으면 넓을수록 많이 만들어지게 된다. 선형분자는 구형 분자에 비하여 접촉 면적이 넓으므로 일반적으로 높은 끓는점을 가지게 된다.

$H_3C-CH_2-CH_2-CH_2-CH_3$
n-Pantane (35°C)

$(CH_3)_3C-CH_3$
Neopentane (9.5°C)

$H_3C-CH_2-CH_2-CH_2-OH$
n-Butanol (116-118°C)

$(CH_3)_3C-OH$
t-Butanol (85°C)

선형 분자인 노말-펜테인 (n-pentane)은 구형 분자인 네오펜테인 (neopentane)보다 접촉하는 면이 더 넓어서 분산력이 커지고 따라서 끓는점이 높게 나타난다.

IV. 극성과 편극성

분자	b.p	pK_a	전기음성도 차	쌍극자 모멘트(D)	음이온 반경(Å)
HCl	-85.0℃	-7	3.0-2.1 = 0.9	1.109D	1.81
HI	-35.1℃	-9	2.4-2.1 = 0.3	0.448D	2.16

HCl와 HI를 비교할 때, 전기음성도의 차이를 보면 HI는 극성을 덜 띠게 되여 쌍극자 상호작용이 작아져서 끓는점이 낮아질 것이 기대된다. 그러나 HI 분자는 HCl분자보다 커지므로 분산력은 증가하여 끓는점이 높아질 것도 기대된다. 이 경우 HI의 끓는점이 HCl보다 높은 것을 보아서 이들 분자들의 물성에는 분산력이 쌍극자 - 쌍극자 상호작용보다 더 많이 영향을 미친다는 것을 알 수 있다. 이 해석의 유용성은 HI가 HCl보다 센 산인 것으로도 확인할 수 있다. 극성으로 보면 전기음성도가 큰 염소의 음이온이 더 안정하고, 편극성으로 보면 부피가 큰 요오드 음이온이 더 안정하다. 두 산의 산도를 비교하면 HI가 더 센산이다. 따라서 이런 종류의 화합물의 물성을 설명하는 데는 편극성이 극성을 우선하는 것을 다시 확인할 수 있다.

유기화합물의 용해 부분에서는 **극성 (polarity)**, **증류와 끓는점** 부분에서는 **편극성 (polarizability)**에 대하여 각각 자세히 다루었다. **극성은 구성 원자들의 전기음성도 차이를, 편극성은 구성 원자의 크기 차이를 각각 기반으로 하여 유기 화합물의 물성을 설명**할 뿐만 아니라 유기 반응성을 이해하는 데 필요한 기본 이론을 제공한다. 이들 이론은 상호 보완적인 것이기 때문에 – 유기 화합물의 물성이나 반응성을 설명하기 위하여 – 복합적으로 적용하며, 주어진 자료나 결과에 부합되는 것을 취사 선택하여 적용한다.

이 실험에서는 액체 혼합물의 증류 (distillation)를 통해 **불변 끓음 혼합물 (azeotrope)** 현상을 확인한다.

실험 1 액체 혼합물의 증류 (Distillation)

실험 시약

명 명	구조식	분자량	녹는점(℃)	끓는점(℃)	밀도(g/mL)
아닐린 (Aniline)					
물 (H_2O)					

실험기구

⇨ 증류장치, 눈금 실린더, 100mL 일구 둥근바닥 플라스크, 자석 스핀바, 온도계, 자석 젓개 및 가열판, 높낮이 받침대, 가열 망태기, 변압기

실험기구 설치

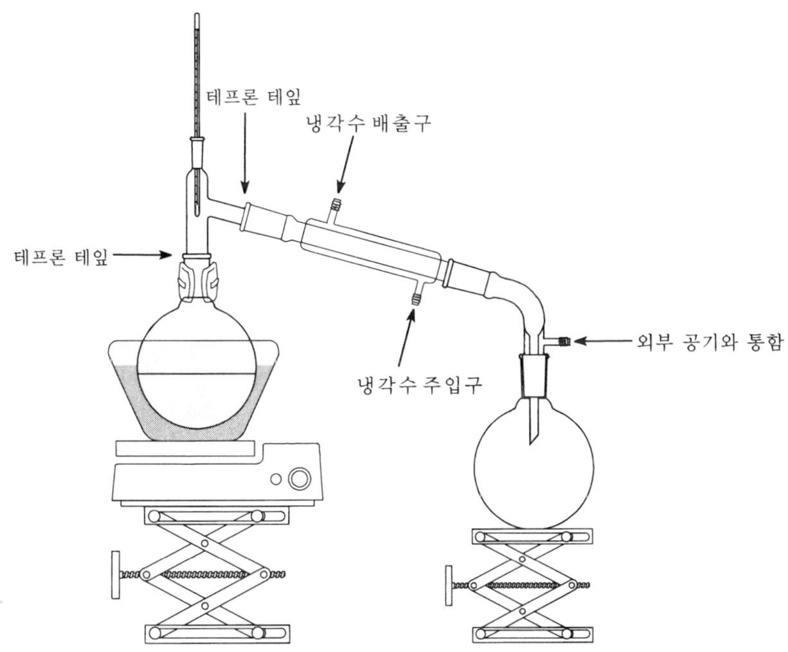

실험 방법

1. 100mL 일구 둥근바닥 플라스크에 아닐린 30.0mL, 물 10.0mL와 자석 스핀바를 넣고 증류장치 (distillation set)를 설치한다. (관찰 1 : 혼합용액의 상태) [참고 1]

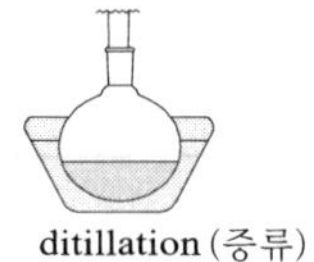
ditillation (증류)

2. 변압기의 전압을 70V 정도로 맞추고 교반 (stirring)하면서 증류를 시작한다.

3. 증류 시작 후 2분마다 온도를 기록한다. 특별한 온도변화가 있을 때에는 그 때의 온도와 시간을 기록한다. (관찰 2 : 온도변화) [참고 2]

4. 수신기 (receiver)에 첫 방울이 떨어질 때의 온도와 시간을 기록한다. (관찰 3 : 증류액의 색) [참고 3]

5. 다시 2분마다 온도를 기록한다.
(관찰 4 : 증류된 온도에 따른 증류액의 변화) [참고 4]

6. 아직 증류되지 않은 액체 혼합물과 증류된 불변 끓음 혼합물을 눈금 실린더를 이용하여 부피를 측정한다. (관찰 5 : 수층과 유층, 증류되지 않은 액체 혼합물의 부피 및 용액의 색변화) [참고 5]

7. 불변 끓음 혼합물 (azeotropic mixture)의 조성을 구한다. [참고 6]

실험 날짜 : 년 월 일 실온 :

관찰

관찰 1 :

관찰 2 :

관찰 3 :

관찰 4 :

관찰 5 :

이론 수득량 g 실제 수득량 g 수율 %

핵심어 :

확인 :

참고

1. 아닐린을 사용할 때에는 후드에서 취급한다.
2. 증류가 시작되기 직전부터 온도가 변하므로 온도가 상승하면 주의깊게 관찰한다.
3. 증류액의 색은 물과 아닐린의 조성에 따라 틀리지만 대체로 처음에는 희뿌연 액체이다.
4. 불변 끓음 혼합물은 증류된 온도에 따라 조성이 다르므로 온도에 따른 증류액의 눈에 띄는 조성변화를 유심히 관찰한다.
5. 불변 끓음 혼합물은 증기상태에서 다시 액화되면 증기상태와 액화상태의 조성비가 다르므로 다시 수층과 유층으로 갈라지게 된다. (그래프 참고) 이 수층과 유층, 혼합용액의 부피와 실험 전 용액 전체의 부피를 비교해본다.
6. 증류가 되는 온도에서의 불변 끓음 혼합물의 부피비를 무게비로 환산하면 그 온도에서의 불변 끓음 혼합물 조성비를 알 수 있다.
7. 증류된 아닐린은 거의 무색이지만 증류되고 남은 아닐린은 갈색을 띈다.
8. 불변 끓음 혼합물의 원리
   불변 끓음 혼합물의 끓는점이 섞여 있는 순수한 화합물의 끓는점보다 낮게 나타날 때 양의 편차 (positive deviation)를 보인다고 말하며, 최저 끓는점 (minimum－boiling point)을 갖는다. 끓는점이 구성 화합물의 끓는점보다 높게 나타날 때는 음의 편차 (negative deviation)를 보인다고 말하며 최고 끓는점 (maximum－boiling point)을 갖는다.

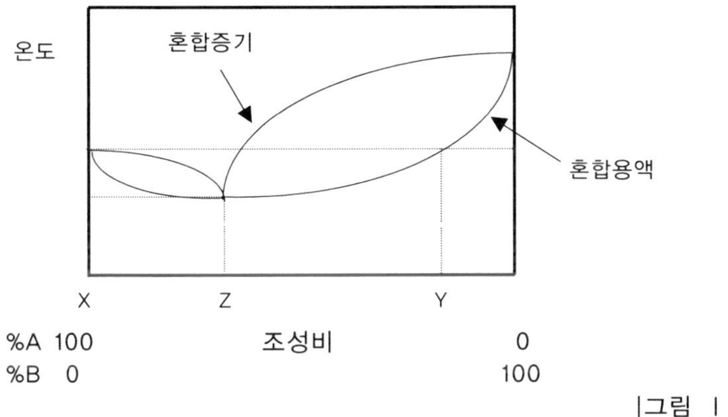

|그림 I|

양의 편차의 경우에는 두 성분의 이종 분자간 인력이 각 성분의 동종 분자간 인력보다 약해서 특정한 조성범위에서는 두 성분의 증기압의 합이 순수한 한 성분의 증기압보다 크다. 따라서 특정한 조성의 혼합물이 순수한 화합물보다 더 잘 기화가 되어 낮은 끓는점을 가지게 되고 순수한 각 성분 화합물보다 낮은 온도에서 증류된다. (그림 I) 이 경우 어느 성분도 순수하게 얻을 수 없고 불변 끓음 혼합물의 조성 (azeotropic composition)으로 존재하는 성분만을 얻을 뿐이다. 예를 들면 에탄올 (ethanol 끓는점 : 78.3℃)과 클로로폼 (chloroform 끓는점 : 61.2℃)의 혼합물을 증류하면 59.4℃에서 7:93의 불변 끓음 혼합물을 얻을 수 있다.

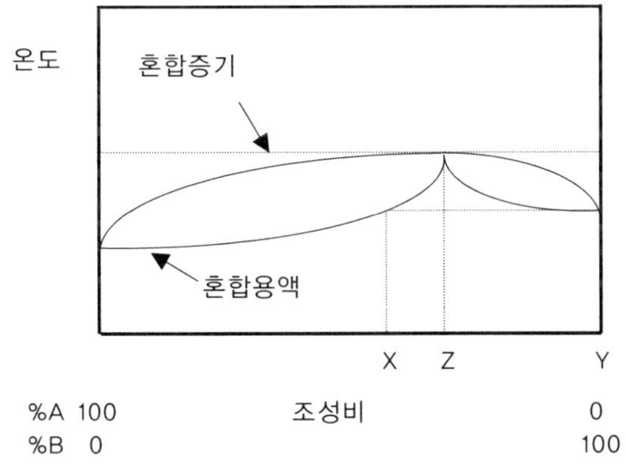

|그림 II|

음의 편차의 경우에는 두 화합물의 분자간 인력이 각각 성분의 분자간 인력보다 강하기 때문에 특정 조성범위에서 두 성분의 증기압의 합이 순수한 성분의 증기압보다 작다. 이런 혼합물은 특정한 조성에서 각각 성분 화합물보다 높은 끓는점을 갖는다. (그림 II) 최대 불변 끓음 혼합물과 다른 조성을

갖는 혼합물을 증류하면 먼저 낮은 끓는점을 가지는 화합물이 증류되고 이어서 불변 끓음 혼합물의 조성을 가진 혼합물이 증류된다. 따라서 이 방법으로도 역시 순수한 화합물은 분리할 수 없다. 물에 폼산 (formic acid, 끓는점 : 100.8℃)을 섞은 용액을 증류하면 107.1℃에서 끓게 되고 조성이 22.5 : 77.5인 불변 끓음 혼합물이 증류된다.

실험 2 딘-스탁 장치 (Dean-Stark water separatory)를 이용한 정제

실험 시약

명 명	구조식	분자량	녹는점(℃)	끓는점(℃)	밀도(g/mL)
톨루엔 (Toluene)					
물 (H_2O)					

실험기구

⇨ 딘 스탁 장치, 눈금 실린더, 100mL일구 둥근바닥 플라스크, 자석 스핀 바, 온도계, 자석젓개 및 가열판, 높낮이 받침대, 가열 망태기, 변압기, 환류 냉각기 (reflux condenser)

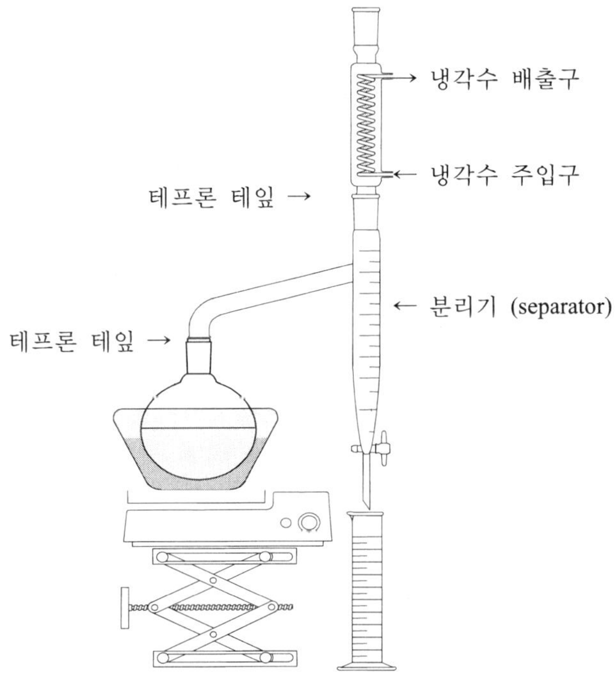

딘-스탁 증류 장치 [Dean-Stark distillation Set]

실험 방법

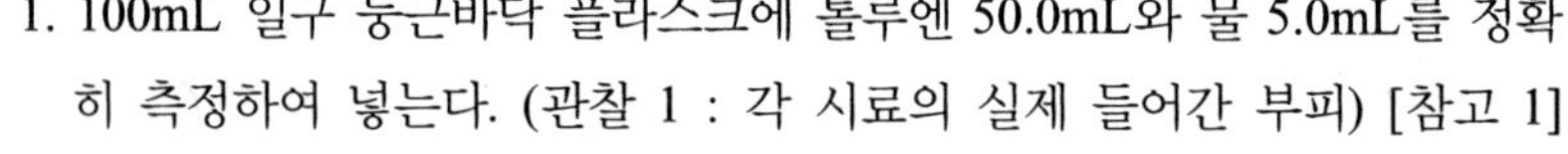

1. 100mL 일구 둥근바닥 플라스크에 톨루엔 50.0mL와 물 5.0mL를 정확히 측정하여 넣는다. (관찰 1 : 각 시료의 실제 들어간 부피) [참고 1]

reflux (환류)

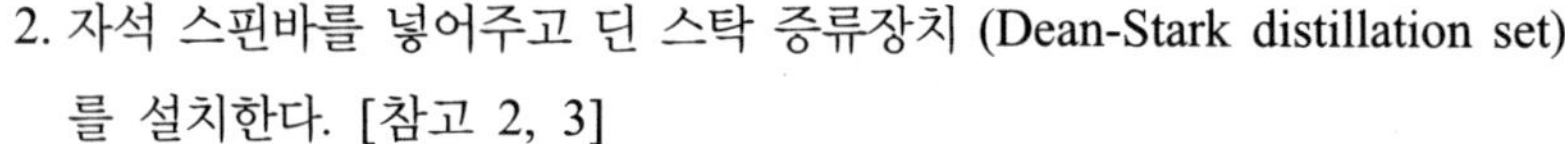

2. 자석 스핀바를 넣어주고 딘 스탁 증류장치 (Dean-Stark distillation set)를 설치한다. [참고 2, 3]

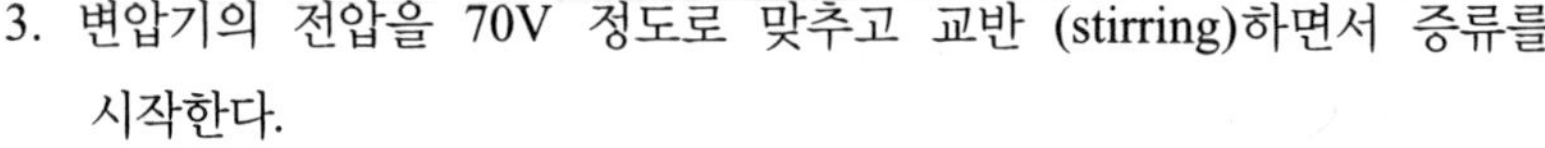

3. 변압기의 전압을 70V 정도로 맞추고 교반 (stirring)하면서 증류를 시작한다.

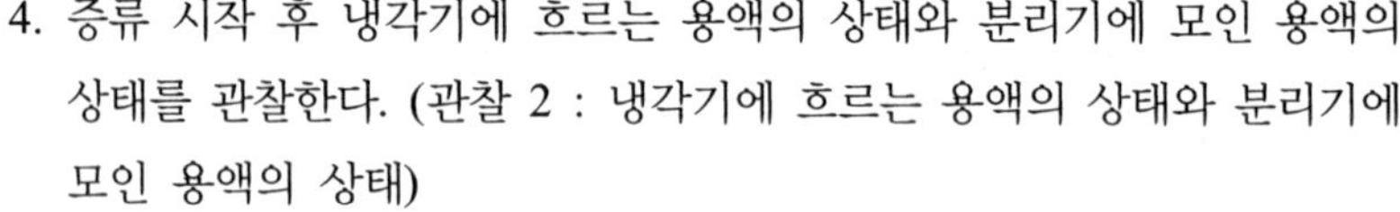

4. 증류 시작 후 냉각기에 흐르는 용액의 상태와 분리기에 모인 용액의 상태를 관찰한다. (관찰 2 : 냉각기에 흐르는 용액의 상태와 분리기에 모인 용액의 상태)

5. 딘 스탁 증류장치의 환류 냉각기 부분이 완전히 맑아질 때까지 증류를 계속한다. (관찰 3 : 냉각기에 흐르는 용액의 상태와 분리기에 모인 용액의 상태) [참고 4]

6. 딘 스탁 증류장치의 환류 냉각기 부분이 완전히 맑아지면, 증류를 멈춘 후 딘 스탁 증류장치를 식힌다. [참고 5]

7. 분리기에서 분리된 수층 (물)과 뿌연 유기층 (물과 톨루엔이 섞여있는 액체)을 각각 비이커에 받아둔다.

8. 뿌연 유기층 (물과 톨루엔이 섞여있는 액체)에 고체 NaCl 0.5g을 첨가하여, 톨루엔에 섞여있는 물을 분리한다. [참고 6]

9. 일구 둥근바닥 플라스크에 남아있는 용액과 8에서 얻어진 유기층에 드라이어라이트 (drierite, $CaSO_4$)를 첨가하여 수분이 남아있는지 확인한다. (관찰 4 : 드라이어라이트의 색변화 유무) [참고 7]

10. 7번과 8번에서 얻어진 물의 눈금 실린더에 옮겨 부피를 측정한다. (관찰 5 : 증류된 물의 부피) [참고 8]

11. 순수하게 분리된 수층의 수율을 구한다. (관찰 6 : 수층의 수율)

실험 날짜 :　　　　　년　　　　월　　　　일　　　　　실온 :

관찰

관찰 1 :

관찰 2 :

관찰 3 :

관찰 4 :

관찰 5 :

관찰 6 :

이론 수득량　　　　　g　　　　실제 수득량　　　　g　　　　수율　　　　　%

핵심어 :

확인 :

참고

1. 톨루엔과 물의 혼합용액을 분리하는 실험이므로 처음의 혼합용액의 비율을 정확하게 알아야 한다.

2. 증류장치 설치 시 일구 둥근바닥 플라스크에 혼합물 (mixture)이 2/3이상 넘지 않도록 한다. 자석 스핀바는 온도가 급상승하여 유리 기구가 깨지는 것을 막는 끓임쪽 (boiling chip)의 역할도 함께 한다. 물은 냉각기 (condenser)의 아래로 들어가서 위로 나가도록 연결하고 수압을 적당히 조절한다. 장치의 각 연결 부위는 새지 않도록 테프론으로 감아 준다.

3. 분리기에 용매 (톨루엔)를 채우고 증류를 하는 방법이 정석이지만, 이 실험에서는 분리기를 비워놓고 실험하는 방법이 분리를 더 잘 관찰할 수 있다.

4. 증류되는 증기 중에 수분이 제거되면 냉각기에는 순수한 톨루엔만이 응축되므로 뿌연 액체 방울이 맺히지 않고 아주 깨끗한 상태를 유지하게 된다. 이 때에는 더 이상 액화될 수분이 없는 것이지만 완전히 수분을 제거하기 위하여 증류를 10분 더 한다.

5. 분리기의 혼합용액은 액화된 후 식을수록 용액의 조성 중 수분의 비율이 낮아지게 된다. 그러므로 실온까지 충분히 식혀주어야 혼합용액 내의 수분을 최대한 분리할 수 있다.

6. 염석 효과를 통해 톨루엔에 섞여있는 물을 분리할 수 있으며, 분리되는 물의 양은 소량이므로 딘 스탁 분리장치의 분리기에 넣어 층을 분리하는 것이 효과적이다. 만일 층이 분리가 되지 않는다면, NaCl을 0.5g 더 첨가한 후 분리한다.

7. 드라이어라이트는 수분을 감지할 수 있는 지시약 역할을 하는 것으로 수분을 만나면 원래의 하늘색에서 옅은 분홍색으로 변하게 된다. 색의 변화를 관찰하여 각 용액에 수분이 포함되어있는지를 확인할 수 있다.

8. 물 5.0mL 사용하였을 때 약 4.5mL를 분리할 수 있다.

물과 섞인 혼합물의 불변 끓음 혼합물	끓는점(℃)	조성비(무게%)
에테르 (ether)	34	1 : 99
에탄올 (ethanol)	78	4 : 96
에틸 아세테이트 (ethyl acetate)	71	8 : 92
펜테인 (pentane)	35	1 : 99
헥세인 (hexane)	62	6 : 94
아세톤 (acetone)	56	12 : 88
톨루엔 (toluene)	85	20 : 80
벤질 알코올 (benzyl alcohol)	100	91 : 9

1.4 추출과 산 해리상수 (Extraction and pK_a)

핵심어 : 분배계수, 염석 효과, 포화 염화소듐 용액, 건조제, pK_a

일상생활에서 추출 (extraction)이 사용되는 예는 많이 찾아볼 수 있다. 여성들은 메니큐어를 아세톤이란 유기용매를 사용하여 지워낸다. 또한 여성들의 화장은 물로 잘 지워지지 않는데 이 때 쓰이는 클렌징 제품 또한 유기용매이며, 세탁소에서 옷에 묻은 기름때를 지워낼 때에도 같은 원리를 이용한다. 누구나 한번쯤은 사용해봤을 향수 또한, 최근에는 인공적으로 합성해 내기도 하지만 과거에는 꽃잎 등을 잘게 갈은 뒤 에테르 (ether)에 장시간 담궈놓아 그 향과 색을 분리해내기도 하였다.

실험실에서 쓰이는 테크닉의 한 종류인 추출은, 한 용매에 녹아있는 용질을 다른 용매에 이동시키는 작업이다. 용질은 첫 번째 사용한 용매의 용해도보다 두 번째 넣어준 용매에 대한 용해도가 크기 때문에 용질은 두 번째 용매로 이동한다. 두 개의 용매에 대해서는 서로 섞이지 않기 때문에 층이 형성된다. 각각의 층을 유기층과 수층이라 부르는데, 사용한 용매의 밀도에 따라서 유기층이 위 또는 아래로 갈 수 있다. 따라서 실험시 사용한 용매의 밀도를 확인해야 한다. 이와 같이 추출은 각각의 용질에 대한 용해도 차이에 의해 용매를 선택하고, 혼합 용액으로부터 어떠한 한 물질을 분리해낼 때 쓰이는 방법이다. 용해도 차이를 이용한 케이 (K)값을 가지고 분포계수 (distribution coefficient)를 이해해보자.

용해도의 비를 분포계수 (distribution coefficient : K = C_2/ C_1)라 하며, 주어진 온도에서 한 화합물과 두 용매에 대해 일정한 상수값을 갖는 평형 상수이다. C_1과 C_2의 관계는 총 농도와 실제 사용한 양과는 무관한 독립적인 값이다.

$$K = \frac{C_2}{C_1} = \frac{\dfrac{\text{용매2에 녹아있는 용질의 양}}{\text{용매2의 부피}}}{\dfrac{\text{용매1에 녹아있는 용질의 양}}{\text{용매1의 부피}}}$$

어떤 화합물 A의 용해도가 10.0g/100.0mL H_2O (25℃), 100.0g/100.0mL 에테르 (ether)일 때 K값을 구하면 K = 10이 된다.

$$K=\frac{\frac{100.0g}{100ml\ \text{에테르}}}{\frac{10.0g}{100ml\ \text{물}}}=10$$

화합물 A가 물 100.0mL에 5.0g 녹아 있을 때 이것을 에테르 100.0mL를 가지고 추출을 하는 경우 (1)와 에테르 50.0mL를 2번 이용하여 추출한 경우 (2)에서 얻어지는 결과는 다음과 같다.

(1)의 경우

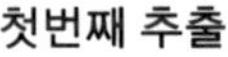

첫번째 추출

에테르 100mL에 녹아있는 A = X
물 100mL에 녹아있는 A = 5.0-X

$$K = 10 = \frac{C_2}{C_1} = \frac{\frac{X\ g}{100mL\ \text{에테르}}}{\frac{(5.0 - X)\ g}{100mL\ H_2O}}$$

$$K = 10 = \frac{X\ (100mL)}{(5.0 - X)\ 100mL}$$

5000–1000X = 100X

1100X = 5000

X = 4.55

A= 0.45 g in물
4.55 g in 에테르

⇩

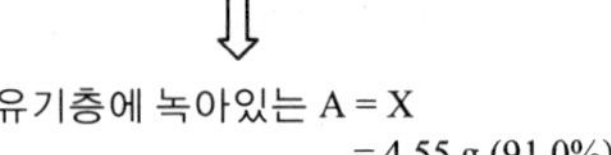

유기층에 녹아있는 A = X
= 4.55 g (91.0%)

(2)의 경우

첫번째 추출

에테르 50mL에 녹아있는 A = X
물 100mL에 녹아있는 A = 5.0-X

$$K = 10 = \frac{C_2}{C_1} = \frac{\frac{X\ g}{50mL\ \text{에테르}}}{\frac{(5.0 - X)\ g}{100mL\ H_2O}}$$

A= 0.83 g in 물
4.17 g in 에테르

두번째 추출

에터 50mL에 녹아있는 A = Y
물 100mL에 녹아있는 A = 0.83-Y

$$K = 10 = \frac{C_2}{C_1} = \frac{\frac{Yg}{50mL\ \text{에테르}}}{\frac{(0.83 - Y)\ g}{100mL\ H_2O}}$$

Y= 0.14 g in 물
0.69 g in 에테르

⇩

유기층에 녹아있는 A= X + Y
= 4.17g +0.69g
= 4.86g (97.2%)

위의 결과로 유기 용매를 소량으로 여러 번 나누어서 추출하는 경우가 한 번에 추출을 했을 경우보다 효과적인 것을 알 수 있다.

$$HA + H_2O \longrightarrow A^{\ominus} + H_3O^{\oplus}$$

$$K_{eq} = \frac{[H_3O^{\oplus}][A^{\ominus}]}{[HA][H_2O]}$$

$$K_a = K_{eq}[H_2O] = \frac{[H_3O^{\oplus}][A^{\ominus}]}{[HA]}$$

$$pK_a = -\log K_a$$

산의 세기는 pK_a로 나타내고, 범위는 −15 ~ 60까지 보고되고 있다. 대표적인 무기산인 황산 (H_2SO_4), 질산 (HNO_3), 염산 (HCl)은 −2 ~ −9의 pK_a 값을 갖고, 일반적인 유기산들은 5~15의 pK_a 값을 갖는다.

pK_a 값은 작을수록 강산이고, 클수록 약산이다. 산 HA의 세기는 생성되는 음이온 (anion, A^-)의 안정성에 좌우된다. 안정한 음이온이 만들어질수록 강산이 된다.

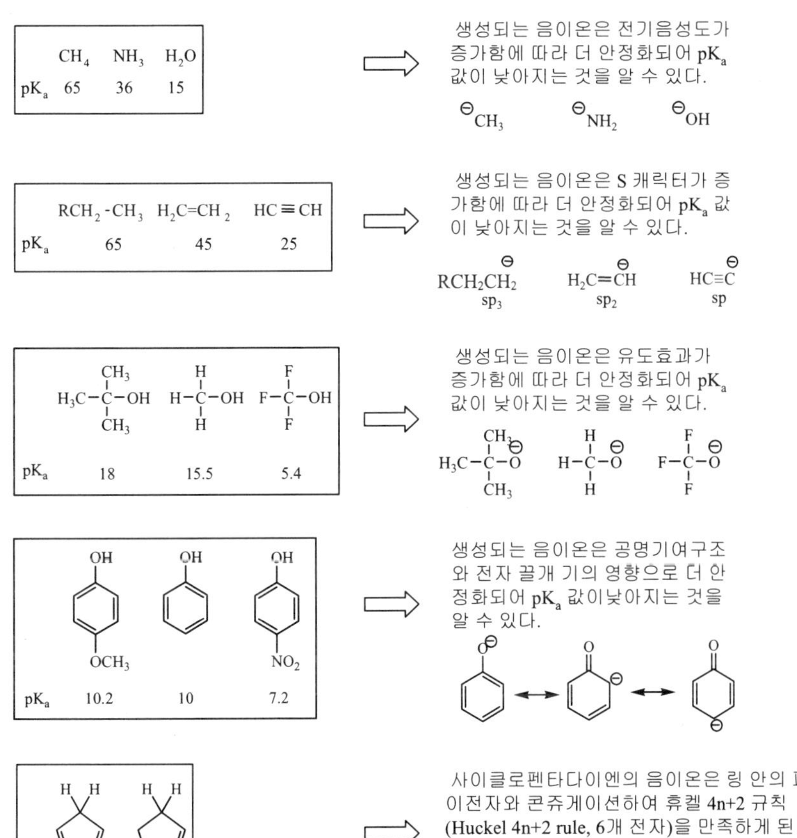

pK_a 값은 산의 세기 뿐만 아니라 반응의 방향을 판단할 수 있는 기준을 제공한다.

$$\underset{pK_a = 5}{HA} + B^{\ominus} \rightleftharpoons A^{\ominus} + \underset{pK_a = 15}{HB}$$

HA는 HB보다 강산이므로 더 안정된 음이온을 생성하고, 따라서 정반응이 진행된다.

일반화하면 모든 반응에서 평형은 pK_a 값이 커지는 방향 (강산에서 약산)으로 이동한다.

이번 실험에서는 이론에서 배운 pK_a 값의 차이를 통해 혼합물에서 각각의 물질을 실제로 분리해 낼 수 있는가를 확인하고, 용해도 차이에 따른 수층과 유층을 분리하여 얻고자 하는 물질만이 남을 수 있도록 하는 방법을 배우려고 한다.

실험 벤조산, 페놀, 벤질 알코올 혼합물의 분리

실험 시약

명 명	분자식	구조식	분자량	녹는점 (℃)	끓는점 (℃)	밀도 (g/mL)	사용량 (g)	mmol
벤조산 (Benzoic acid)								
벤질 알코올 (Benzyl alcohol)								
페놀 (Phenol)								

실험 기구

⇨ 100mL 분별 깔대기, 감압 플라스크, 뷰흐너 깔대기, TLC 전개통, 삼각플라스크, 높낮이 받침대, 자석젓개 및 가열판

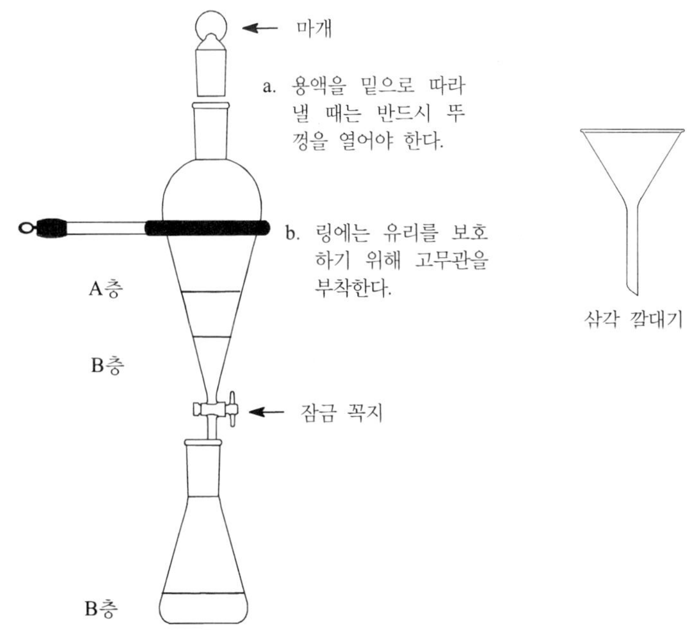

실험 방법

1. 벤조산 1.5g (12.3mmol)을 100mL 삼각 플라스크에 넣고, 벤질 알코올 1.5mL (1.57g, 14.5mmol)와 페놀 1.0mL (1.07g, 11.4mmol)를 넣은 다음 다이에틸 에테르 10.0mL를 가한다. [참고 1, 2]

(벤조산의 분리)

2. 포화 탄산수소나트륨 용액 (Sat`d $NaHCO_3$) 20.0mL를 삼각 플라스크에 가한 후 2~3분 가량 교반한다. (관찰 1 : CO_2발생여부) [참고 3]

3. 교반을 멈추고 유기층을 미리 찍어놓은 혼합물과 TLC를 통해 비교한다. 만일 벤조산이 남아있다면 고체 탄산수소나트륨 0.3g을 더 첨가하고 약 5분간 교반 후 다시 확인한다. (관찰 2 : TLC) [참고 4] <전개용매는 에틸 아세테이트 : 헥세인 = 1 : 3, 벤조산의 R_f = 0.27>

4. 벤조산이 사라진 것을 확인하면 삼각 플라스크의 용액을 깔대기를 사용하여 100mL 분별 깔대기에 옮긴 후 분별 깔대기를 양손으로 잡고 2~3회 세게 흔든 뒤, 기체를 빼준다. 코크를 열었을 때 '쉭'소리가 나지 않을 때까지 기체를 빼어준다. 수층을 분리하여 받아둔다. ("가" 플라스크) (관찰 3 : 층 분리여부)

(페놀의 분리)

5. 유기층을 삼각 플라스크에 받아낸 후 6.0M 소듐 하이드록사이드 용액 (NaOH) 20.0mL (60.0mmol)를 가한다. 그리고 깔대기를 사용하여 분별 깔대기로 옮긴 후 유기층을 받아낸다. 유기층에 대하여 페놀 표본 용액을 공점적 (co-spot)하여 TLC를 찍어 페놀이 사라졌는지 확인한다. 수층은 받아둔다. ("나" 플라스크) (관찰 4 : 층 분리여부, 기포발생, TLC) [참고 5] <전개용매는 에틸 아세테이트 : 헥세인 = 1 : 3, 페놀의 R_f = 0.54> 페놀이 사라지지 않았을 경우 소듐 하이드록사이드 고체 NaOH를 0.3g 첨가하고 5분가량 교반 후 다시 TLC로 확인한다.

실험 날짜 : 년 월 일 실온 :

관찰

관찰 1 :

관찰 2 :

관찰 3 :

관찰 4 :

(벤질 알코올의 정제)

6. 유기층에 존재하는 벤질 알코올에 포화 염화소듐 용액 (brine, 포화소금물) 20.0mL를 가한 후 유기층을 분리한다. 1회 실시 후 10.0mL의 포화 염화소듐 용액을 가하여 한 번 더 씻어낸다. [참고 6]

7. 유기층을 삼각 플라스크에 받은 후 무수 마그네슘 설페이트 ($MgSO_4$)를 소량 넣는다. 수분이 완전히 제거되었다고 판단되면 감압 필터한다. 미리 무게를 잰 일구 둥근바닥 플라스크에 용액을 받아낸다. 일구 둥근바닥 플라스크 안의 다이에틸 에테르는 감압 증류시켜 증발시킨다. (관찰 5 : 벤질 알코올의 무게) [참고 7]

(페놀의 정제)

8. 수층으로 받아낸 "나" 플라스크의 페놀에 대해 pH종이로 pH = 1 가량 될 때까지 6.0M의 염산을 소량씩 가한다. 용액을 분별 깔대기에 옮기고 다이에틸 에테르 (10.0mL로 2번 추출)를 가하고 층을 분리한 후 유기층을 받아낸다. 6, 7번 과정과 동일하게 건조과정을 거치고 용액 중의 다이에틸 에테르는 감압 증류한다. (관찰 6 : 페놀의 무게) [참고 8]

(벤조산의 정제)

9. 수층으로 받아낸 "가" 플라스크의 벤조산에 대해 6.0M의 염산을 가한다. 산이 가해지면 벤조에이트는 물에 대해 용해도가 없는 백색의 벤조산으로 침전되어 떨어질 것이다. pH 종이로 용액이 산성인지 확인하며, pH = 1이 될 때까지 6.0M 염산을 더 가한다. (관찰 7 : 흰색결정 생성여부) [참고 9]

10. 형성된 고체는 감압 필터하고 자연 건조시킨다. 다 마르면 녹는점 측정과 수율을 계산한다.

관찰 5 :

관찰 6 :

관찰 7 :

수 율	벤조산	g	%
	벤질 알코올	g	%
	페놀	g	%

핵심어 :

확인 :

참고

1. pK_a 값의 차이에 따른 산 염기반응을 이해하기 위한 중요한 실험이므로 각 화합물의 pK_a 값을 숙지하고 실험결과를 정확히 얻도록 해야 한다. 추출 실험은 산이나 염기를 넣은 후, 한 번에 추출이 되는 않는 경우 시약을 조금씩 더 첨가하여 실험을 진행하기 때문에 다른 기본 테크닉에 비해 실험시간이 길어질 수 있다.
   페놀의 녹는점은 40~42℃로 실온에서 고체로 존재하는 경우가 많으므로, 실험 시작 전에 미리 물중탕을 시켜두거나 조교가 혼합물을 미리 만들어 주는 것이 실험시간을 줄이는데 효과적이다.

2. 실험에서 사용되는 혼합물의 농도가 진하기 때문에, 혼합물 원액을 사용하여 TLC를 찍으면 벤조산의 꼬리끌림 현상으로 인해 벤조산과 페놀의 점적을 관찰하기 힘들다. 따라서 이 실험에서는 3가지 시료가 섞여있는 혼합물을 소량 취하여 에틸 아세테이트로 희석시킨 후, 이 희석된 용액을 이용하여 TLC를 찍는다.

3. 이번 실험은 pK_a 값을 이용해 미지 시료들로부터 원하는 화합물을 추출하는 것이다. 세 종류의 미지시료의 경우 자외선 램프 (254nm)로 TLC 관찰이 가능하며 pK_a 값의 차이가 크기 때문에 선택하였다. pK_a 값이 제일 작은 벤조산이 먼저 염기로 사용한 포화 탄산수소나트륨 용액 (Sat`d $NaHCO_3$)과 반응하여 수층으로 이동한다.

$$C_6H_5COOH\ (pK_a=4) + NaHCO_3\ (aq) \longrightarrow C_6H_5COO^{\ominus}Na^{\oplus}\ (\text{물에 녹음}) + H_2CO_3\ (pK_a = 7)$$

$$H_2CO_3 \longrightarrow H_2O + CO_2(g)$$

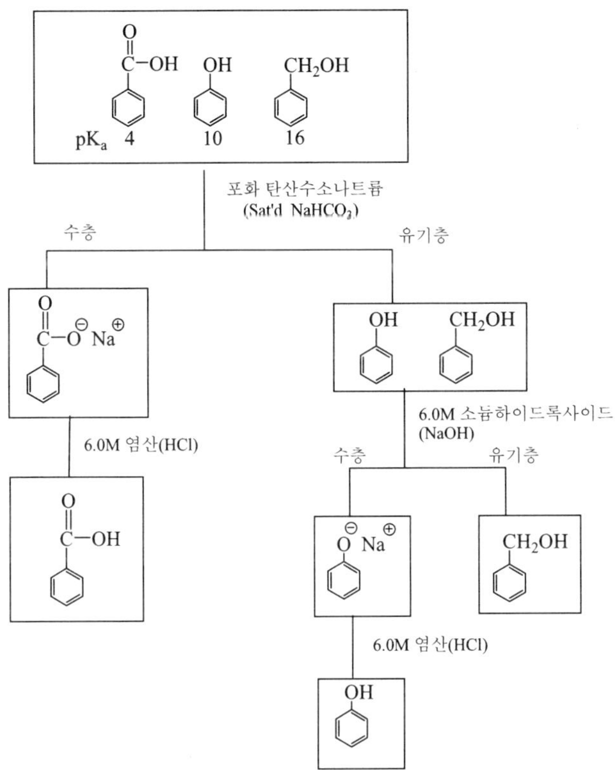

4. 벤조산이 유기층에 남아있는 것이 TLC로 확인되면 유기층에 소량의 탄산수소나트륨 0.3g을 더 첨가하고 유층을 TLC로 확인한다. 벤조산이 완전히 유층에서 분리되었다고 판단될 때까지 반복한다.

5. 페놀 (pK_a = 10)은 벤질 알코올 (pK_a = 16)보다 강산이므로 염기로 사용한 6.0M 소듐 하이드록사이드와 먼저 반응한다. TLC에 페놀 점적이 남아있다면, 소듐 하이드록사이드 5.0mL를 더 첨가하여 유기층에서 완전히 페놀을 제거한다.

$$C_6H_5OH + NaOH(aq) \longrightarrow C_6H_5O^{-}Na^{+} + H_2O$$

$pK_a = 10$ 　　　　 물에 녹음 　 $pK_a = 16$

6. 포화 염화소듐 용액을 사용하는 것은 염석 (salting out)의 원리로 무기염을 넣어 주어 유기층에 녹아 있던 소량의 물을 제거하기 위해 사용한다.

7. 추출을 완료한 뒤에 유기층 안에는 미량의 물이 남아 있을 수 있다. 추출 용매로 많이 사용하는 에테르의 경우 그 무게에 비례해 1.5%의 물을 함유한다. 이 수분을 완전히 없애기 위해서 넣어주는 것이 건조제이다.

	용량 (Capacity)	속도 (Rate)	이용 (Use)
마그네슘 설페이트 (Magnesium sulfate)	7 H_2O	빠름	안정하여 일반적으로 많이 이용되며, 아주 약산성을 띤다.
소듐 설페이트 (Sodium sulfate)	10 H_2O	느림	온화하며 용량이 높지만, 비효율적이며 속도가 느리다.
칼슘 설페이트 (Calcium sulfate, Drierite)	1/2 H_2O	매우빠름	효과적이며, 지시약인 코발트 클로라이드 ($CoCl_2$)를 착색한 것은 푸른색을 띠며 수분을 흡수하면 핑크색으로 변한다.
칼슘 클로라이드 (Calcium chloride)	6 H_2O	매우빠름	탄화수소 또는 알킬 할라이드 (alkyl halide)에 이용되며 질소(N), 산소(O)와 반응할 수 있다.
분자체 (Molecular sieve)	높음	빠름	용매의 일반적인 건조. 3 Å와 4 Å 혼합 사용이 효과적이다.
소듐 하이드록사이드 (Sodium hydroxide)	매우 높음	빠름	강력하지만 강염기이며, 아민류에 효과적이다.
황산 (Sulfuric acid)	매우 높음	매우빠름	강력하지만 강산성이며 포화나 방향족탄화수소에 쓰인다.

8. pH=1이 될 때까지 6.0M 염산 약 15.0mL 가량이 소요될 것이다. 염산이 페놀보다 상대적으로 강산이므로 더 안정한 음이온을 생성하는 정반응으로 진행된다.

$$C_6H_5O^{\ominus}Na^{\oplus} + HCl \longrightarrow C_6H_5OH + Na^{\oplus}Cl^{\ominus}$$

$pK_a = -7$ $pK_a = 10$

물에 안 녹음

9. pH=1이 될 때까지 6.0M 염산 약 8.0mL 가량이 소요될 것이다.
염산이 벤조산보다 강산이므로 더 안정한 음이온을 생성하는 정반응으로 진행된다.

$$C_6H_5COO^{\ominus}Na^{\oplus} + HCl \longrightarrow C_6H_5COOH + Na^{\oplus}Cl^{\ominus}$$

$pK_a = -7$ (HCl)

$pK_a = 4$ (벤조산)

물에 안 녹음

1.5 재결정과 녹는점 (Recrystallization and Melting point)

핵심어 : 용해도, 모액, 녹는점, 녹는점 범위, 함께 녹는점, 이성질체

생활 속의 재결정의 예로는 염전에서 소금을 만드는 방법이 있다. 염전에서는 바닷물을 끌어 들여 햇볕이나 바람 같은 천연에너지를 이용해 수분을 증발시켜 소금을 만들고, 재결정을 되풀이하여 이것들의 순도를 높힌다. 실험실에서도 재결정은 고체 시료를 분리, 정제하는 데 사용된다. 최근에는 분자 구조를 밝히는데 X선 분광법이 많이 쓰임에 따라서 이를 위한 미량의 시료를 결정화하는 방법이 매우 중요하게 되어 재결정에 대한 관심이 커지고 있다.

재결정은 고체 혼합물 중에 한 화합물의 순도를 높게 얻기 위해 고체의 결정구조를 재배열함으로서 불순물은 모액 (mother liquor)에 남게 하는 것이다. 이렇게 얻어진 생성물은 녹는점 (melting point) 측정법을 통하여 시료의 분석과 순도를 가늠할 수 있다.

녹는점은 고체 시료의 분석과 시료의 순도를 가늠할 수 있는 기초적이고 보편적인 기준이다. 고체 시료가 순수할 때는 물질에 따라 녹는점 범위가 0.2~0.3℃로 좁게 나오지만, 불순물이 섞여있을 때에는 원래 물질과 불순물 사이에 녹는점이 차이가 나기 때문에 한 물질이 먼저 녹고 액체와 고체의 혼합물이 만들어져서 대부분의 경우 녹는점 범위가 넓어지게 된다.

시료와 불순물의 함량이 특정한 비율일 때 원래보다 낮은 하나의 녹는점을 형성하는 경우가 있는데 이런 온도를 함께 녹는점 (eutectic point)이라고 한다.

예를 들면 소금 (NaCl)과 얼음 (H_2O)에서 소금 : 얼음 = 23% : 77%의 비율로 맞추면 함께 녹는점이 -21.1℃가 된다.

겨울철에 제설용으로 소금 (또는 염화칼슘)을 눈이나 얼음이 있는 땅에 뿌리는 것은 얼음이 소금과 섞여서 -21.1℃ 이상의 온도에서는 용액으로 존재하기 때문이다. 대부분의 고체 물질들은 용매 (solvent)의 온도가 올라감에 따라 용해도 (solubility)가 증가하게 된다.

재결정은 이러한 성질을 이용, 두 가지 이상의 물질들이 섞인 혼합물을 가열하여 결정을 녹인 후 다시 냉각하여 상대적으로 용해도가 낮은 고체물질만 선택적으로 결정화하는 방법이다.

결정 석출의 방법으로는 용매 이용법, 온도 강하법, 증발법이 있다.

1. 용매 이용법 (co - solvents)

특정 물질을 선택적으로 용해시킬 수 있는 용매를 사용해서 어느 한 물질을 용해시켜 분리해낸 후 나머지 물질을 침전 형태로 분리해 낸다.

2. 온도 강하법

온도에 따른 용해도 차이가 있는 경우 혼합물 용액을 과포화 용액이 될 때까지 냉각시킴으로써 어느 한 물질을 침전으로 분리해 낸다.

3. 증발법

용액의 온도는 일정하게 유지하면서 용매를 증발시킴으로써 과포화 용액을 만든다.

지방산의 녹는점

화 합 물	탄소수	구 조	녹는점(℃)
a. 팔미트산 (Palmitic acid)	16	$CH_3(CH_2)_{14}COOH$	63℃
b. 스테아르산 (Stearic acid)	18	$CH_3(CH_2)_{16}COOH$	70℃
c. 아라키드산 (Arachidic acid)	20	$CH_3(CH_2)_{18}COOH$	75℃
d. 올레산 (시스) (Oleic acid (cis))	18	$CH_3(CH_2)_7CH{=}CH(CH_2)_7COOH$	16℃
e. 린올레산 (시스, 시스) (Linoleic acid (cis, cis))	18	$CH_3(CH_2)_4CH{=}CHCH_2CH$ $=CH(CH_2)_7COOH$	- 5℃

녹는점은 분자간 인력 및 쌓임 (packing)의 영향을 받는다. 분자간 인력이 증가하거나, 격자내 쌓임이 용이한 구조를 가지면 녹는점이 높게 나타난다.

1. 화합물 a, b, c은 탄소의 수가 증가함에 따라 분산력이 증가하여 녹는점이 높게 나타난다. (63℃ < 70℃ < 75℃) **(분산력은 1.3 증류와 편극성 참고.)**

2. 화합물 b와 d는 같은 개수의 탄소 (18개)를 가지고 있지만, 포화 화합물 b는 선형구조를 가지고 있어서 쌓임이 용이하여 결정을 효율적으로 형성하여 녹는점이 높다.

   불포화 화합물 d는 이중결합으로 인해 탄화수소 고리가 굽은 형태 또는 뒤틀린 형태를 가지므로 쌓임이 잘 되지 않아서 결정을 잘 형성하지 못하고 따라서 녹는점이 낮아진다. (16℃ < 70℃)

3. 화합물 d와 e는 같은 개수의 탄소 (18개)를 가지고 있지만, 쌓임이 잘 안되는 시스 - 이중결합을 적게 가지고 있는 d 화합물의 녹는점이 높게 나타난다. (- 5℃ < 16℃)

이성질체 (isomer)

a) 위치 이성질체 (regio isomer)

NH_2 / NO_2 (ortho)	NH_2 / NO_2 (para)	COOH / NO_2 (ortho)	COOH / NO_2 (para)
m.p : 73~76°C	m.p : 149~151°C	m.p : 146~148°C	m.p : 239~245°C

일반적으로 방향족 (aromatic) 화합물에서는 오쏘 (ortho) 위치보다 파라 (para) 위치가 쌓임이 더 잘 되기 때문에 파라 위치 화합물의 녹는점이 더 높게 나타난다.

b) 기하 이성질체 (geometry isomer)

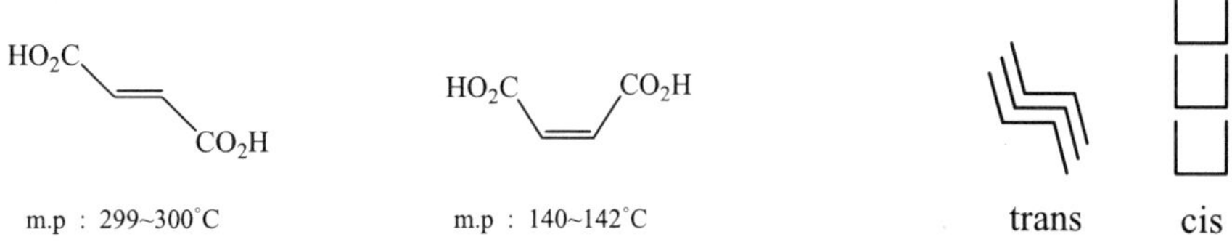

일반적으로 트랜스 (trans) 형태가 시스 (cis) 형태보다 쌓임이 잘되므로 트랜스 형태인 퓨마르산 (fumaric acid)의 녹는점이 더 높게 나타난다.

이 실험에서는 고체혼합물을 분리하는 기본 기술인 재결정을 해보고 그 생성물의 녹는점을 측정하여 생성물의 순도 (purity)를 가늠해본다.

실험 1 용매의 극성변화에 의한 재결정

실험기구

⇨ 삼각 플라스크, 눈금 실린더, 감압 플라스크, 뷰흐너 깔대기, 자석 스핀바, 자석젓개 및 가열판, 높낮이 받침대, 알코올 램프

실험기구 설치

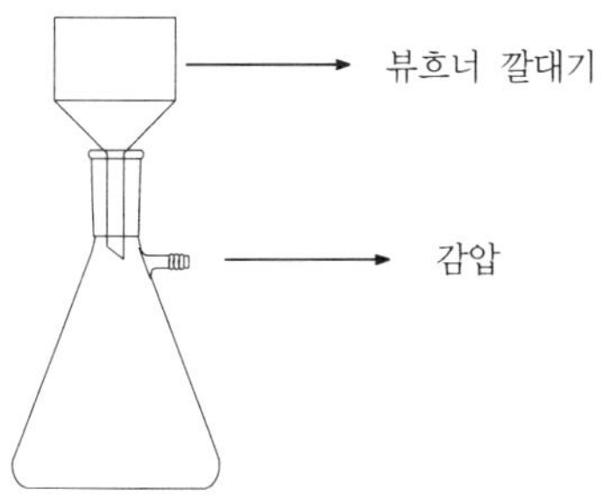

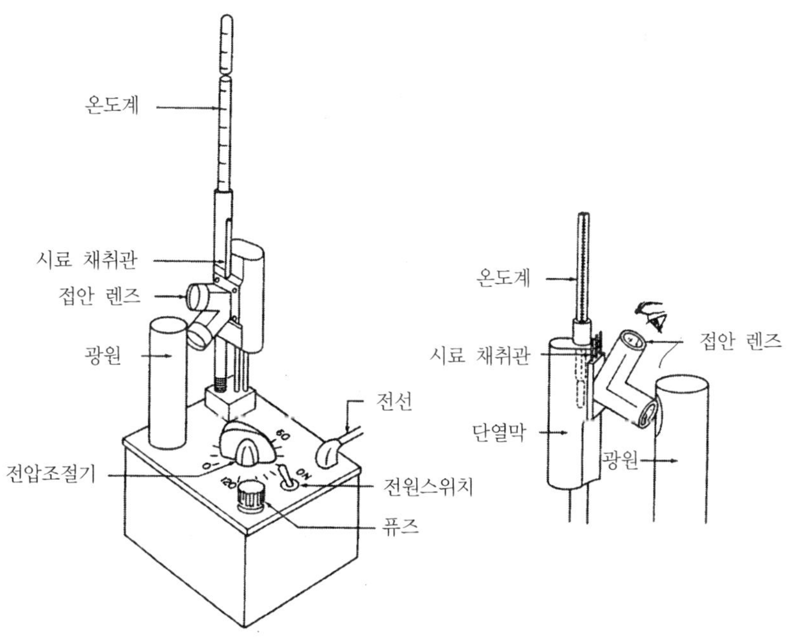

[녹는점 측정기]

실험시약

명 명	분자식	구조식	분자량	녹는점 (℃)	끓는점 (℃)	밀도 (g/mL)	사용량 (g)
염화소듐 (NaCl)							
흑설탕 (dark sugar)							

실험방법

1. 염화소듐 6.0g과 흑설탕 1.0g을 삼각 플라스크에 넣고 20.0mL 물로 녹인다. (관찰 1 : 실제 들어간 시료와 용매의 양) [참고 1,2]

2. 시료가 완전히 녹은 후, 아세톤 (acetone)을 5.0mL씩 첨가하여 흔들어 준다. 침전이 형성이 안 될 때까지 아세톤을 첨가한다.
   (관찰 2 : 들어간 아세톤의 부피, 침전 형성여부) [참고 3]

3. 침전이 형성된 것을 감압 필터하고 아세톤으로 씻는다.
   (관찰 3 : 결정물질의 분석)

4. 충분히 건조한 후에 물질의 확인을 위하여 불꽃 반응을 이용할 수 있다. (관찰 4 : 불꽃색 관찰) [참고 4]

실험 날짜 : 년 월 일 실온 :

관찰

관찰 1 :

관찰 2 :

관찰 3 :

관찰 4 :

핵심어 :

확인 :

참고

1. 소금은 이온 결합을 하고 있으므로 물에서 쉽게 녹을 수 있고, 설탕은 글루코오스 (glucose)와 프룩토오스 (fructose)로 구성된 수크로오스 (sucrose)로 하이드록시기가 많기 때문에 물에 쉽게 녹을 수 있다.

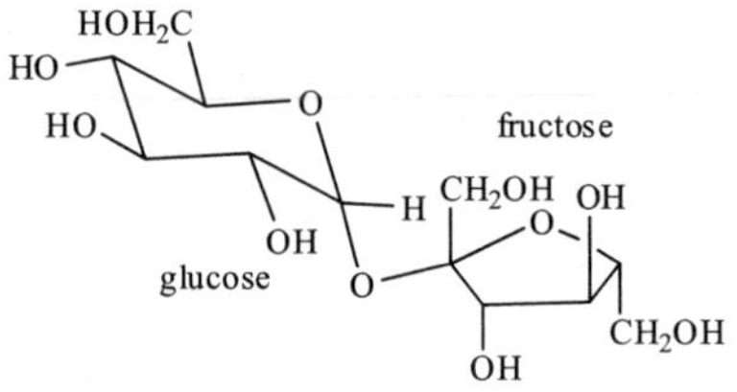

HOH$_2$C, HO, HO, O, OH, glucose, H, O, fructose, CH_2OH, OH, O, CH_2OH, OH

Sucrose

2. 설탕과 소금의 용해도 (solubility - 용매 1.0mL 당 녹는 용질의 g수)는 다음과 같다.

Solvent 1.0mL	Sucrose	NaCl
Water (25℃)	2.0g	0.357g
Acetone (25℃)	Insoluble	Insoluble

표에서와 같이 설탕과 소금은 물에서 잘 녹으므로 용매를 물로 선택하였다. 물의 유전 상수는 78.5로 극성인 용매이다. 여기에 물과 섞이면서 극성을 감소시킬 수 있는 비극성의 용매를 첨가하여 설탕과 소금의 용해도를 감소시키는 것이다. 하지만 소금에 비해 설탕의 용해도는 크기 때문에 비극성의 용매인 아세톤 (유전상수 20.7)을 첨가할 경우에는 설탕은 석출되지 않고 소금만이 석출된다. 설탕과 소금은 구조적으로 다른 화합물이다. 설탕은 유기 물질로 분자 내에 물과 수소결합을 할 수 있어 물에 잘 녹을 수 있지만 소금은 대표적인 무기물로 소듐 양이온과 염소 음이온을 각각 물 분자가 둘러싸게 되어 녹게 된다.

3. 아세톤 10.0mL 넣은 후 바로 결정이 석출된다. 총 20.0mL를 넣었을 때 감압 필터를 할 수 있는 충분한 양이 석출된다.

4. 결정이 순수하게 소금만이 석출되었는지 확인하기 위하여 시료를 분젠 버너로 가열하여 불꽃색을 관찰하는 바일슈타인 시험 (Beilstein's test)을

사용한다. 여기서는 알코올 램프에서 얻어진 고체를 아주 작은 약수저에 덜어서 가열하고, 불꽃색을 확인한다. 노란 불꽃색이 관찰되면 소듐 (sodium)이 포함된 것으로 고체가 소금인 것을 확인할 수 있다. 설탕은 가열했을 때 액화된 후 끓다가 검게 변한다.

Color	Atom
Red	Li, Ca
Yellow	Na
Green	Co, Ba
Blue	Pb, Se
Violet	K

실험 2 온도에 따른 용해도의 변화에 의한 재결정-1

실험시약

명 명	분자식	구조식	분자량	녹는점 (℃)	끓는점 (℃)	밀도 (g/mL)	사용량 (g)
오쏘 - 나이트로아닐린 (o - Nitroaniline)							
파라 - 나이트로아닐린 (p - Nitroaniline)							

실험방법

1. 파라 - 나이트로아닐린 1.0g과 오쏘 - 나이트로아닐린 0.2g을 섞은 후, 소량의 혼합물을 취해 녹는점을 측정한다. 섞은 혼합물을 삼각 플라스크에 넣고 7.0mL 에탄올을 넣고 녹을 때까지 가열한다. (관찰 1 : 혼합물의 녹는점, 실제 들어간 시료와 용매의 양) [참고 1]

2. 시료가 완전히 녹은 후, 실온에서 결정이 생길 때까지 충분히 식힌다. (관찰 2 : 결정 형성여부)

3. 침전이 형성된 것을 감압 필터하고, 차가운 에탄올로 씻는다. 결정을 소량 취해 모액과 공점적 (co - spot)하여 TLC를 확인한다.
   (관찰 3 : 결정물질의 색, 무게, TLC) [참고 2] <전개용매는 에틸 아세테이트 : 헥세인 = 1 : 1>

4. 형성된 결정이 날리지 않도록 비이커로 덮어놓고, 하루 동안 충분히 건조한 후에 석출된 물질의 녹는점을 측정한다. 오쏘, 파라 - 나이트로아닐린 시료의 녹는점을 각각 측정하여 석출된 물질과 비교한다.
   (관찰 4 : 시료의 녹는점, 수율, 녹는점) [참고 3]

실험 날짜 :　　　　년　　　월　　　일　　　　실온 :

관찰

관찰 1 :

관찰 2 :

관찰 3 :

관찰 4 :

이론 수득량　　　　　g　　　실제 수득량　　　　g　　　수율　　　　　%

핵심어 :

확인 :

참고

1. 오쏘, 파라 – 나이트로아닐린의 용해도는 다음과 같다.

용매 1.0mL	오쏘 – 나이트로아닐린	파라 – 나이트로아닐린
Water	6.84mg	0.42mg
Ethanol	229mg	40.0mg
Ethanol(boiling)	2230mg	163mg

표에서와 같이 오쏘와 파라의 용해도가 한쪽은 크고, 다른 한쪽은 상대적으로 낮다. 하지만 앞의 오쏘, 파라–나이트로벤조산과 비교했을 때보다는 용해도의 차가 크지 않다. 따라서 재결정하고 난 후, 모액에는 오쏘와 파라 화합물이 같이 녹아있다. 용매는 에탄올로 선택하였다.
혼합물의 녹는점을 측정하면서 혼합물의 재결정을 병행하면 실험시간을 단축할 수 있다.

2. 오쏘, 파라 – 나이트로아닐린은 결정의 모양과 색에 의해서 쉽게 구별할 수 있다. 재결정하고 난후에는 파라 화합물만이 결정이 된다.

	오쏘 – 나이트로아닐린	파라 – 나이트로아닐린
결정 색	주황색	녹색빛이 있는 노란색
결정 모양	성상	기다란 판상형

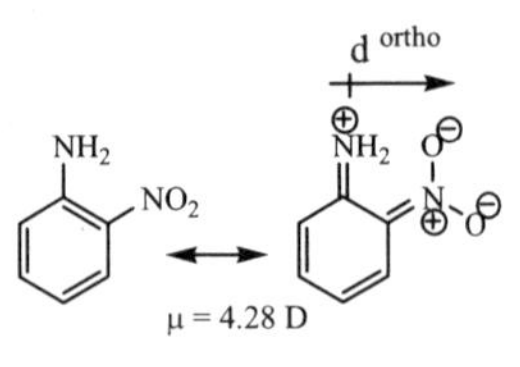

$d^{ortho} < d^{para}$

오쏘 - 나이트로아닐린의 R_f값 : 0.62, 파라 - 나이트로아닐린의 R_f값 : 0.44

일반적으로 파라 화합물은 오쏘 화합물보다 극성이 낮아서 TLC에서 높은 R_f값을 나타내지만 나이트로 아닐린은 전자를 밀어주는 아민기와 전자를 잡아당기는 나이트로기가 있는 특별한 경우로서 그림과 같은 공명구조가 많이 기여를 한다. 파라의 경우 아민기에 생성되는 양이온과 나이트로기에서 생성되는 음이온의 거리가 멀어지므로 오쏘 이성질체보다 더 큰 쌍극자 모멘트를 가진다. 따라서 파라 - 나이트로아닐린은 TLC상에서 오쏘 - 나이트로아닐린보다 더 낮은 R_f값을 나타낸다.

3. 순수한 물질이면 녹는점의 범위가 좁고, 순수하지 않을 경우에는 녹는점의 범위가 넓게 나타난다. 따라서 녹는점의 범위는 물질이 순수한지 아닌지 판단할 수 있는 정성적인 자료를 제공한다. 이것은 각 시료의 녹는점을 측정하고, 시료들을 섞은 후 녹는점을 측정하여 그 범위를 비교하여 확인할 수 있다. 재결정을 하고 난 후 정제된 정도는 얻어진 화합물의 녹는점의 범위로 판단할 수 있다.

파라 - 나이트로아닐린의 재결정 후 녹는점 140.0~142.0℃
(문헌값 : 149.0~151℃)

실험 3 온도에 따른 용해도의 변화에 의한 재결정-2

실험시약

명 명	분자식	구조식	분자량	녹는점 (℃)	끓는점 (℃)	밀도 (g/mL)	사용량 (g)
오쏘 - 나이트로벤조산 (o - Nitrobenzoic acid)							
파라 - 나이트로벤조산 (p - Nitrobenzoic acid)							

실험방법

1. 파라 - 나이트로벤조산 1.0g과 오쏘 - 나이트로벤조산 0.2g을 섞은 후, 소량의 혼합물을 취해 녹는점을 측정한다. 섞은 혼합물을 삼각 플라스크에 넣고 12.0mL 에탄올을 넣고 녹을 때까지 가열한다. (관찰 1 : 혼합물의 녹는점, 실제 들어간 시료와 용매의 양) [참고 1]
2. 시료가 완전히 녹은 후, 실온에서 결정이 생길 때까지 충분히 식힌다. (관찰 2 : 결정 형성여부)
3. 침전이 형성된 것을 감압 필터하고, 차가운 에탄올로 씻는다. 결정을 소량 취해 모액과 공점적 (co - spot)하여 TLC를 확인한다. (관찰 3 : 결정물질의 색, 무게, TLC) [참고 2] <전개용매는 에틸 아세테이트 : 헥세인 = 1 : 2, 꼬리끌림 현상을 방지하기 위해 폼산 (formic acid)을 전개용매에 한 두 방울 섞는다.>
4. 형성된 결정이 날리지 않도록 비이커로 덮어놓고, 하루 동안 충분히 건조한 후에 석출된 물질의 녹는점을 측정한다. 오쏘, 파라 - 나이트로벤조산 시료의 녹는점을 각각 측정하여 석출된 물질과 비교한다. (관찰 4 : 시료의 녹는점, 수율, 녹는점) [참고 3]

실험 날짜 : 년 월 일 실온 :

관찰

관찰 1 :

관찰 2 :

관찰 3 :

관찰 4 :

이론 수득량 g 실제 수득량 g 수율 %

핵심어 :

확인 :

참고

1. 오쏘, 파라 - 나이트로벤조산의 용해도는 다음과 같다.

Solvent 1.0mL	o-nitrobenzoic acid	p-nitrobenzoic acid
Water	6.84mg	0.42mg
Ethanol	340mg	9.09mg
Ethanol(boiling)	Soluble	91.0mg

표에서와 같이 오쏘와 파라의 용해도가 한쪽은 크고, 다른 한쪽은 상대적으로 낮다. 한쪽은 실온에서도 쉽게 포화 용액으로 만들고, 다른 한쪽은 온도를 높여 포화 용액으로 만든 후, 실온으로 식혔을 때 한 가지 물질만을 석출시키는 방법을 이용하는 것이다. 이를 위하여 용매를 에탄올로 선택하였다.

혼합물의 녹는점을 측정하면서 혼합물의 재결정을 병행하면 실험시간을 단축할 수 있다.

2. 모액에 오쏘 - 나이트로벤조산이 녹아있는지 확인하기 위하여 TLC로 확인한다. 두 개의 물질 모두 산이므로 TLC에서 꼬리 끌림 (tailing)을 보이는데, 오쏘에 비해 파라 - 화합물이 비극성이므로 TLC 상에서 더 높이 올라간다. 따라서 모액에 오쏘 - 화합물이 녹아 있는 것을 확인하기 어렵다.

   꼬리 끌림을 없애기 위해 전개용매에 폼산 (formic acid)을 한 두 방울 섞은 뒤 전개시키고, 자외선 램프 (UV - lamp)로 확인한다.

   오쏘 - 나이트로벤조산의 R_f값 : 0.14
   파라 - 나이트로벤조산의 R_f값 : 0.18

3. 순수한 물질이면 녹는점의 범위가 좁고, 순수하진 않을 경우에는 녹는점의 범위가 넓게 나타난다. 따라서 녹는점의 범위는 물질이 순수한지 아닌지 판단할 수 있는 정성적인 자료를 제공한다. 이것은 각 시료의 녹는점을 측정하고, 시료들을 섞은 후 녹는점을 측정하여 그 범위를 비

교하여 확인 할 수 있다. 재결정을 하고 난 후 정제된 정도는 얻어진 화합물의 녹는점의 범위로 판단 할 수 있다.

파라 - 나이트로벤조산의 재결정 후 녹는점 228.0~230.0℃

(문헌값: 239.0~245.0℃)

1.6 추출/재결정/증류가 통합된 혼합물의 분리실험

● **핵심어 : 추출, TLC, 증류, 재결정, pK_a**

실험기구

⇨ 삼각 플라스크, 뷰흐너 깔대기, 가지달린 삼각 플라스크, 증류장치, 100mL 분별 깔대기, 유리막대, 자석 젓개 및 가열판, 자석 스핀바, 녹는 점 측정기, 자외선 램프, 높낮이 받침대, 가열망태기, 변압기

반응 시약 및 개략도

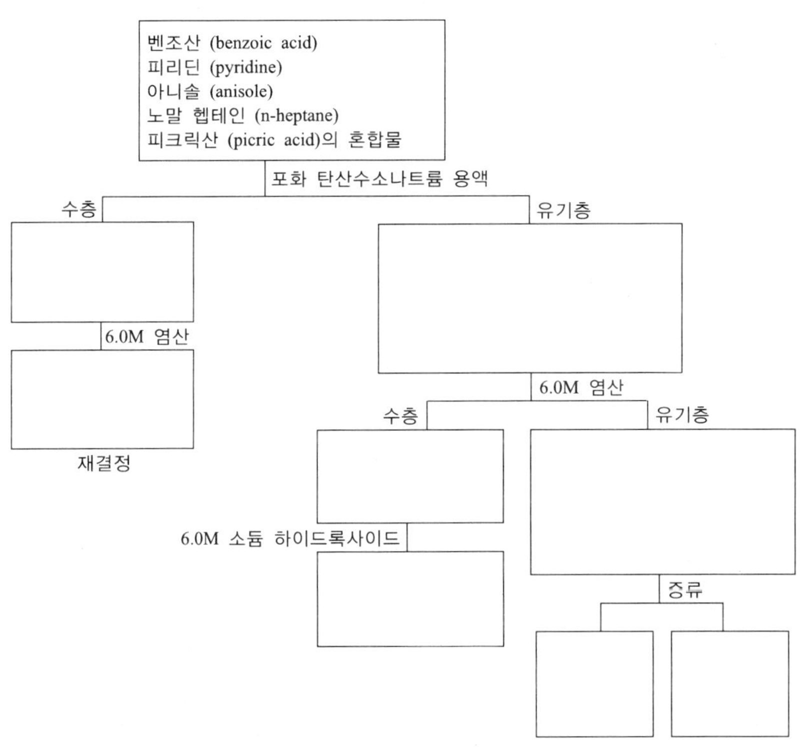

실험 시약 :

명 명	분자식	구조식	분자량	녹는점 (℃)	끓는점 (℃)	밀도 (g/mL)	사용량 (g)
벤조산 (Benzoic acid)							
피리딘 (Pyridine)							
아니솔 (Anisole)							
노말 헵테인 (n - Heptane)							
피크르산 (Picric acid)							

실험방법

***조교에게서 혼합시료를 100mL 삼각 플라스크에 받는다.**

〈벤조산의 분리〉

1. 조교에게서 받은 혼합시료를 TLC로 찍어본다. (관찰 1: TLC) [참고 1]
2. 포화 탄산수소나트륨 용액 20.0mL를 넣고 충분히 교반하여 CO_2(g)를 빼준다. (관찰 2 : 층 분리 여부, 분리된 층의 색) [참고 2]
3. 층 분리가 되면 TLC를 찍어 유층에서 벤조산이 사라졌는지 확인한다. (관찰 3: TLC) [참고 3] <전개용매는 에틸 아세테이트 : 헥세인 = 1 : 2, 벤조산의 $R_f = 0.27$>
4. 2번 용액을 분별 깔대기에 옮겨서 층 분리를 한다.
5. 수층을 비이커에 받아 따로 보관한다.
6. 이 과정은 10번 과정을 하는 동안 수행하는 것이 실험시간을 단축할 수 있다.
   비이커에 받은 수층을 pH = 1이 될 때까지 6.0M 염산 용액을 넣는다. 염산 용액을 넣으면 흰색의 고체가 석출된다. 이것을 감압 필터하고 찬물로 씻는다. (관찰 4: 생성되는 침전의 모양과 색) [참고 4]
7. 재결정을 하기 위하여 삼각 플라스크에 벤조산 혼합물과 물을 넣고 가열하여 고체를 녹인다. (관찰 5: 사용한 물의 양) [참고 5]
8. 실온으로 식히고 결정이 생기면 감압 필터한다.
9. 충분히 말린 후 녹는점을 측정하고 수율을 계산한다. (관찰 6: 벤조산의 무게와 녹는점)

실험 날짜 : 년 월 일 실온 :

관찰 1 :

관찰 2 :

관찰 3 :

관찰 4 :

관찰 5 :

관찰 6 :

〈피리딘의 분리〉

10. 4번에서 분리한 유층 부분에 3.0M 염산 용액 5.0mL를 넣고 pH를 측정한다. 수층의 pH가 1이 될 때까지 3.0M 염산 용액을 가한다. 유층 부분에 피리딘이 없는 것을 TLC로 확인한다. (관찰 7 : TLC, 염산의 양) [참고 6] <전개용매는 에틸 아세테이트 : 헥세인 = 1 : 2>

11. 수층과 유층을 각각 50mL 삼각 플라스크를 이용하여 받는다. 유층은 16번 과정에서 사용한다.

12. 수층에 메틸렌 클로라이드 20.0mL를 넣은 후, 6.0M 소듐 하이드록사이드를 가하여 pH=14가 될 때까지 가한다. [참고 7]

13. 수층과 유층 부분으로 층이 갈라지면 분별 깔대기를 이용하여 층을 분리한 후, 수층에서 피리딘이 사라졌는지 TLC를 이용하여 확인한다. 만일 피리딘이 남아있다면, 메틸렌 클로라이드 20.0mL를 사용하여 한번 더 추출한다. (관찰 8 : TLC, 메틸렌 클로라이드 사용량)

14. 유층 부분을 25mL 삼각 플라스크를 이용하여 받은 후 무수 마그네슘 설페이트 ($MgSO_4$)로 건조시킨다.

15. 건조시킨 용액을 감압 필터하고 미리 무게를 잰 일구 둥근바닥 플라스크에 옮겨 감압 증류한다. (관찰 9 : TLC, 피리딘의 무게)

〈아니솔과 노말 헵테인의 분리〉

16. 11번 용액에서 분리한 유층을 포화 염화소듐 용액 (brine) 30.0mL로 씻어준 후, 무수 마그네슘 설페이트를 이용하여 건조시킨 후 다이에틸 에테르를 이용하여 감압 필터하고 100mL 일구 둥근바닥 플라스크에 옮겨 증류를 준비한다. [참고 8]

17. 16번에서 얻은 여과액을 증류한다.

18. 받은 증류액을 TLC로 확인하여 아니솔이 없는지를 확인한다.
(관찰 10 : TLC, 아니솔과 헵테인의 무게) [참고 9]

관찰 7 :

관찰 8 :

관찰 9 :

관찰 10:

핵심어 :

확인 :

참고

1. TLC를 확인하여 3개의 점적이 자외선 램프에서 보이는지 확인하고 대략적인 점적의 위치를 확인한다.
   조교는 미지시료를 다음과 같이 준비하고 비율은 약간씩 조정 가능하다. 벤조산 (1.00g, 8.19mmol), 노말 헵테인 (6.84g, 10.0mL, 68.3mmol), 아니솔 (9.95g, 10.0mL, 92.0mmol), 피리딘 (1.00g, 1.0mL, 12.6mmol), 피크르산 (8.00mg)을 혼합한다.
   피크르산는 혼합용액에서 노란색을 나타낸다. pK_a 값에 의해 분리되는 수층과 유층의 색 변화를 보기 위한 것이므로 소량만 취해야한다. 벤조산을 완전히 분리했는지를 알 수 있는 지시약 역할을 한다. 피크르산은 건조 상태에서는 폭발적이다. 하지만 우리가 사용하는 것은 용액 상태의 것이고 사용량이 미량이라 위험하지는 않다.

2. 분별 깔대기에 넣기 전에 삼각 플라스크에서 충분히 CO_2(g)를 제거하는 것이 안전하다.

포화 탄산수소나트륨 용액 첨가 시의 반응식

$$C_6H_5COOH \; (pK_a = 4) + NaHCO_3 \longrightarrow C_6H_5COO^{\ominus}Na^{\oplus} + H_2CO_3(aq) \; (pK_a = 7)$$

$$H_2CO_3\,(aq) \longrightarrow H_2O\,(aq) + CO_2\,(g)$$

3. 벤조산과 피리딘의 R_f값이 차이가 크지 않기 때문에 TLC 확인에 주의를 기울여야 한다. 만약 벤조산이 사라지지 않으면 포화 탄산수소나트륨 용액을 더 넣어준다.

4. 6.0M 염산을 넣으면 흰색 거품형의 침전물이 생긴다. 반응이 과격하므로 염산을 조금씩 넣어주어야 한다. 6.0M 염산 약 8.0mL가 사용된다.

6.0M 염산을 넣을 때의 화학반응식

$$C_6H_5COO^{\ominus}Na^{\oplus} + HCl \; (pK_a = -7) \longrightarrow C_6H_5COOH \; (pK_a = 4) + Na^{\oplus} + Cl^{\ominus}$$

5. 재결정하는데 필요한 물의 양은 물을 소량씩 첨가하면서 가열하여 화합물이 다 녹을 수 있는 양을 측정한다. 화합물의 양에 따라 사용하는 물의 양이 달라지지만 이 실험에서는 30.0mL가 적당하다.

6. TLC 상에 피리딘이 남아있다면 3.0M 염산 용액 5.0mL를 더 첨가하여 피리딘을 완전히 제거한다.

3.0M HCl을 넣을 때의 화학반응식

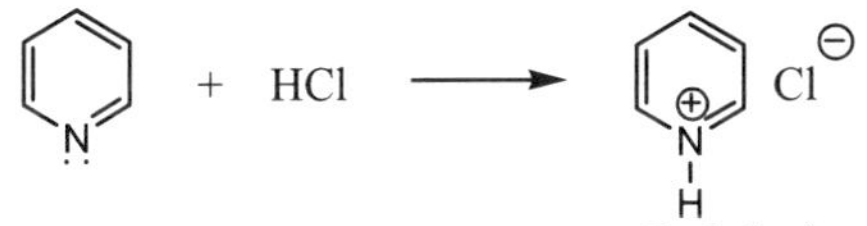

$$\text{pyridine} + HCl \longrightarrow \text{pyridinium}^{+}\ Cl^{-}$$

물에 녹음

7. 사용하는 피리딘이 소량이어서 유층의 분리확인이 어렵다. 그러므로 메틸렌 클로라이드를 먼저 첨가하여 피리딘이 이동할 유기층을 만들어준다. 6.0N 소듐 하이드록사이드를 넣으면 피리딘이 유기층으로 옮겨간다.

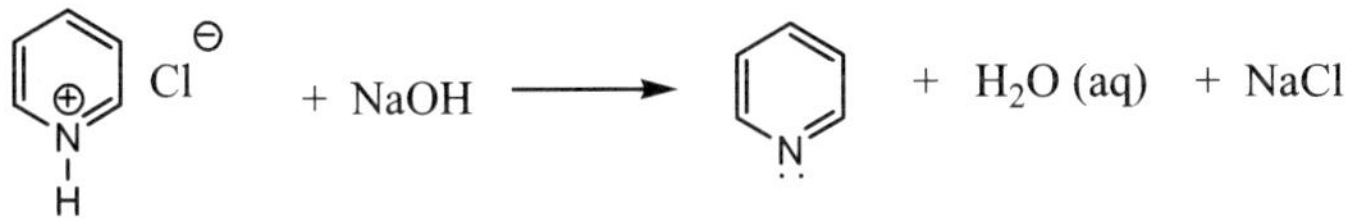

$$\text{pyridinium}^{+}\ Cl^{-} + NaOH \longrightarrow \text{pyridine} + H_2O\ (aq) + NaCl$$

8. 감압 필터시 다이에틸 에테르를 사용하여 뷰흐너 깔대기에 남은 찌꺼기를 씻어준다.

9. 증류장치는 단순 증류를 이용하므로 증류 냉각기 부분이 긴 것을 사용하면 효과적이다. 제일 먼저 증류해서 받는 액체는 우리가 사용한 용매들이다. 이것은 75℃ 이전에 나온다. 우리가 분리하려고 하는 노말헵테인은 끓는점이 98℃이다. 노말헵테인이 완전히 분리가 되었다면 노말헵테인에 아니솔이 없어야 하므로 TLC로 확인한다. 노말헵테인은 자외선램프에서 보이지 않는다. 노말헵테인은 핵사기 공명 분광법으로 확인한다.

1.7 컴퓨터 소프트웨어를 이용하여 화학구조 그리기

컴퓨터의 다양한 문서 프로그램을 이용하여 보고서를 작성하고 정보를 정리하는 일은 이제 흔한 일이 되었다. 더 나아가서 유용한 정보들은 인터넷에 올려져서 많은 사람들이 공유하게 되었다. 따라서 인터넷 시대에 보다 많은 사람들과 화학 지식을 공유하고 서로 교환하기 위해서는 컴퓨터를 이용하는 것이 필수불가결한 일이 되고 있다.

화학을 하는 우리에게는 화학 구조식이 바로 문자다. 화학 정보를 효율적으로 교환하기 위해서는 분자 구조식을 이용하는 것이 긴요하다. 다양한 문서 프로그램이 있듯이 화학에서도 분자구조를 그릴 수 있는 여러 가지 소프트웨어 프로그램들이 개발되어 있다. 이를 이용하면 우리의 문자인 분자 구조식을 보다 산뜻하게 그림으로서 이해가 빠를 뿐만 아니라, 정보를 정확하게 전달할 수 있다. 최근에 발표되는 프로그램들은 화합물의 분자 구조를 그리는 것에 그치지 않고, 화합물의 이름, 물성, NMR 등에 대한 여러 가지 정보도 제공하고 있다. 따라서 새로운 언어를 시대에 맞추어 배우듯이 컴퓨터를 이용하여 분자 구조를 그리는 소프트웨어의 사용도 배울 필요가 있다.

컴퓨터를 이용하여 분자 구조를 그릴 수 있는 소프트웨어는 캠브리지소프트 (CambridgeSoft)사의 캠드로 (ChemDraw)가 많이 쓰인다. 바이오래드 (BIO - RAD) 사의 캠윈도우 (ChemWindow), 에이씨디 (ACD)사의 캠스케치 (ChemSketch)와 엠디엘 (MDL)사의 아이시스 (ISIS) 등도 사용되고 있다. 프로그램들마다 장단점이 있으므로 사용하는 사람들은 필요에 따라 적절한 프로그램을 구입하여 사용하고 있다. 대부분 프로그램들은 인터넷에서 데모나 시간을 제한하여 사용할 수 있는 제한 프로그램을 제공하고 있으므로, 각 프로그램들을 무료, 데모 또는 제한 버전을 제공하고 있는 인터넷 주소를 소개한다.

1) CambridgeSoft - ChemDraw
   http://www.cambridgesoft.com
   http://www.philscience.com (캠브리지소프트의 한국지사)

2) BIO - RAD - ChemWindow
   http://www.sadtler.com

3) ACD(Advanced Chemistry Development Inc) - Chemsketch
http://www.acdlabs.com

4) MDL - ISIS DRAW
http://www.mdli.com/download/idaw,htmL

캠브리지사의 캠드로우를 이용하여 화학구조를 그리는 방법을 연습한다. 캠브리지사의 인터넷 홈페이지에서 데모 프로그램을 받아서 사용법을 동영상으로 볼 수 있다. 캠드로우 10.0버전까지 나와 있어 10.0버전을 중심으로 설명한다.

1. ChemDraw 시작하기

Windows의 시작 메뉴에서 ChemDraw를 선택한다.
파일 관리자에서 ChemDraw 실행 파일을 선택 실행시킨다.
ChemDraw를 실행시키면 아래와 같은 창이 열린다. 이 창은 제목 바, 스크롤 바, 메뉴바, 표준 도구 바, 도구 팔레트, 메시지 영역, 그림 영역으로 구성되어 있다.

|ChemDraw 실행화면|

제목 바에는 현재 작업 중인 문서의 이름이 표시되며, 메시지 영역에는 그림을 그릴 때 나타나는 결합 길이, 결합 각 및 축소 확대 비율 등과 같이 짧은 정보들이 표시된다. 도구 팔레트는 사용 가능한 도구 아이콘들로 구성되어 있으며 클릭을 하여 선택 지정할 수 있다. 각각의 기능은 아래 설명과 같으며 도구 아이콘들에 대한 자세한 사용법은 아래 설명하였다.

2. 기본 아이콘 사용방법

Tool

Lasso	Marquee
Structure Perspective	Fragmentation Tool
Solid Bond	Eraser
Multiple Bonds	Text
Dash Bond	Pen
Hashed Bond	Arrows
Hashed Wedged Bond	Orbital
Bold Bond	Drawing Elements
Bold Wedged Bond	Brackets
Hollow Wedged bond	Chemical Symbols
Wavy Bond	Query Tools
Table	TLC Plate
Acyclic Chain	Template
Cyclopropane Ring	Cyclobutane Ring
Cyclopentane Ring	Cyclohexane Ring
Cycloheptane Ring	Cyclooctane Ring
Cyclohexane Chair(1)	Cyclohexane Chair(2)
Cyclopentadiene Ring	Benzene Ring

- bond 도구 : 단일, 이중, 삼중결합, 배위결합 등의 다양한 결합을 그릴 수 있으며 9가지 유형이 있다.
- acyclic chain 도구 : 어떠한 길이의 사슬도 쉽고 빠르게 그릴 수 있다.
- Query Tools 도구 : 치환체의 집합을 나타내는 대체 그룹을 만들 때 사용 및 반응식에서 반응물과 생성물 사이의 반응 지도를 만들 수 있다.
- arrows 도구 : 화살표를 그릴 때 사용한다.

- chemical symbols 도구 : 전하나 라디칼과 같은 화학 기호를 그릴 때 사용 및 대체 그룹을 정의할 때 연결점을 지정할 수 있다.
- drawing element 도구 : 상자나 선과 같은 그림 요소들을 그릴때 사용한다.
- eraser 도구 : 원하는 대상을 지울 때 사용한다.
- orbital 도구 : 오비탈을 그릴 때 사용하며, 제공되는 팔레트에서 원하는 오비탈의 유형을 선택할 수 있다.
- ring 도구 : 원하는 유형의 고리 화합물을 쉽고 빠르게 그릴 때 사용하며 10가지 유형이 있다.
- pen 도구 : 제시된 팔레트에 없는 사용자가 정의한 화살표나 오비탈과 같이 비정형의 그림을 그릴 때 사용한다.
- lasso도구 : 원하는 대상을 선택할 때 사용할 수 있으며, 원하는 주위로 drag함으로써 선택할 수 있다.
- marquee 도구 : 원하는 대상을 선택할 때 사용할 수 있으며, 원하는 대상을 대각선 방향으로 drag함으로써 선택할 수 있다.
- templates 도구 : 기존의 저장된 템플레이트 문서를 이용하여 쉽고 빠르게 구조를 그릴 수 있다.
- text 도구 : 원자 라벨이나 켑션을 만들 때 사용한다.

실습 1

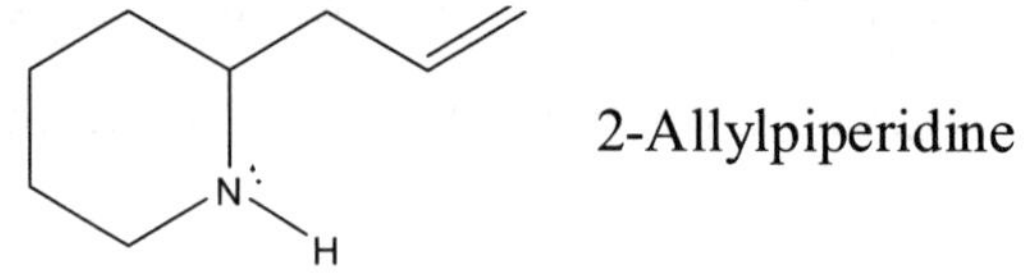

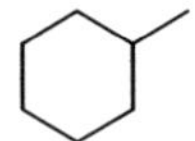

① 육각형 버튼을 누르고 클릭을 한다. (마우스 버튼을 누른 상태에서는 벤젠고리의 방향을 바꿀 수 있다.)

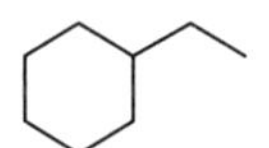

② solid bond 를 선택한 다음 $CH_2CH=CH_2$의 위치에 포인터를 가져가서 결합을 그린다.

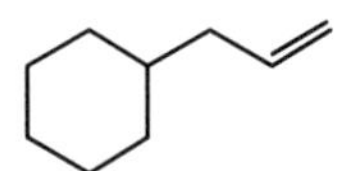

③ 그리고 결합 끝에 포인터를 가져가서 다시 solid bond를 클릭 한다.

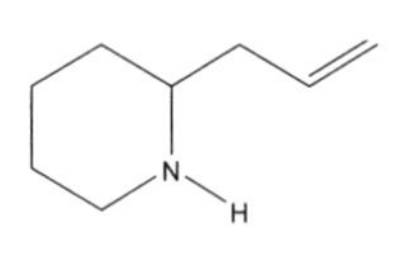

④ Multiple Bonds 중 이중결합을 클릭하고 끝의 위치에서 클릭 한다. 또는 solid bond를 두 번 클릭하여 이중결합을 만든다.

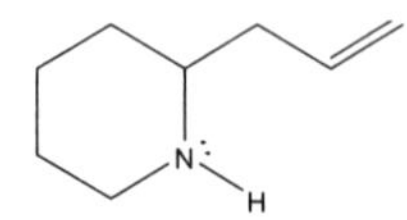

⑤ N이 쓰여 질 곳에 포인터를 가져가서 더블 클릭 하여 텍스트 상자가 나오면 N을 쓰고 결합을 그린다. 그리고 끝에서 더블 클릭을 하여 텍스트 상자에 H를 써 넣는다.

⑥ chemical symbol 버튼을 누르고 lone pair를 누른 후 N을 클릭한 후 drag하여 그린다.

실습 2

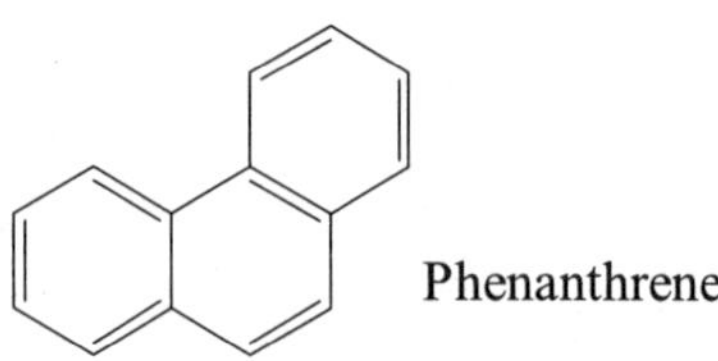

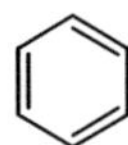

① 벤젠고리 버튼을 선택하고 벤젠고리를 그린다.

② 오른쪽 결합에 포인터를 가져가서 클릭을 한다. 그러면 벤젠 고리 하나가 붙여서 그려진다.

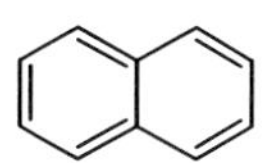

③ 같은 방법으로 벤젠 고리 하나를 더 그린다.

실습 3

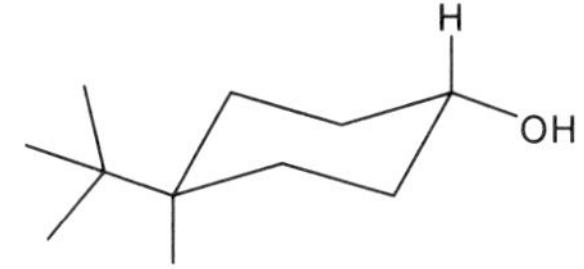

4-*tert*-Butylcyclohexanol

① Cyclohexane chiar(2) 버튼을 누르고 클릭을 한다.

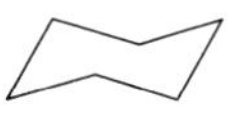

② solid bond를 선택한 다음 tert-butyl 의 위치에 포인터를 가져가서 drag 하여 결합을 그린다.

③ 끝의 위치에 solid bond를 세 번 drag하여 tert-butyl을 만든다. 그 후 연결된 자리에 solid bond를 한 번 더 drag 하고 그 끝에 텍스트 상자를 열어 H를 써 넣는다.

④ OH 위치에서 포인터를 가져가서 drag하여 결합을 그리고 그 끝에 텍스트 상자를 열고 OH를 써 넣는다.

⑤ OH와 연결되는 부분에 solid bond를 눌러 bond를 형성 후 그 끝에 텍스트 상자를 열어 H를 써 넣는다.

실습 4

R-(-) Lactic acid

① solid bond를 누르고 OH 방향으로 drag 하여 그리고 끝을 더블 클릭하여 텍스트 상자를 열고 OH를 써 넣는다.

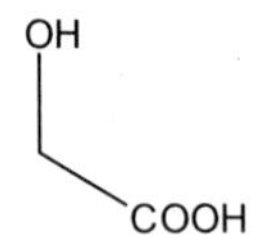

② solid bond를 누르고 COOH 방향으로 drag 하여 그리고 끝을 더블 클릭하여 텍스트 상자를 열고 COOH를 써 넣는다.

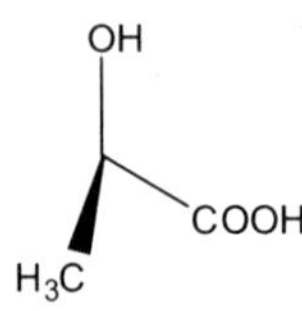

③ bond wedged bond 버튼을 누르고 CH_3 방향으로 drag 하여 끝을 더블 클릭하여 CH_3를 써 넣는다.

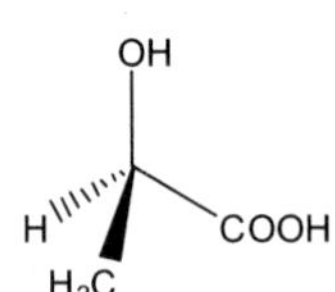

④ Hasher wedged bond 버튼을 누르고 H 방향으로 drag 하여 끝을 더블 클릭하여 H를 써 넣는다.

실습 5

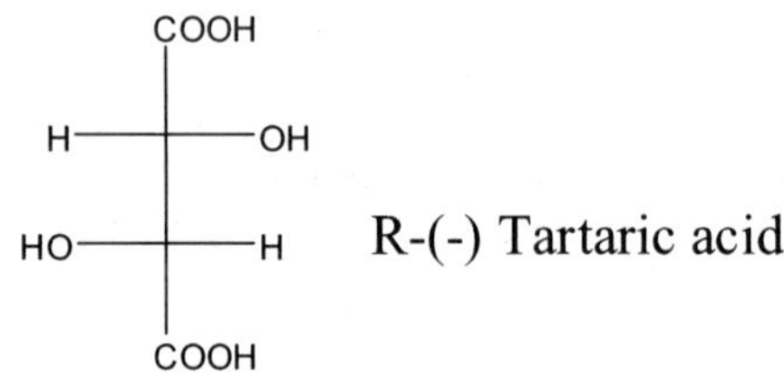

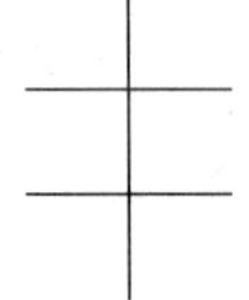

① Templates 버튼을 누르면 여러 가지 보기가 뜨는데 conformers 부분을 누르면 다시 여러 가지 보기가 뜨는데 여기서 같은 모양을 누르고 화면에 그린다.

② 양 끝 쪽을 더블클릭하여 텍스트 상자를 열어 COOH를 써 넣는다.

③ 좌우 부분의 끝에 텍스트 상자를 열고 OH를 하나씩 써 넣는다.

④ 비어 있는 부분의 끝에 텍스트 상자를 열고 H를 써 넣는다.

실습 6

n-Butane

① Templates 버튼을 누르면 여러 가지 보기가 뜨는데 conformers 부분을 누르면 다시 여러 가지 보기가 뜨는데 여기서 같은 모양을 누르고 화면에 그린다.

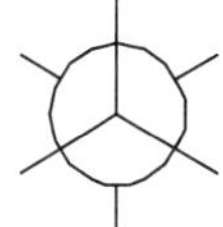

② 위나 아래 쪽의 끝을 더블 클릭하여 텍스트 상자를 열고 CH_3를 써 넣는다.

③ 비어 있는 부분에 텍스트 상자를 열고 H를 써 넣는다.

실습 7

① solid bond 버튼을 누르고 네 방향으로 drag 하여 본드를 그린다.

② 각 끝에 텍스트 상자를 만들고 세 방향으론 CH_3를 쓰고 한 쪽에 Cl을 써 넣고 가운데에는 C를 써 넣는다.

③ Arrows 버튼을 누르면 여러 가지 화살표가 나오는데 그중 전자쌍을 나타내는 화살표를 선택한 후 C와 Cl 사이의 본드에서 버튼을 누르고 Cl 쪽으로 화살표를 drag 한다.

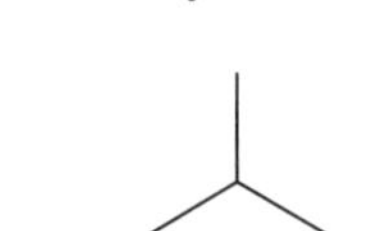

④ 다시 Arrows 버튼을 눌러서 이번엔 반응 진행을 나타내는 화살표를 선택한 후 오른쪽으로 drag 하여 그린다.

⑤ solid bond 버튼을 누른 후 이번엔 세 방향으로 drag 하여 bond를 그린다.

⑥ 각 끝에 CH_3를 텍스트 상자를 이용해 써 넣고 가운데는 C를 써 넣는다.

⑦ Chemical symbol 버튼을 누른 후 ⊕ 표시를 누르고 가운데 탄소부분에서 오른쪽 위를 향해서 drag 하면서 그린다.

⑧ 텍스트 상자를 선택 한 후 + 표시를 써 넣고 그 옆에 다시 텍스트 상자를 열어서 Cl을 써 넣고 Chemical symbol 버튼을 누른 후 이번엔 ⊖ 표시를 누른 후 Cl에서 오른쪽 위로 drag 하면서 넣는다.

실습 8

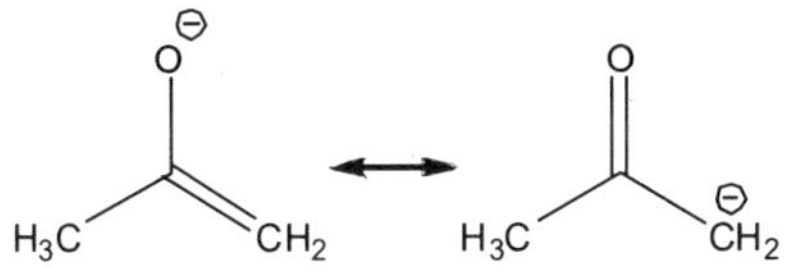

① solid bond 버튼을 누르고 세 방향으로 drag 하여 bond를 형성한다.

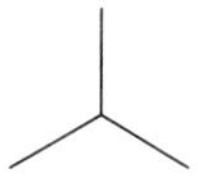

② 오른쪽 부분의 bond에서 solid bond를 한 번 더하면 이중결합이 생성된다.

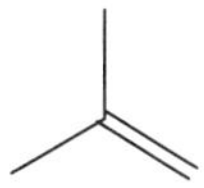

③ 각 끝부분에 텍스트를 열어서 CH_3 와 CH_2 와 O를 각각 써 넣는다.

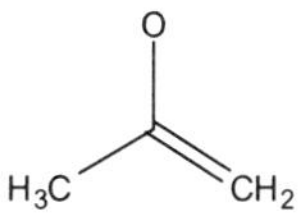

④ 산소 부분에 chemical symbol을 이용해서 음이온을 그린다.

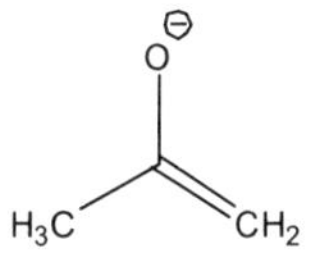

⑤ Arrows에서 양쪽으로 화살표가 있는 표시를 그린다.

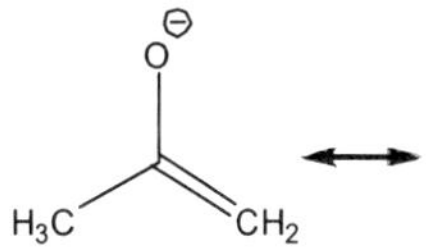

⑥ ①와 ②의 방법과 동일하게 한 후 이번엔 이중결합 부분에 O를 써 넣고 다른 부분에는 각각 CH_3 와 CH_2를 써 넣는다.

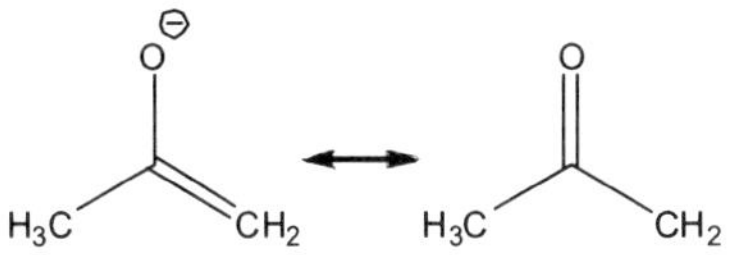

⑦ CH_2에 chemical symbol을 이용해서 음이온을 그린다.

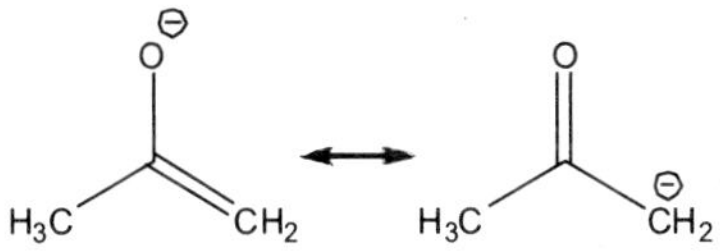

실습 9

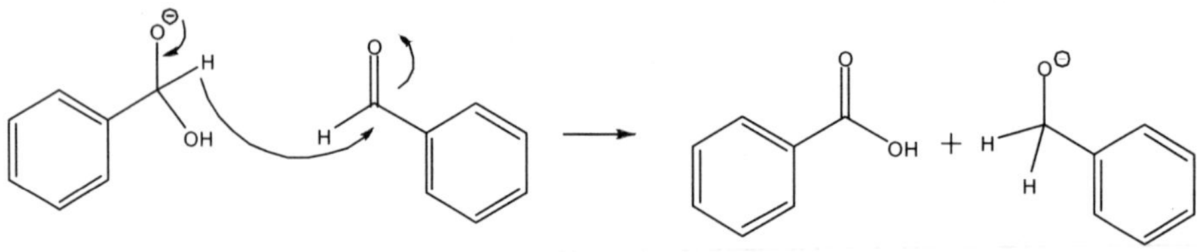

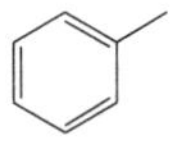

① 벤젠고리를 그리고 solid bond 를 이용해 결합을 하나 그린다.

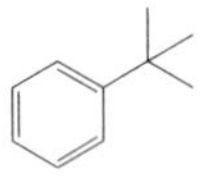

② solid bond를 이용하여 세 방향으로 bond를 그려 넣는다.

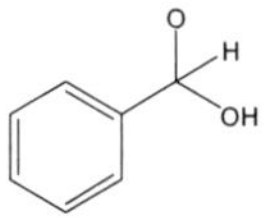

③ 가각의 끝부분에 텍스트 상자를 열어 O, H , OH를 써 넣는다.

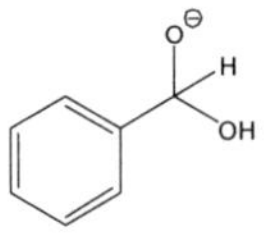

④ O 위에 chemical symbols 도구를 이용하여 음이온을 넣는다. (이분자는 OH 음이온과 만나 생긴 중간체이다.)

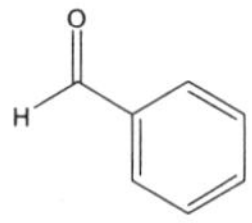

⑤ 다시 벤젠 고리를 그리고 solid bond 와 text 도구를 이용하여 각각의 원자 O, H를 결합하고 써 넣는다.

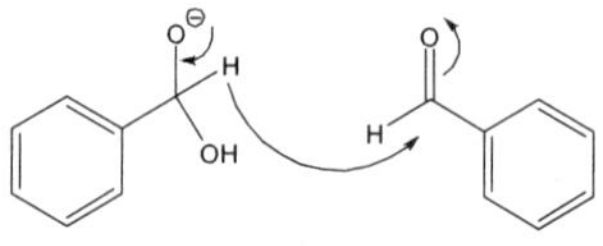

⑥ 왼쪽의 O의 음이온에서 밑의 bond로 Arrows를 이용해서 전자쌍 화살표를 그리고 H의 bond에서 오른쪽 C=O 의 C 부분으로 화살표를 그리고 C=O bond에서 O쪽으로 화살표를 그린다.

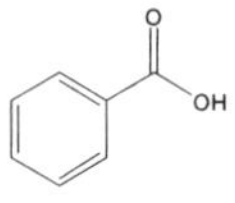

⑦ 다시 benzene고리를 그리고 처음과 같이 solid bond를 이용하여 bond를 형성하고 각 끝을 텍스트 상자로 O, OH를 써 넣는다.

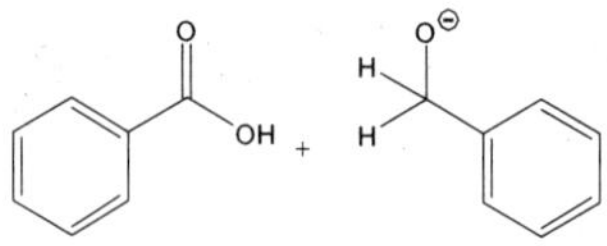

⑧ 그 옆에 +를 쓴 후 ②과 동일하게 그린 후 각 끝에 텍스트 상자를 이용하여 O, H, H를 써 넣고 O 부분엔 chemical symbol을 이용하여 음이온을 넣는다.

⑨ 마지막으로 양쪽을 연결하는 반응 진행 화살표를 Arrows를 이용하여 그린다.

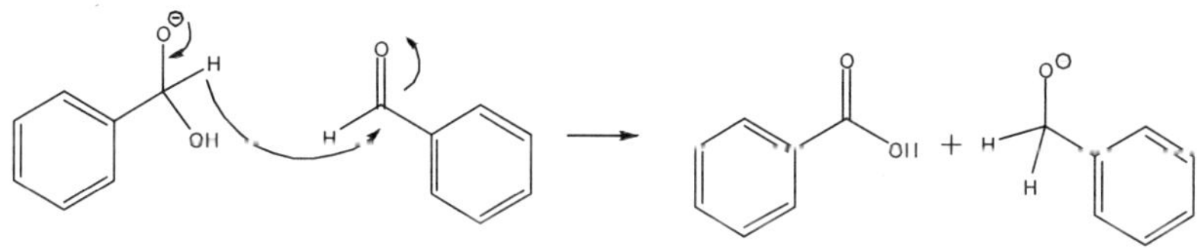

실습 10

사용하는 켐드로우에서는 화합물에 대한 분석, 물성 및 핵 자기 분광법의 자료를 얻을 수 있다. 이 같은 자료를 얻는 방법에 대해 배워보자.

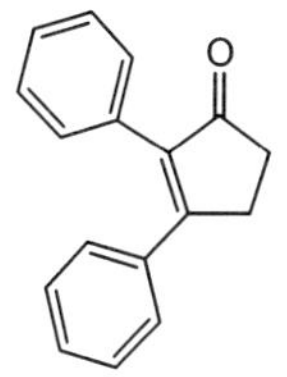

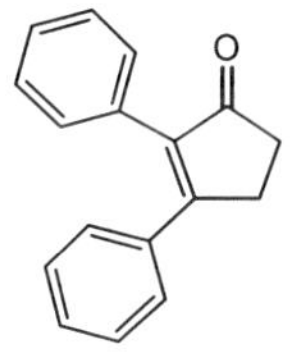

① 지금 까지 배운 것을 이용하여 위의 화합물을 그려보자.

② 위 화합물을 다 그리고 난 뒤, marquee 로 활성화 한 뒤, 도구바 (tool bar)에 있는 구조 (structure)를 누른 상태에서 'convert structure to name'을 누르면 지정한 화합물의 IUPAC 이름이 나타난다.

③ marquee 로 활성화한 뒤, 구조 (structure)를 누른 상태에서 윗 부분에서 View에서 여러 가지 목록이 뜨면 show chemical properties window 와 show analysis window를 보면 분자량, 원소분석 자료와 물리적 성질까지 다양한 정보를 얻을 수 있다.

2,3-Diphenyl-cyclopenta-2-enone

④ marquee 로 활성화 한 뒤, structure을 누르면 predict ^{1}H NMR와 predict ^{13}C NMR shifts가 있다. 만약 ^{1}H NMR shifts를 누르면 다음과 같은 NMR 자료를 얻을 수 있다.

이 화면은 캠드로우 10.0에서 가져온 것이다. 버전이 높을수록 NMR 자료가 정교하게 나오고, 실제 실험한 것과 비슷하게 나온다.

ChemNMR H-1 Estimation

7.26
7.42
7.11
2.98
7.26
7.42
7.42
2.07
7.26
7.42
7.11
7.26

Estimation Quality: blue = good, magenta = medium, red = rough

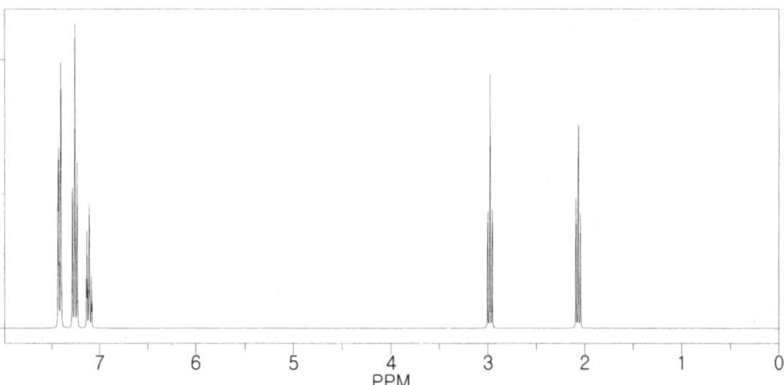

CHAPTER

02

초급 유기반응

2.1 산 촉매 에스터반응 (Esterification)

● 핵심어 : 지방, 카복실산, 알코올, 락톤, 산촉매, 르 샤틀리에의 원리

지방 (fat)은 글리세롤과 고급 지방산과의 에스터 결합으로 이루어져 있다. 상온에서 고형을 이루는 것을 특히 지방이라 하여 액상인 기름과 구별하지만, 구조적인 차이는 없다. 천연으로 존재하는 것은 3개의 하이드록시기가 모두 에스터화된 글리세롤이 대부분이며, 트라이글리세라이드라고 불린다.

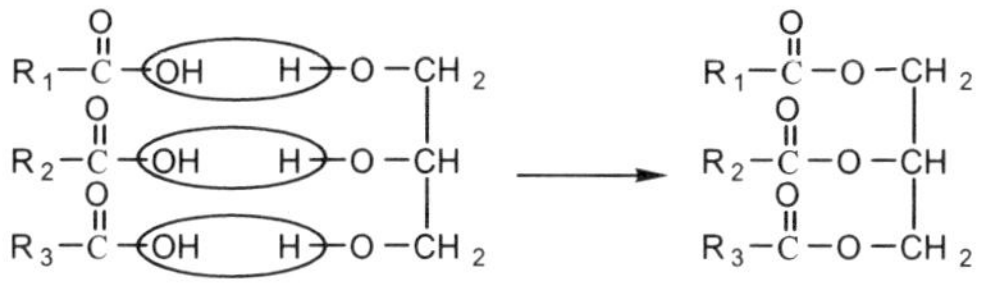

지방산 (fatty acid) 글리세롤 (glycerol) 트라이글리세라이드 (Triglyceride)

대부분의 간단한 구조를 지닌 에스터는 과일과 꽃의 향기에 해당하는 유쾌한 냄새를 가진 액체로, 많은 과일과 꽃의 맛과 향을 주는 화합물이다. 일반적으로 천연물의 향은 한 가지 이상의 성분으로 이루어지는데, 실험에서 합성되는 벤질 아세테이트 (benzyl acetate)는 복숭아향, 옥틸 아세테이트 (octyl acetate)는 오렌지향이 난다. 특히 아이소아밀 아세테이트 (isoamyl acetate)는 바나나 기름의 성분이면서 꿀벌의 알람 페로몬 (alarm pheromon) 성분이다. 페로몬이란 곤충에서 체외로 분비되어 동종의 개체에 생리적, 행동적 반응을 일으키는 유기 물질을 말한다.

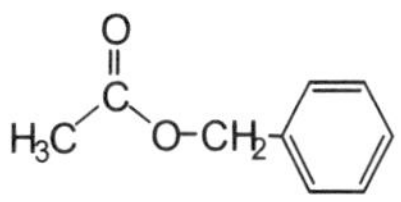

벤질 아세테이트 (복숭아향) 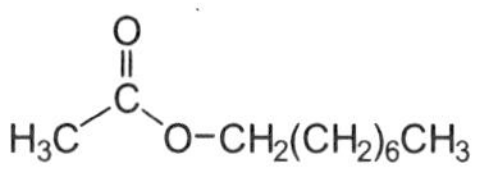 옥틸 아세테이트 (오렌지향) 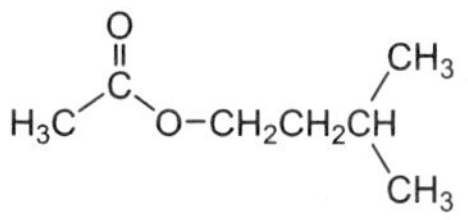 아이소아밀 아세테이트 (바나나향)

에스터기가 연결기로 된 고분자를 폴리에스터 (polyester)라 하며, 대표적인 예로는 음료병에 쓰여지는 P.E.T (polyethylene terephthalate)가 있다. 이 밖에도 폴리에스터계 합성섬유는 의류, 필름, 기록용 테잎에 이용된다.

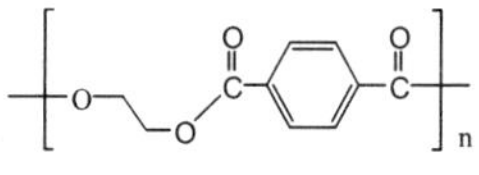

폴리에틸렌 테레프탈레이트
(P.E.T)

한 분자 내에서 에스터화 반응이 일어나면 락톤을 형성한다.

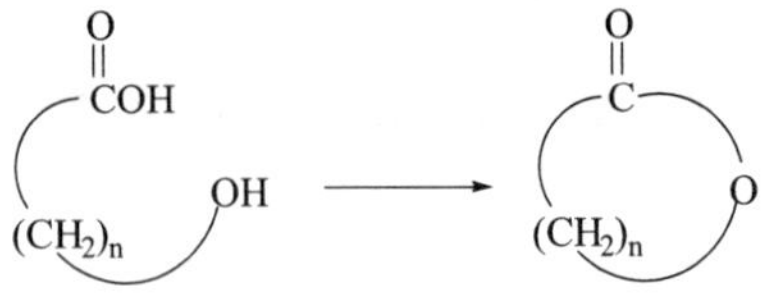

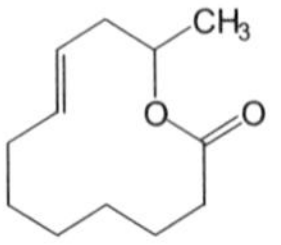

자연에서 분리해 낸 큰 고리의 락톤은 항생 (antibiotic), 항암 (antitumor) 효과가 있다. 이러한 락톤을 마크로라이드 (macrolides)라고 하며, 예로 레시페이오라이드 (recifeiolide)가 있다.

레시페이오라이드
(Recifeiolide, 항생제)

다단계 유기합성 과정에서 카복실산기를 보호하는데 (protection) 에스터화 반응이 사용된다. 유용한 보호기 (protection group) R은 다음과 같다.

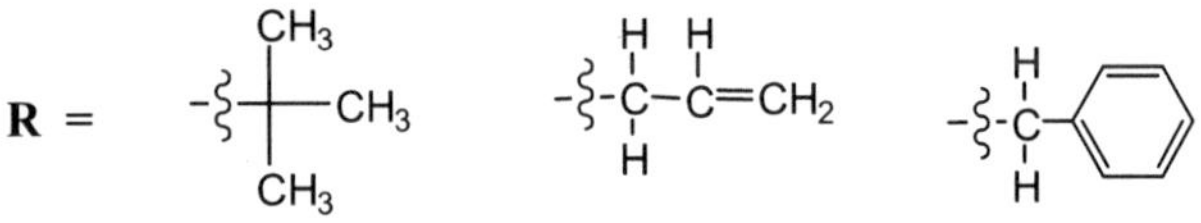

R =

t-뷰틸 (t-butyl)

알릴 (allyl)

벤질 (benzyl)

에스터화 반응의 원활한 진행을 돕기 위해 다음과 같은 여러 가지 짝지음 시약 (coupling reagent)들이 개발되어있다.

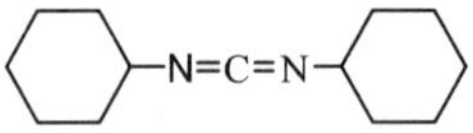

N=C=N

DCC

1,3-다이사이클로헥실카보다이이마이드
(1,3-Dicyclohexylcarbodiimide)

$EtO_2CN=NCO_2Et$

DEAD

다이에틸아조다이카복실레이트
(Diethylazodicarboxylate)

반응에서는 다이아조메테인 (diazomethane)을 이용하여 메틸 에스터 (methyl ester)를 만드는 예가 있다.

$$RCOOH + CH_2N_2 \longrightarrow RCOOCH_3 + N_2$$

메틸 에스터는 생체내에서 카복실산을 보호하는데 이용된다.

이 실험에서는 벤조산 (benzoic acid)을 산 촉매하에서 메탄올 (methanol)과 반응시켜 메틸 벤조에이트 (methyl benzoate)를 합성한다.

실험 메틸 벤조에이트 (Methyl benzoate)의 합성

반응식

실험 시약 (Reagents)

명 명	분자식	구조식	분자량	녹는점 (℃)	끓는점 (℃)	밀도 (g/mL)	사용량 (g)	mmol
벤조산 (Benzoic acid)								
메틸 알코올 (Methyl alcohol)								
메틸 벤조에이트 (Methyl benzoate) (생성물)								

실험기구

⇨ 환류 냉각기, 100mL 분별 깔대기, 일구 둥근바닥 플라스크, 이구 둥근바닥 플라스크, 삼각 플라스크, TLC 전개통, 뷰흐너 깔대기, 자석 젓개 및 가열판, 높낮이 받침대, 가열 망태기, 자석 스핀바, 변압기

실험방법

〈반응〉

1. 100mL 이구 둥근바닥 플라스크에 벤조산 5.0g (40.9mmol, 1.0eq)과 메탄올 40.0mL (31.6g, 986.0mmol, 24.8eq)를 넣는다. (반응을 모니터 하기 위해 TLC를 3~4개 정도 찍어둔다.)

2. 진한 황산 1.1mL (2.0g, 20.6mmol, 0.5eq)를 천천히 가한 후, 환류 장치를 준비한다. (관찰 1 : 온도 변화, 반응 시간) [참고 1, 2]

reflux (환류)

3. 환류가 시작되고 부터 20분 간격으로 TLC를 찍으면서 벤조산의 반응이 진행되었는지 확인한다. (관찰 2 : TLC)
   <전개용매는 에틸 아세테이트 : 헥세인 = 1 : 4, 벤조산의 R_f값 = 0.25, 생성물 메틸 벤조에이트의 R_f값 = 0.75>

4. 반응이 완전히 진행되어 벤조산이 없어진 것이 확인되면, 열원을 제거하고 실온으로 식힌다. (관찰 3 : TLC, 반응 시간) [참고 3]

실험 날짜 : 년 월 일 실온 :

관찰

관찰 1 :

관찰 2 :

관찰 3 :

〈 반응 마무리〉

5. 반응 4의 플라스크에 물 30.0mL와 다이에틸 에테르 (diethyl ether) 35.0mL를 가하고 고체 염화소듐 (NaCl)으로 용액을 포화시킨 후 2~3분 가량 교반한다. (관찰 4 : 용액의 상태) [참고 4]

6. 반응 5의 용액을 분별 깔대기에 옮긴 후 수층과 유기층을 분리한다.

7. 유기층에 물 25.0mL를 가한 후 층이 분리되면, 유기층을 100mL 삼각 플라스크에 받아낸다. [참고 5]

8. 유기층을 받아낸 삼각 플라스크에 포화 탄산수소나트륨 용액 (Sat'd $NaHCO_3$) 30.0mL를 pH = 8~10정도 될 때까지 넣고 2~3분 가량 교반하여 CO_2(g)를 완전히 빼준다. (관찰 5 : 용액의 상태, pH) [참고 6]

9. 8의 용액을 분별 깔대기에 옮겨 유기층을 받아낸다.

10. 9의 유기층에 포화 염화소듐 용액 (brine) 30.0mL를 가한 후 유기층을 분리한다.

11. 무수 마그네슘 설페이트 ($MgSO_4$)로 미량의 물을 제거한 후 감압 필터하고, 미리 무게를 잰 일구 둥근바닥 플라스크를 이용하여 감압 증류한다.

12. TLC를 이용하여 생성물의 순도를 확인하고, 수율을 계산한다. (관찰 6 : TLC, 수율) [참고 7]

관찰 4 :

관찰 5 :

관찰 6 :

이론 수득량 g 실제 수득량 g 수율 %

핵심어 :

확인 :

참고

1. 에스터화 반응은 전 과정이 가역반응으로서, 좋은 수율의 에스터 화합물을 얻기 위해서는 반응조건을 조절한다. 르샤틀리에의 원리를 적용하여 반응 후 얻어지는 물을 제거하거나 (Dean - Stark 장치이용) 시작 물질 중 알코올을 과량으로 사용하는 방법이 많이 사용된다.

$$R-\overset{O}{\overset{\|}{C}}-OH + R'-OH \overset{H^{\oplus}}{\rightleftharpoons} R-\overset{O}{\overset{\|}{C}}-OR' + H_2O$$

H_2SO_4 · $CH_3\ddot{O}H$ · 양성자 교환 · $-H_2O$ · $-H^{\oplus}$

2. 2.0g의 진한 황산을 가할 때 열이 발생할 경우 얼음 중탕에서 소량씩 가하여 준다. 황산 1.0g은 일회용 피펫 (disposable pipette)으로 33방울 정도 된다.

3. TLC로 반응여부를 확인할 때 이구 둥근바닥 플라스크 내의 용액이 환류상태이므로 증기상태가 되어 모세관으로 용액을 채취하기가 어려울 것이다. 그러므로 TLC를 찍을 때에는 높낮이 받침대를 아래로 내려 열원을 제거한 후 모세관을 이용하여 용액을 채취하도록 한다. TLC의 경우 환류 40분 가량이 지나면서부터 벤조산 점적의 크기가 점점 작아짐을 확인할 수 있을 것이다. 1시간이 지났는데도 벤조산의 점적이 관찰될 경우에는 메탄올 10.0mL (7.9g, 247.0mmol, 6.0eq)를 더 가해주어 20분 가량 환류한 후 벤조산이 사라졌음을 다시 확인한다.

4. 물로 추출하는 이유는 아직 남아있을 벤조산과 황산을 유층에서 제거하기 위함이다. 추출할 때에는 분별 깔대기를 2~3회 흔들면서 충분히 기체를 빼주어야 한다.

5. 메탄올은 물과 극성이 비슷하여, 수층과 유층으로 분리가 안 될 수 있다. 이런 경우 염화소듐 (NaCl)을 층이 분리될 때까지 충분히 넣어준다.
   – 염석 (salting out) 효과 –

6. 포화 탄산수소나트륨 용액은 남아 있는 산을 제거하기 위함이다. 이때 $CO_2(g)$ 기체가 많이 발생하므로 분별 깔대기가 파손되어 다칠 위험이 있다. 그러므로 삼각 플라스크에서 기체발생이 더 이상 관찰되지 않을 때까지 교반한 후 분별 깔대기에 옮겨서 유기층을 분리한다.

7. 수율은 63~81% 얻어진다.

2.2 염기 비누화 반응 (Saponification)

핵심어 : 계면활성제, 포화지방산, 불포화지방산, 가수분해, 반응 추진력

지방 (fat)이나 기름을 염기와 반응시키면 지방산 (fatty acid)의 염 (salt)과 함께 글리세롤이 생성된다. 이때 만들어진 지방산의 염이 비누의 역할을 한다.

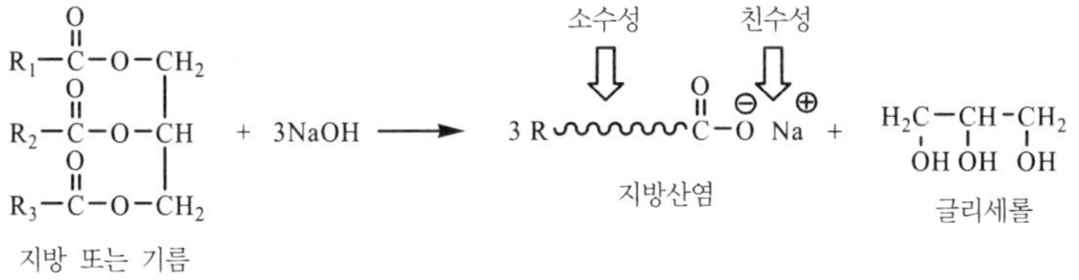

$$\begin{array}{l} R_1-\overset{O}{\overset{\|}{C}}-O-CH_2 \\ R_2-\overset{O}{\overset{\|}{C}}-O-CH \\ R_3-\overset{O}{\overset{\|}{C}}-O-CH_2 \end{array} + 3NaOH \longrightarrow 3R\sim\sim\sim\overset{O}{\overset{\|}{C}}-\overset{\ominus}{O}\ \overset{\oplus}{Na} + \begin{array}{c} H_2C-CH-CH_2 \\ OH\ \ OH\ \ OH \end{array}$$

지방 또는 기름 / 소수성 / 친수성 / 지방산염 / 글리세롤

지방산은 포화지방산 (saturated fatty acid)과 불포화지방산 (unsaturated fatty acid)으로 나뉜다. 포화지방산은 단일 결합으로만 연결되어 있으며, 대부분이 동물에서 얻어지고 고체의 형태로 많이 존재한다. 불포화지방산은 한개 이상의 이중 결합이나 삼중결합을 가지고 있으며, 주로 식물에서 얻어지고 액체의 형태로 많이 존재한다. (포화 및 불포화 지방산의 물성은 **1.5 재결정과 녹는점** 참고.)

비누의 기원은 Gauls라는 독일의 한 부족이 동물성 지방과 물, 그리고 식물을 태운 재 (ash)의 혼합물을 끓임으로써 비누를 만든 데서 시작됐다. 로마시대를 전후로 유럽 대부분의 나라에서는 동물성 지방을 이용해서 만든 비누가 일반적이었다. 세계 2차 대전 이후 인구가 급속도로 증가함에 따라 비누의 수요 또한 급증했다. 따라서 이들의 충분한 공급이 어려워짐에 따라 석유계 탄화수소를 화학적으로 합성한 합성세제 (detergent)가 개발되었다.

비누는 센물에서 칼슘, 마그네슘 양이온과 결합하여 카복실레이트 염을 형성하여 잘 녹지 않거나 세탁 후에 찌꺼기 혹은 얼룩을 남긴다. 이러한 결점을 보완하기 위해서 알킬 벤젠 설포네이트 (alkyl benzene sulfonate) 합성세제가 합성되었다. 합성세제의 설포네이트 (sulfonate)염은 센물에서도 불용성 고체를 형성하지 않는다는 장점과 비누에 비해 세척력이 좋고 값이 싸기 때문에 샴푸, 주방용 세제 등으로 많이 이용된다. 그러나 알킬 벤젠 설포네이트 합성세제는 많은 곁가지로 인해 생분해 속도가 매우 느려서 거품공해와 수질오염으로 인한 생태계를 파괴하는 단점이 있다. 이러한 결점은 생분해가 효율적을 일어나는 직선형의 합성세제를 통해 보완되었으며, 그 대표적인 예로 선형 알킬 설포네이트 (linear alkyl sulfonate) 합성세제가 있다.

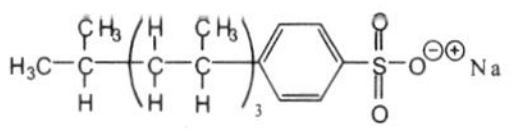

알킬 벤젠 설포네이트 합성세제

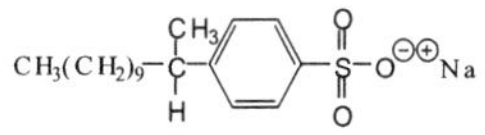

선형 알킬 설포네이트 합성세제

벤질 트리에틸 암모늄 클로라이드
(Benzyl triethyl ammonium chloride)
(4차 암모늄염)

비누, 세제 및 사차 암모늄염 (quaternary ammonium salt)은 친수성과 소수성을 갖고 있어서 계면활성제 (phase catalyst)로 이용한다. 화학 반응에서 반응물질들이 두개의 층으로 나뉘어져서 섞이지 않을 때 계면활성제를 이용한다. 예를 들면 1 - 클로로옥테인 (1 - chlorooctane)과 나이트릴 (CN^-)의 치환반응에서 나이트릴은 유층에 녹지 않기 때문에 수용액에 녹인 나이트릴을 넣어주면, 수층과 유층 두개의 층으로 나뉜다. 이런 경우에 소량의 계면활성제인 사차 암모늄염을 넣어주면 수층의 나이트릴은 다음의 메카니즘에 의하여 유기층에 반복적으로 옮겨져서 치환반응이 원활하게 진행된다.

유층 $C_8H_{17}Cl + Q^{\oplus}CN^{\ominus} \longrightarrow C_8H_{17}CN + Q^{\oplus}Cl^{\ominus}$

수층 $Cl^{\ominus} + Q^{\oplus}CN^{\ominus} \rightleftharpoons CN^{\ominus} + Q^{\oplus}Cl^{\ominus}$

Q : quaternary salt (계면 활성제)

비누화 반응을 이용하여 베타 - 케토 에스터 (β - keto ester)를 베타 - 케토산 (β - keto acid)로 변환시킨 후, 탈카르복시화 (decarboxylation)를 통해 사이클로헥산온 (cyclohexanone)을 만들 수 있다.

OCH_3 NaOH / H_3O^+ → OH → △ [탈카르복시화 → + $CO_2(g)$] 토토머 ⇌ + $CO_2(g)$

한 단계 발전한 Krapcho 방법을 이용하면 베타 - 케토 에스터에서 사이클로헥산온을 한 단계 반응으로 합성할 수 있다. 소량의 물 (기질과 같은 몰비)에 녹아있는 염화소듐의 클로라이드 음이온 (Cl^-)이 다이메틸 설폭사이드 (dimethyl sulfoxide, DMSO)에 의해 활성화되어 카보닐이 아닌 메틸기와 반응하는 특이한 메카니즘을 거칠 것이라고 예상하고 있다. 그러나 반응의 진행시 온도를 180 ~ 200℃로 올려주어야 한다는 단점이 있다.

OCH_3 DMSO / NaCl, H_2O / heat (180-200℃) → [O-CH_3, $Cl^{\ominus}$ → H_2O → + $CO_2(g)$] 토토머 ⇌ + $CO_2(g)$

이 실험에서는 메틸 살리실레이트 (methyl salicylate)를 염기 조건하에서 반응시켜 살리실산 (salicylic acid)을 합성한다.

실험 메틸 살리실레이트 (Methyl salicylate)의 비누화 반응

반응식

실험 시약 (Reagents)

명 명	분자식	구조식	분자량	녹는점 (℃)	끓는점 (℃)	밀도 (g/mL)	사용량 (g)	mmol
메틸 살리실레이트 (Methyl salicylate)								
소듐 하이드록사이드 (Sodium hydroxide)								
살리실산 (Salicylic acid) (생성물)								

실험 기구

⇨ 환류 냉각기, 100mL 분별 깔대기, 100mL 이구 둥근바닥 플라스크, 250mL 삼각 플라스크, 감압 플라스크, 뷰흐너 깔대기, TLC 전개통, 자석 젓개 및 가열판, 높낮이 받침내, 가열 망태기, 자식 스핀바, 녹는점 측정기, 변압기

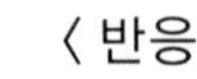 실험방법

〈 반응 〉

1. 100mL 이구 둥근바닥 플라스크에 메틸 살리실레이트 2.2mL (2.5g, 16.7mmol, 1.0eq)를 넣고, 환류 장치를 준비하고 반응을 모니터하기 위해 TLC 3~4개 정도 찍어 둔다. [참고 1]

2. 10mL 삼각 플라스크에 얼음중탕을 설치하고 25.0mL의 물을 담고, 여기에 소듐 하이드록사이드 5.0g (125.0mmol, 7.5eq)을 넣는다.
   (관찰 1 : 온도 변화)

3. 2에서 준비한 소듐 하이드록사이드 수용액을 1에 천천히 가하고, 자석 스핀바를 넣고 교반 한다. (관찰 2 : 반응 시간, 온도 변화) [참고 2]

4. 환류하면서 30분이 지나면 TLC를 찍어 반응여부를 판단한다.
   (관찰 3 : TLC) [참고 3, 4] <전개용매는 에틸 아세테이트 : 헥세인 = 1 : 9, 메틸 살리실레이트의 R_f값 = 0.54>

5. 반응이 완결되면 열원을 제거하고 실온에서 식힌다.
   (관찰 4 : 반응 시간)

실험 날짜 :　　　　년　　　월　　　일　　　　실온 :

관찰

관찰 1 :

관찰 2 :

관찰 3 :

관찰 4 :

〈반응 마무리〉

6. 용액이 충분히 식었으면 반응물을 250mL 삼각 플라스크에 옮기고, 3.0M 황산을 pH=2가 될 때까지 천천히 가한다. (관찰 5 : 온도 변화) [참고 5]

7. 충분한 결정이 발생하면 감압 필터하고, 건조시킨 후 반응 생성물의 무게를 재어 노트에 기록한다. (관찰 6 : 고체의 무게, 색깔)
   필터하는 동안 가열판에 100.0mL의 물을 올려놓고 끓을 때까지 가열한다.

8. 7에서 얻은 반응 생성물을 삼각 플라스크에 넣고, 끓는 물로 재결정한다. (관찰 7 : 물의 양, 재결정 전과 후의 고체 상태) [참고 6]

9. 결정이 충분히 녹은 후 실온에서 천천히 식힌다. 결정이 생성되면 감압 필터하여 자연 건조한 후 녹는점을 측정하고, 수율을 계산한다.
   (관찰 8 : 수율, 녹는점) [참고 7, 8]

관찰 5 :

관찰 6 :

관찰 7 :

관찰 8 :

이론 수득량 g 실제 수득량 g 수율 %

핵심어 :

확인 :

참고

1. 에스터의 가수분해반응 (hydrolysis)은 염기 유도 가수분해반응 (base induced saponification 또는 비누화 반응)과 산 촉매 에스터 가수분해반응 (acid catalyzed esterification 또는 Fischer esterification)이 있다.

2. 흰색 침전이 발생하는 것을 볼 수 있다. 이 흰색 염을 소량 추출하여 TLC를 찍어보았을 때 메틸 살리실레이트였다. 다시 여기에 포화 염화소듐 용액을 가했을 때에는 어떠한 결정도 발생하지 않았다. 메틸 살리실레이트의 물에 대한 용해도는 1.0g/1500.0mL로 상당히 좋지 않다. 소듐 하이드록사이드 수용액과 만나면서 염을 형성하여 수층에 녹게 된다.

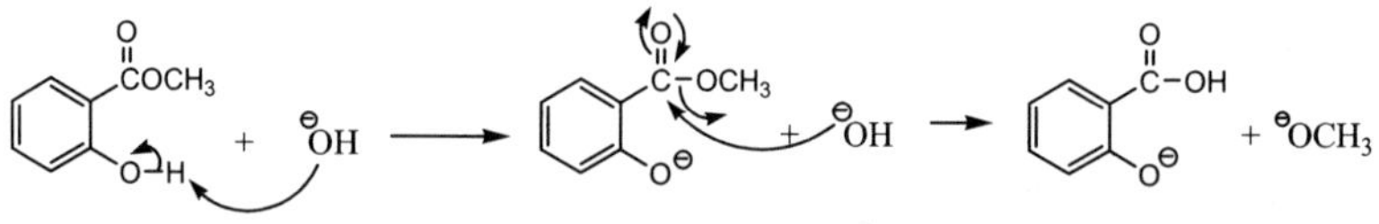

3. 메틸 살리실레이트염에 하이드록사이드의 첨가는 가역반응으로 진행되지만 여기서 생성되는 메톡시 음이온은 카복실산기의 양성자를 공격하며 안정된 카복실레이트 음이온의 생성한다. 이것이 비누화 반응을 일어나게 하는 추진력 (driving force)이 된다. 보다 안정된 음이온을 형성하는 방향은 pK_a 값이 큰 쪽으로 반응이 진행한다고 일반화하여 설명할 수도 있다.

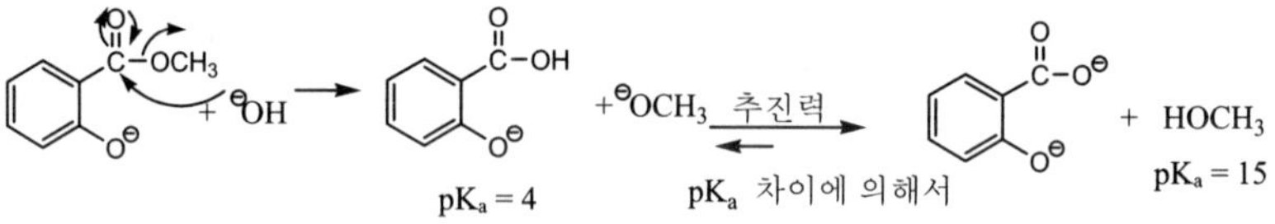

추진력

$pK_a = 4$ pK_a 차이에 의해서 $pK_a = 15$

4. TLC를 찍을 때에는 에틸 아세테이트 : 헥세인 = 1 : 9, 아세톤의 두 가지 전개용매 조건을 이용한다. 첫 번째 조건에서 메틸 살리실레이트의 R_f = 0.54이지만 살리실산의 경우 이 조건에서는 전개되지 않으므로 순도를 확인할 수 없다. 그러므로 살리실산의 점적은 아세톤을 전개용매로 사용하여 반응여부를 판단하도록 한다.

5. 약 15.0mL의 3.0M 황산이 소비될 것이다. 흰색 결정이 생성되고, 용액은 약한 분홍빛을 띤다.

$$\text{(disodium salicylate)} + H_2SO_4 \longrightarrow \text{(salicylic acid)}$$

물에 안녹음

6. 재결정할 때의 물의 양은 80.0mL가 적당하며, 용액이 투명할 때까지 교반하면서 열을 가해준 후 흰색 결정이 다 녹으면 실온으로 놓아두어 천천히 식힌다.

7. 항상 감압 필터하기 전에는 거름종이의 무게를 재어 미리 노트에 기록하도록 하며, 살리실산의 녹는점은 158.0 ~ 160.0℃이다.

8. 수율은 68% ~ 85% 얻어진다.

2.3 무수 초산 아마이드 합성 (Amide)

● 핵심어 : 단백질, 펩티드 결합, DMF, 보호기, 고체상 합성법

단백질 (protein)은 수많은 아미노산 단위가 아마이드 (amide)결합으로 된 폴리펩티드 형태이다. 아미노산 (amino acids)은 염기성의 아미노기 (- NH_2)와 산성의 카복실산기 (- COOH)를 가지며, 치환기의 종류에 따라 20 가지의 아미노산이 존재한다.

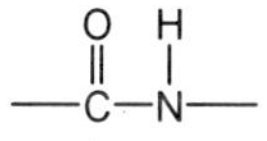

펩티드결합 (peptide)

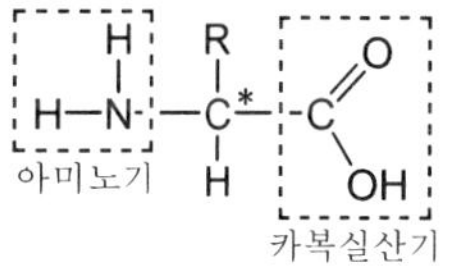

아미노기 카복실산기

아미노산의 기본구조

피부와 손톱의 케라틴, 세포 내에서 많은 생화학적 반응에 촉매 역할을 하는 효소 등은 모두 단백질 구조로 되어있다.

아마이드의 질소 (N) 원자의 비공유 전자쌍은 카보닐 (carbonyl)기와 공명 구조로 인해 비염기성이며, C - N 결합 (bond)은 이중결합 성격을 가지게 되어 결합세기가 증가하고, 회전 (rotation)이 제한된다. 카보닐기와 N - H 결합은 180°를 이루며 평면구조를 가진다.

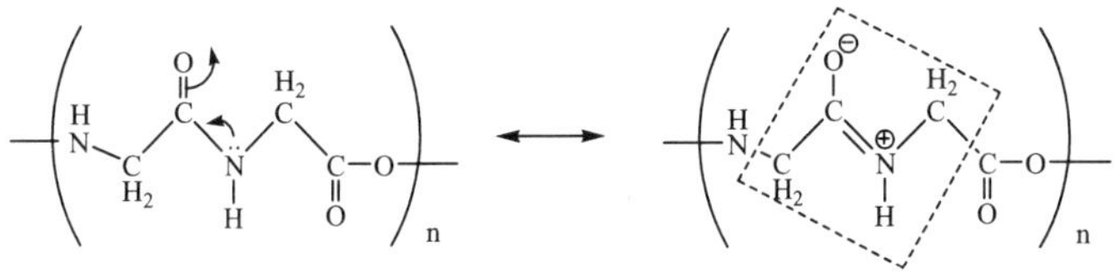

위와 같은 구조가 기여하는 것은 다이메틸 폼아마이드 (dimethyl formamide, DMF)의 핵자기 공명 (NMR)에서 메틸 (methyl)기의 화학적 이동 (chemical shift) 차이에서 확인할 수 있다.

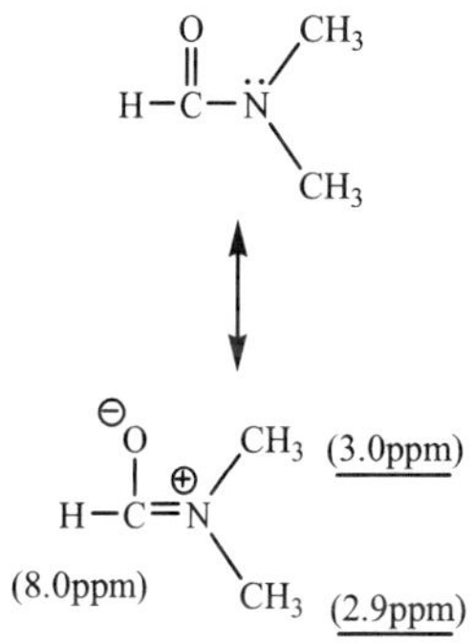

(3.0ppm) (8.0ppm) (2.9ppm)

DMF(N,N-다이메틸 폼아마이드)

공업적으로 아마이드는 카르복시산과 아민에서 생성한 암모늄염을 고온에서 가열하면 생성된다.

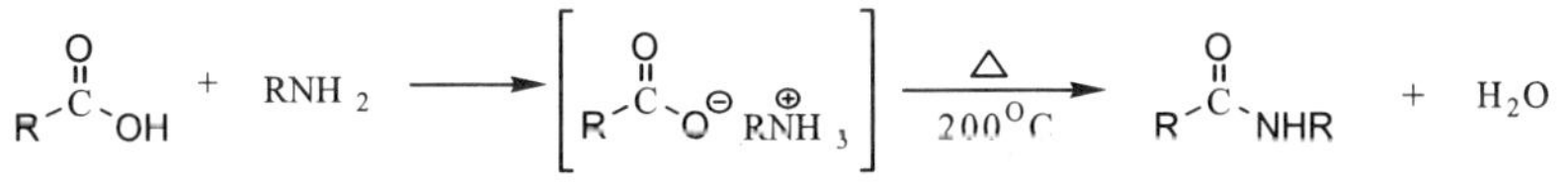

$$RCOOH + RNH_2 \longrightarrow [RCOO^{\ominus}\ R\overset{\oplus}{N}H_3] \xrightarrow[200^{\circ}C]{\Delta} RCONHR + H_2O$$

특정한 단백질은 일정한 순서로 합성되어야 하기 때문에 펩티드 합성에서는 보호 (protection)를 거쳐서 합성한다. 반응에 필요한 부분을 제외한 아민과 산 작용기를 보호함으로써 원하는 방향으로 반응을 진행할 수 있다.

아미노기 보호에는 t - 뷰톡시 카보닐 (tert - butoxy carbonyl, t - BOC), 벤질 카바메이트 (benzyl carbamate, Cbz)가 사용된다.

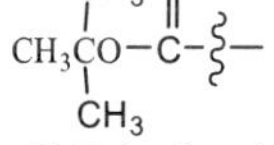

t-뷰톡시 카보닐

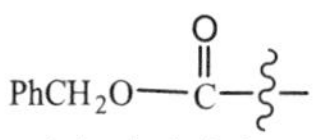

벤질 카바메이트

$$H_2N\,CH(CH_3)COOH + (CH_3)_3CO{-}\overset{O}{C}O\overset{O}{C}{-}OC(CH_3)_3 \xrightarrow[\text{(DEAD)}]{EtO_2CN{=}NCO_2Et} (CH_3)_3CO{-}\overset{O}{C}{-}NH\,CH(CH_3)COOH$$

알라닌 　 다이 t-뷰틸 다이카보네이트 　 t-BOC-Ala

메리필드 (Merrifield)에 의해 고안된 고체상 합성법 (solid-phase method)을 이용하면 한번에 한 아미노산을 연속적으로 첨가하여 거대한 펩티드 사슬을 합성할 수 있다. 고체상 합성법은 고체 고분자 (polymer)가 카르복실기를 보호한다. 고체상 합성법은 각 단계의 수율이 높고, 자동화를 통해 많이 이용된다.

$$-\!\!\left[\,\overset{H}{C}H(C_6H_5){-}CH_2\,\right]\!\!-$$

폴리스타이렌

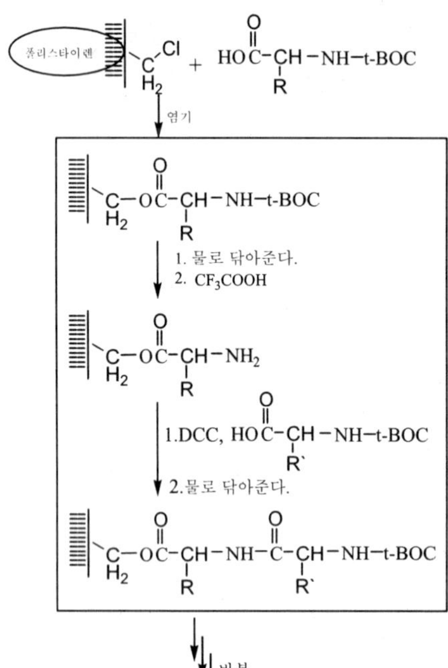

1. t-BOC으로 보호한 아미노산과 폴리스타이렌 (polystyrene)이 에스터화 반응을 하여 카복실산기 (carboxylic acid group)를 보호함.

2. 폴리스타이렌과 결합한 아미노산을 물로 닦은 후, 트라이플루오르 아세트산 (trifluoroacetic acid)으로 t-BOC을 제거한다.

3. t-BOC기 (t-BOC group)로 보호된 다른 아미노산을 짝지음 시약 (coupling reagent)인 DCC (dicyclohexylcarbodiimide)를 이용하여 반응시킨다.
이 과정을 반복하여 원하는 분자량의 단백질을 만든다.

$$\text{(폴리스타이렌)}{-}CH_2{-}O\overset{O}{C}{-}\underset{R}{CH}{-}NH\left(\overset{O}{C}{-}\underset{R'}{CH}{-}NH\right)_n\overset{O}{C}{-}\underset{R'}{CH}{-}NH{-}t\text{-}BOC$$

$$\downarrow HF$$

4. 플루오르산 (HF)을 이용하여 보호기를 제거한다.

$$\text{(폴리스타이렌)}{-}CH_2{-}OH + HO\overset{O}{C}{-}\underset{R}{CH}{-}NH\left(\overset{O}{C}{-}\underset{R'}{CH}{-}NH\right)_n\overset{O}{C}{-}\underset{R'}{CH}{-}NH_2$$

이 실험에서는 아닐린 (aniline)을 무수 아세트산 (acetic anhydride)과 반응시켜 아세트아닐라이드 (acetanilide)를 합성한다.

실험 아세트아닐라이드 (Acetanilide)의 합성

반응식

실험 시약 (Reagents)

명 명	분자식	구조식	분자량	녹는점 (℃)	끓는점 (℃)	밀도 (g/mL)	사용량 (g)	mmol
아닐린 (Aniline)								
소듐 아세테이트 (Sodium acetate)								
무수 아세트산 (Acetic anhydride)								
아세트아닐라이드 (Acetanilide) (생성물)								

실험기구

⇨ 250mL 삼각 플라스크, 비이커, 피펫, 눈금 실린더, 온도계, 유리막대, 뷰흐너 깔대기, 감압 플라스크, TLC 전개통, 작은병 (vial - 10mL), 자석 젓개 및 가열판, 높낮이 받침대, 자석 스핀바, 녹는점 측정기

실험방법

〈 반응〉

1. 250mL 삼각 플라스크에 물 60.0mL를 넣는다.
2. 얼음 중탕을 설치한 1번 플라스크에 진한 염산 2.3mL (27.5mmol)를 가한 후 교반한다.
3. 10분 정도 후에 아닐린 2.5mL (2.6g, 27.4mmol)를 가한 뒤 20분 정도 교반하여 준다. 반응을 모니터 하기 위해서 TLC 3~4개를 찍어 놓는다. 이 때 온도를 서서히 올려 65~70℃ 정도 되게 한다.
   (관찰 1 : 용액의 변화, 온도) [참고 1]
4. 50mL 비이커에 물 12.0mL를 넣고, 소듐 아세테이트 2.3g (28.0mmol)을 녹인다.
5. 3번 용액에 준비해 둔 4번 용액을 넣는다. 이 때 온도는 계속 65~70℃를 유지한다. (관찰 2 : 용액의 변화) [참고 2]
6. 무수 아세트산 6.0mL (6.5g, 63.6mmol)를 가한다. [참고 3]
7. 20분 정도 지난 뒤, 반응의 종결 여부를 확인하기 위해 TLC를 찍는다.
   (관찰 3: TLC) [참고 3] <전개용매는 에틸 아세테이트 : 헥세인 = 1 : 2>

〈 반응 마무리〉

8. 실온에서 식힌 다음 결정이 생기는 것을 확인한 후, 감압 필터한다. [참고 4]
9. 얻어진 고체 화합물을 뜨거운 물 50.0mL로 재결정한다. [참고 5]
10. 결정을 건조시킨 후 수율, 녹는점을 측정한다.
    (관찰 4 : 무게, 수율, 녹는점) [참고 6]

실험 날짜 : 년 월 일 실온 :

관찰

관찰 1 :

관찰 2 :

관찰 3 :

관찰 4 :

이론 수득량 g 실제 수득량 g 수율 %

핵심어 :

확인 :

참고

1. 아닐린을 가하면 처음에는 기름방울이 둥둥 뜨면서 섞이지 않다가 염산을 넣으면, 4차 암모늄염을 형성하여 물에 섞인다. 용액은 옅은 황색을 띤다.

$$C_6H_5NH_2 + HCl \longrightarrow C_6H_5NH_3^{\oplus}\,Cl^{\ominus}$$

물에 녹음

2. 소듐 아세테이트 용액을 넣으면, 용액의 색이 조금 옅어짐을 확인할 수 있다. 소듐 아세테이트 용액을 넣지 않으면, 시간이 지나도 완전한 결정이 생기지 않고, 약간 진한 갈색 용액의 상태로 남아있게 된다.

$$C_6H_5NH_3^{\oplus}\ (pK_a = 3\sim5) + CH_3CO_2^{\ominus} \rightleftharpoons C_6H_5NH_2 + CH_3COOH\ (pK_a = 4\sim5) \xrightarrow{(CH_3CO)_2O} C_6H_5N^{\oplus}H_2COCH_3\ (pK_a = -0.5) + CH_3CO_2^{\ominus}$$

$$\rightleftharpoons C_6H_5NHCOCH_3 + CH_3COOH\ (pK_a = 4\sim5)$$

아닐린에 염산을 가하면 4차 아민이 형성되어 물에는 녹지만, 비공유 전자쌍이 없어지므로 아민기의 친핵 반응성이 현격히 감소한다. 아닐린의 친핵반응성 (nucleophilicity)을 회복하기 위하여 소듐 아세테이트를 넣으면, 두 화합물의 산도가 비슷하므로 평형조건에서 아닐린이 생성된다. 여기서 생성된 아닐린은 무수 아세트산을 공격하여 아마이드와 아세테이트의 염을 형성하고 이것은 산도의 차이에 의하여 안정된 아마이드와 초산을 만든다. (pK_a 값 참고.)

3. 무수 아세트산을 가하면, 처음에는 약간 짙은 황색의 기름방울이 형성 되었다가 금방 사라진다. 이 때 온도가 높지 않으면, 흰색 고체와 많은 거품이 생긴다. TLC에서 시작물질이 남아있으면 무수 아세트산을 1.0mL 더 넣어준다.

4. 시간이 지남에 따라 실을 여러 가닥 겹쳐 놓은 듯한 흰색 결정이 생기는 것을 확인할 수 있다.

5. 뜨거운 물로 재결정하는 과정 중 갈색 빛의 작은 알갱이들이 관찰되기도 한다. 이 갈색 화합물을 포함한 생성물을 얻는 경우에는 순도가 떨어지게 된다.

6. 재결정을 하여 생긴 백색 결정의 녹는점 : 111.0 ~ 113.0℃ (문헌값 113.0 ~ 115.0℃)

7. 수율은 70 ~ 85 % 얻어진다.

8. 1차 아마이드와 사이오닐 클로라이드와 반응하면 나이트라일 화합물이 만들어진다.

$$R-\overset{O}{\overset{\|}{C}}-\ddot{N}H_2 \xrightarrow{SOCl_2} R-\overset{O-\overset{O}{\overset{\|}{S}}-Cl}{\overset{|}{C}}=\ddot{N}H \longrightarrow R-C\equiv N: + SO_2\,(g)$$

9. **호프만 자리옮김 반응** (Hofmann rearrangement)
아마이드는 아이소시아네이트와 카바믹 산을 거쳐서 1차 아민이 변환될 수 있다.

$$\underset{\text{primary amide}}{R^*-\overset{O}{\overset{\|}{C}}-\ddot{N}H_2} \xrightarrow[H_2O]{Br_2,\ NaOH} \underset{\text{isocyanate}}{R^*-\ddot{N}=C=O} \longrightarrow \underset{\text{carbamic acid}}{R^*-\ddot{N}H-\overset{O}{\overset{\|}{C}}OH} \longrightarrow \underset{\text{primary amine}}{R^*\ddot{N}H_2 + CO_2}$$

2.4 산화반응 (Oxidation)

● 핵심어 : 비타민 C (아스코르빈산), 크롬산, PCC, 샤프리스 에폭시화 반응, 필터 케익

산화의 대표적 반응은 물질의 연소반응, 생체 내의 대부분의 대사반응이다. 연료의 연소는 산소와 연료의 빠른 산화반응으로 많은 열과 빛을 방출하는 현상을 말한다.

연소 : $(C, H)_n + O_2 \rightarrow$ 에너지 (열 or 빛) $+ CO_2 + H_2O$

생체 내 : $C_n(H_2O)_n + O_2 \rightarrow$ 에너지 (열) $+ CO_2 + H_2O$

생체 내에서는 호흡을 통하여 산소를 제공하여 음식물로 섭취한 것과의 대사작용으로 에너지와 이산화탄소, 물이 생긴다. 당질은 대사 작용으로 1.0g 당 4.0kcal의 열량이 생성되어 인간이 살아가는데 필요한 에너지를 제공한다. 사람은 나이가 들면 산소와 오랫동안 접촉하여 주름살 등의 산화 작용이 일어난다. 산화 과정을 느리게 해주기 위해 음식이나 화장품 등에 항산화제를 첨가하여 노화를 보다 천천히 진행시킨다. 항산화제로는 비타민 C와 비타민 E (토코페롤)가 알려져 있다.

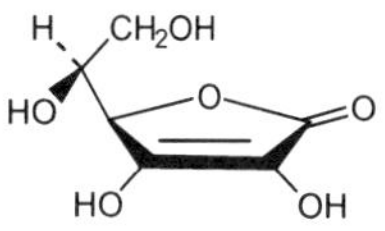

아스코르빈산
(Ascorbic acid, 비타민 C)

비타민 E

1. 크롬 (Cr)을 이용한 산화반응

가장 광범위하게 사용하는 전이금속 산화제는 크롬 (VI)이다. 이것은 크로뮴옥사이드 (CrO_3) 또는 다이크로메이트 ($Cr_2O_7^{2-}$)에서 만들어진다. 크롬 (VI)은 수용액 상태에서 농도와 pH에 영향을 받는다. 존스 시약 (Jones reagent: CrO_3 in H_2SO_4/acetone)은 가장 강산 조건으로 알코올이 카복실산 (carboxylic acid)까지 산화된다. 존스시약보다 약산 조건으로 콜린스 시약 (Collins reagent: $CrO_3 \cdot 2pyr$), PCC (pyridinium chlorochromate), PDC (pyridinium dichromate) 등이 사용된다.

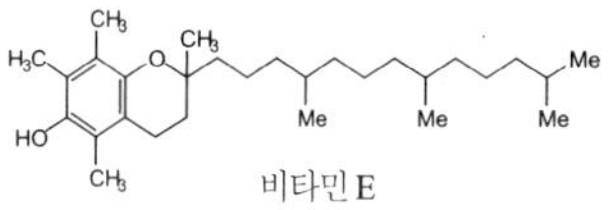

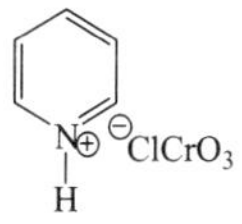

PCC

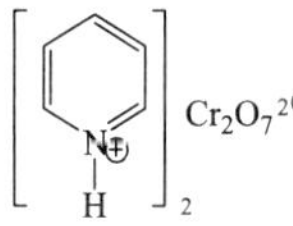

PDC

2. 베이어-빌리거 (Baeyer-Villiger) 산화반응

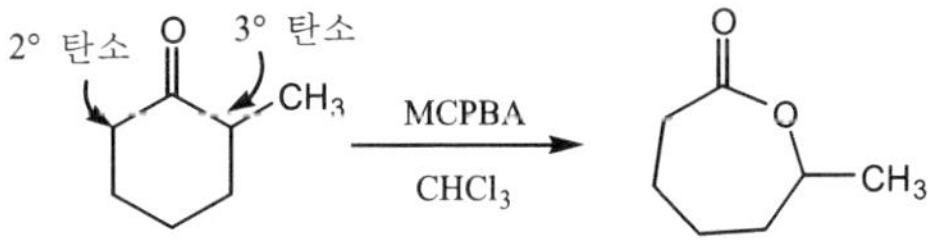

2° 탄소 3° 탄소 MCPBA / $CHCl_3$

카보닐 화합물에서 탄소-탄소결합에 산소원자를 첨가하여 락톤 (lactone)을 합성할 때 이용하는 반응이다. 이 반응은 3° 알킬 (alkyl) > 2° 알킬 > 벤질 (benzyl) > 페닐 (phenyl) > 1° 알킬 순으로 이동 (migration)이 일어난다.

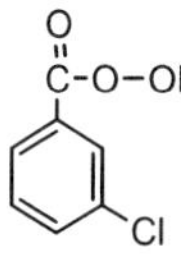

메타-클로로퍼옥시 벤조산
(MCPBA, m-chloroperoxybenzoic acid)

3. 샤프리스 에폭시화 반응 (Sharpless epoxidation)

(-)-타르트레이트
(+)-타르트레이트
$Ti(O\text{-}i\text{-}Pr)_4$, t-BuOOH
≥ 90% e.e.

알릴릭 알코올 (allylic alcohol)을 가진 화합물은 광학 활성화 (optically active)를 지닌 에폭시 화합물을 얻을 수 있다. t-뷰틸 하이드로퍼옥사이드 (t-BuOOH)는 이중결합에 산소원자를 제공한다. 사용하는 카이랄 타르트레이트 (chiral tartrate)는 전이금속과 배위 결합하여 카이랄성 환경을 제공하고, 알릴릭 위치의 하이드록시 (hydroxy)기는 위의 카이랄 배위 화합물과 결합하여 거울상 잉여 (enantiomeric excess, e.e.) 화합물을 90% 이상 만든다. 90% e.e.는 거울상 이성질체를 각각 95%와 5%를 생성하는 것을 의미한다. 샤프리스는 카이랄이 촉매된 에폭시화 반응 (chiral catalyzed epoxidation) 등의 업적으로 노벨 화학상을 수상하였다.

4. 스원 산화 반응 (Swern oxidation)

$-CO_2, CO, Cl^{\ominus}$
$-H^{\oplus}$
:Base

기존의 산화제로 사용하는 크롬 (VI)은 발암물질 (carcinogen)로 알려져서 다루는데 있어 주의를 요하기 때문에 크롬 (VI)을 대신할 수 있는 많은 산화제들이 개발되었다. 그 중에서 스원 산화 반응은 낮은 온도에서 1° 알코올을 알데하이드로 전환시킬 때 이용한다. 위의 메카니즘에서 표시한 수소가 있는 탄소원자에 부피가 큰 (bulky) 그룹 (group)이 있으면 분자 내의 수소제거 반응이 일어나기보다는 분해 (decomposition)가 일어나서 에테르 (ether) 형태의 부산물 (by-product)이 얻어지는 경우도 있다.

$R_2CHOCH_2SCH_3$
부산물

실험 1 크롬산을 이용한 산화 반응

반응식

실험 시약 (Reagents)

명 명	분자식	구조식	분자량	녹는점 (℃)	끓는점 (℃)	밀도 (g/mL)	사용량 (g)	mmol
사이클로헥산올 (Cyclohexanol)								
소듐 다이크로메이트 이 수화물 (Sodium dichromate dihydrate)								
사이클로헥산온 (Cyclohexaone) (생성물)								

실험기구

⇨100mL 분별 깔대기, 100mL 일구 둥근바닥 플라스크, 삼각 플라스크, TLC 전개통, 감압 플라스크, 높낮이 받침대, 자석 스핀바

실험 방법

〈 반응 〉

1. 50mL 삼각 플라스크에 소듐 다이크로메이트 이 수화물 ($Na_2Cr_2O_7 \cdot 2H_2O$) 15.8g (53.0mmol)을 넣고 15.0mL 물에 녹인다. [참고 1]

2. 250mL 비이커에 25.0g 얼음 슬러리를 넣고 진한 황산 (H_2SO_4) 10.0mL (18.4g, 187.6mmol)를 천천히 넣으면서 저어준다. [참고 2]

3. 2번 용액에 헥세인 20.0mL와 사이클로헥산올 10.0mL (9.48g, 94.6mmol)를 넣고 교반한다. 반응을 모니터하기 위해 TLC를 3 ~ 4개 정도 찍어 둔다. [참고 3]

4. 1에서 만든 크롬에이트 (chromate) 용액 10.0mL (35.3mmol)를 천천히 넣어 준다. 이때 온도가 상승하므로 얼음 중탕을 준비하여 45 ~ 50℃를 유지하도록 한다. (관찰 1 : 용액의 온도 변화 관찰) [참고 4, 5, 6]

5. TLC로 반응의 종결을 확인한 후 상온으로 유지하면서 반응 혼합물에 30.0mL의 다이에틸 에테르를 넣은 후 옥살산 (oxalic acid) 1.0g (11.1mmol)을 넣는다. (관찰 2 : TLC) [참고 7]

실험 날짜 :　　　　년　　　월　　　일　　　　　실온 :

관찰

관찰 1 :

관찰 2 :

〈반응 마무리〉

6. 층이 분리되는 것을 확인하면 반응 혼합물을 분별 깔대기에 옮긴 후 유층을 분리하고, 수층에 30.0mL의 다이에틸 에테르를 넣어 추출한 후, 수층의 TLC를 찍어 사이클로헥산온이 남아있는지 확인한다. [참고 8] (관찰 3 : TLC) <전개용매는 에틸 아세테이트 : 헥세인 = 1 : 4, 사이클로헥산올 R_f = 0.4 → U.V로 확인이 되지 않으므로 포타슘 퍼망간에이트 ($KMnO_4$) 발색시약으로 발색시킨 후 확인한다. 사이클로헥산온 R_f = 0.66>

7. 유기층을 합친 후, 용액의 색이 녹색일 경우 물 10.0mL를 사용하여 2번 추출하면, 용액의 색이 투명한 노란색으로 바뀔 것이다. 수층 부분은 삼각 플라스크에 받아낸다.

8. 유층을 포화 염화소듐 용액 (brine) 30.0mL로 씻어내고, 유기층을 분리해 낸다.

9. 무수 마그네슘 설페이트 ($MgSO_4$)를 넣어 미량의 수분을 제거하고, 감압 필터한 후, 미리 무게를 잰 일구 둥근바닥 플라스크를 이용하여 감압 증류한다.

10. 생성물의 순도를 TLC로 확인하고 수율을 계산한다.
   (관찰 4 : TLC) [참고 9, 10]

관찰 3 :

관찰 4 :

이론 수득량 g 실제 수득량 g 수율 %

핵심어 :

확인 :

참고

1. 산화과정이 진행되고 있는 크롬 용액은 여러 화학종이 평형상태로 존재한다. 산화반응에 가장 중요한 크롬(VI)은 크롬산 이온. $HCrO_4^-$의 형태로 존재한다. 크롬(VI)은 여러 단계를 거쳐 최종적으로는 크롬(III)으로 환원된다.

$$\underset{}{H_2O} + \underset{\text{dichromate}}{Cr_2O_7^{2-}} \rightleftharpoons \underset{\text{acid chromate}}{2HCrO_4^-}$$

2. 진한 황산은 위험하므로 얼음 슬러리에 부을 때는 비닐장갑을 끼고 후드 안에서 진행한다.

3. 헥세인을 넣으면 다이크롬에이트 (dichromate) 첨가시 반응 용기의 급격한 온도상승을 막을 수 있고, 반응을 TLC로 모니터를 용이하게 할 수 있다.

4. 크롬산 염을 다룰 때에는 장갑을 착용하고 피부에 닿지 않도록 유의한다. 닿는 즉시 충분히 물에 씻는다.

5. 다이크롬에이트의 산화반응은 발열반응이므로 처음에는 얼음 중탕에서 천천히 첨가하도록 한다.

$$3\ \text{(cyclohexanol, OH)} + Cr_2O_7^{2-} + 8H^+ \longrightarrow 3\ \text{(cyclohexanone, O)} + 2Cr^{3+} + 7H_2O$$

6. 10.0mL가 필요한 양이지만 그 보다 조금 더 많은 양이 들어가도 무방하므로 TLC를 통해서 반응의 완결을 확인할 때까지 넣는다. 크롬 이온의 색깔 변화로 반응의 종결 여부를 알 수는 없다. 색의 변화는 단지 정량이 아닌 정성적인 면에서의 확인을 나타내는 것이기 때문에 TLC를 통해 확인하는 것이 필요하다.

7. 옥살산은 용액 속에 과량으로 존재하는 다이크롬에이트를 분해시킨다.

$$Cr_2O_7^{2-} + 3\,HO-\overset{O}{\overset{\|}{C}}-\overset{O}{\overset{\|}{C}}-OH + 8H^+ \longrightarrow 2Cr^{3+} + 6CO_2 + 7H_2O$$

8. 다이에틸 에테르에서 크롬산 염의 용해도가 낮기 때문에 생성된 유기물과 크롬염의 분리를 원활히 하기 위해서 반응 마무리 시에 다이에틸 에테르를 넣는다.

9. 반응 마무리를 하고 난 후나 생성물을 농축한 후 TLC를 확인하면 사이클로헥산온 점적 아래에 아주 작은 점적이 나타날 때가 있으나, 이것은 생성물의 순도에 영향을 미치지 않으므로 무시해도 무방하다.

10. 수율은 65~75 % 얻어진다.
감압증류를 통해 다이에틸 에테르가 완전히 제거되는 것이 아니기 때문에 수율은 실제 생성물보다 약간 높게 나온다.

11. 크롬산에 의한 알코올의 산화는 수산화 기에 연결된 탄소의 느린 탈수소화 반응에 이은 빠른 크롬 에스터의 생성을 거치는 것으로 추정된다. 그 결과 생성된 크롬 에스터에서 1차 알코올에서는 알데하이드를, 2차 알코올에서는 케톤이 만들어진다.
3차 알코올에서는 탈수소화 반응이 진행되지 않기 때문에 산화반응이 일어나지 않는다.

$$RCH_2OH \xrightarrow{HCrO_4^-} R-CH(H)-O-Cr(=O)_2-OH \longrightarrow R-C(=O)-H + HCrO_3^-$$

aldehyde

$$RCH(R')OH \xrightarrow{HCrO_4^-} R-C(R')(H)-O-Cr(=O)_2-OH \longrightarrow R-C(=O)-R' + HCrO_3^-$$

ketone

$$RC(R')(R'')OH \xrightarrow{HCrO_4^-} R-C(R')(R'')-O-Cr(=O)_2-OH \longrightarrow \text{No reaction}$$

12. 알데하이드와 수화된 알데하이드는 크롬산 염에 의해 카르복실 산으로 산화된다.

$$R-\overset{O}{\overset{\|}{C}}-H \xrightarrow{HCrO_4^-} R-\underset{H}{\overset{OH}{C}}-O-\overset{O}{\underset{O}{Cr}}-OH \longrightarrow R-\overset{OH}{C}=O + HCrO_3^-$$

$$R-\overset{O}{\overset{\|}{C}}-H \underset{H^+}{\xrightarrow{H_2O}} R-\underset{H}{\overset{OH}{C}}-OH \xrightarrow[\text{the same as alcohol}]{HCrO_4^-} R-\overset{OH}{C}=O$$

13. 크롬산 용액에서 1차 알코올의 알데하이드로의 산화는 알데하이드가 잘 산화되기 때문에 (카르복실 산으로 산화나 반응하지 않은 알코올과의 반응으로 헤미아세탈을 거쳐 에스터로 산화) 쉽게 조절하기 어려운 반응이다.

$$RCH_2OH \xrightarrow{HCrO_4^-} R-\overset{O}{\overset{\|}{C}}-H \xrightarrow{RCH_2OH} \underset{\text{hemiacetal}}{R-\overset{OH}{CH}-OCH_2R} \longrightarrow R-\overset{O}{\overset{\|}{C}}-OCH_2R$$

14. 사이클로헥산 고리에 연결된 알코올은 수직방향으로 연결돼있을 때 수평방향으로 연결돼있을 때보다 더 빨리 산화된다. 수직방향의 크롬 에스터는 1,3-이수직방향 입체 장애 때문에 반응이 빠르게 진행되고 수평방향의 크롬 에스터보다 더 빨리 분해가 된다.

실험 2 PCC를 이용한 산화반응

반응식

실험시약 (Reagents)

명 명	분자식	구조식	분자량	녹는점 (℃)	끓는점 (℃)	밀도 (g/mL)	사용량 (g)	mmol
피리디늄 클로로크로메이트 (Pyridinium chlorocromate) (PCC)								
벤질 알코올 (Benzyl alcohol)								
벤즈알데하이드 (Benzaldhyde) (생성물)								

실험기구

⇨ 250mL 일구 둥근바닥 플라스크, 500mL 분별 깔대기, 감압 플라스크, 뷰흐너 깔대기, TLC 전개통, 자석 젓개 및 가열판, 높낮이 받침대, 자석 스핀바

실험방법

〈반응〉

1. 250mL 일구 둥근 바닥 플라스크에 PCC 6.24g (29.0mmol, 1.5eq)과 메틸렌 클로라이드 (methylene chloride, M.C.) 70.0mL를 넣고 교반한다. pH 종이로 용액의 액성을 확인한다. (관찰 1 : M.C.에 PCC를 넣었을 때의 상태, pH 종이의 색) [참고 1]

2. 벤질 알코올 2.0mL (2.1g, 19.3mmol, 1.0eq)와 메틸렌 클로라이드 20.0mL를 1번 용액에 넣는다. 반응 후 바로 TLC를 찍어본다. (관찰 2 : 벤질 알코올 첨가한 후의 용액의 색깔, TLC) [참고 2] <전개용매는 에틸 아세테이트 : 헥세인 = 1 : 2>

3. TLC를 통해 반응을 모니터한다. (관찰 3 : TLC) [참고 3]

실험 날짜 : 년 월 일 실온 :

관찰

관찰 1 :

관찰 2 :

관찰 3 :

〈반응 마무리〉

4. 반응물이 TLC상에서 사라진 후 한시간 가량 교반하고, 다이에틸 에테르를 25.0mL씩 2회 첨가한 후 10분간 교반한다. [참고 4]

5. 실라이트 (celite) 6.2g 정도를 첨가한다. (관찰 4 : 실라이트 첨가 후의 상태) [참고 5]

6. 다이에틸 에테르 25.0mL를 첨가한 후 10분간 교반한다.

7. 필터 케익을 만들어 5번 용액을 거른다.
   - 뷰흐너 깔대기의 거름종이 위에 무수 마그네슘 설페이트 ($MgSO_4$)를 1cm 정도의 두께로 깔고 감압 상태에서 살짝 다져준 후 다이에틸 에테르로 적신다. 다시 잘 다져준 다음 거름종이를 한 장 더 깐다. 그 위에 실리카 겔을 다이에틸 에테르에 녹여 1~2cm 정도의 두께가 되게 붓고 평평하게 다져준다. 마지막으로 거름종이를 한 장 더 깔고 감압 필터한다. (관찰 5 : 거른 용액의 색깔) [참고 6]

8. 다이에틸 에테르 50.0mL를 사용하여 침전물을 씻어준다. [참고 7]

9. 모액에 2.5M 소듐 하이드록사이드 용액 (NaOH) 50.0mL를 첨가한 후 교반한다. 분별 깔대기에 용액을 옮겨 수층과 유층을 분리한다. 2.5M 소듐 하이드록사이드 용액 50.0mL를 사용하여 다시 한번 유층을 추출해낸다. (관찰 6 : 수층과 유층의 분리 유무와 색깔 비교) [참고 8]

10. 유기층에 증류수 50.0mL를 첨가하고 층 분리를 한다.

11. 포화 염화소듐 용액 (brine) 30.0mL로 씻어준 후, 유기층을 분리한다.

12. 무수 마그네슘 설페이트를 넣어 미량의 수분을 제거한 후 감압 필터하고, 미리 무게를 잰 일구 둥근바닥 플라스크를 이용하여 감압 증류한다.

13. 생성물의 순도를 TLC로 확인하고, 수율을 계산한다.
    (관찰 7 : 수율) [참고 9]

관찰 4 :

관찰 5 :

관찰 6 :

관찰 7 :

이론 수득량 g 실제 수득량 g 수율 %

핵심어 :

확인 :

참고

1. PCC는 메틸렌 클로라이드에 용액 내에서 분말형태로 떠다닌다.

2. 벤질 알코올을 첨가한 후, 곧바로 산화반응이 일어난다. 그 결과 크롬산 염이 생기고 용액의 색깔이 짙은 갈색으로 변하게 된다. 반응이 즉각적으로 일어나므로 바로 TLC를 찍어서 반응의 진행정도를 확인한다. 생성되는 염에 의해 교반이 제대로 안 될 수 있으므로 처음부터 자석 젓개를 최대한 빨리 돌린다.

3. 생성물이 사라지는데 걸리는 시간은 약 30분이므로 생성물이 TLC상에 남아있으면, 10분 단위로 확인한다. 반응이 진행되면서 자석 젓개가 제대로 돌지 않으면 유리막대 등을 이용하여 원활하게 교반되도록 한다. 생성물의 TLC를 보면 예상 생성물인 벤즈알데하이드 이외에 소량의 벤조산이 부산물로 관찰될 것이다. 이 부산물은 반응 마무리 과정에서 염기성 수용액으로 추출해낸다.

4. PCC에 대한 용해성이 거의 없는 다이에틸 에테르를 첨가함으로써 용액에 녹아있는 미량의 PCC를 고체로 석출시킨다. 이 과정에서 유기용액의 밀도는 물보다 낮아지게 된다.

5. 실라이트는 거름종이 위에 깔아주어 거름종이를 막히게 하는 불순물들을 흡착하는 용도로 쓰이는 여과 보조물 (filter aid)이다. 이번 실험에서는 사용된 PCC와 같은 질량의 실라이트를 반응 용기에 직접 첨가하여 환원된 크롬산 염을 실라이트 표면에 흡착시킴으로써 크롬산 염을 원활하게 제거한다.

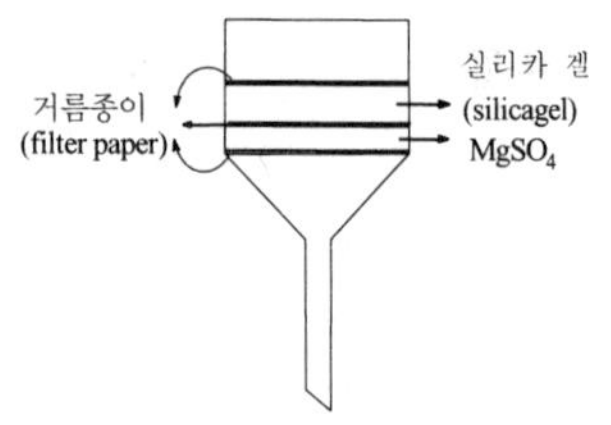

6. 이 과정을 보통 케익 (cake)을 만든다고 표현한다. 이것을 이용하면 용액 속에 미량의 염을 무수 $MgSO_4$와 실리카 겔을 통해서 걸러낼 수 있다. 특히 실리카 겔은 극성 물질과 흡착력이 강하기 때문에 실리카 겔의 두께를 조금 더 높게 하는 것이 좋다.

7. 염 입자 표면에 있는 생성물을 다이에틸 에테르를 사용하여 씻어준다.

8. 유층의 염이 염기성 수층에 녹기 때문에 유층은 맑아지고 수층은 갈색을 띄게 된다. 필터에 의해 염이 완전히 제거되지 않은 상태이므로 염기성 용액을 사용해서 유층으로부터 염을 완전히 제거하는 과정이다. 부산물인 벤조산 또한 이 과정에서 제거할 수 있다.

9. 수율은 65 ~ 75 % 얻어진다. 반응물의 양을 줄이면 수율이 감소한다. 얻어진 생성물은 다이에틸 에테르가 감압증류에 완전히 날라가지 않기 때문에 실제보다 높은 수율이 나타난다.
반응 마무리를 부주의하게 하면 수율이 40 % 이하로 얻어진다.

10. PCC는 염산에 삼산화크롬(CrO_3)을 녹이고 염기성 용액인 피리딘을 첨가함으로써 얻을 수 있다. PCC는 약산성을 띄기 때문에 산에 민감한 화합물에는 사용하기 어렵다.

CrO_3 + HCl + (pyridine) ⟶ (pyridinium, N–H, $Cl^{\ominus}$) • CrO_3

12. 산에 민감한 화합물 - 이중 결합이 있는 화합물 - 을 산화시키는 방법으로는 메틸렌 클로라이드나 DMF 용매하에 PDC를 산화제로 쓰는 방법이 있다. 이 시약을 통해서는 알코올을 알데하이드나 케톤까지 산화시킬 수 있고 특히 알릴 위치의 알코올도 이중결합을 산화시키지 않고 카보닐 화합물로 산화시킬 수 있다.

t-BuOCO–, HO, O, OEt ⟶ (1.4 eq. PDC, CH_2Cl_2) t-BuOCO–, O=, O, OEt

11. PCC 산화반응은 무수조건 하에서 삼산화크롬의 중간단계를 거친다. 무수조건에서는 수화된 알데하이드와 크롬 산 이온이 만들어지지 않는다. 그렇기 때문에 알데하이드에서 산화과정이 멈추게 된다.[p 168, 참고 1, p 170, 참고 12]

$$R-CH_2OH + CrO_3 \longrightarrow R-CH(H)-O-Cr(=O)(=O)-OH \longrightarrow R-C(=O)H$$

2.5 환원반응 (Reduction)

● 핵심어 : 수소 음이온, 오목 (concave), 볼록 (convex), 입체 선택성, 입체 장애, 불변 끓음 혼합물

유기화학에 있어서 환원반응의 예를 보면

① 탄소원자의 전자밀도가 증가하는 반응

$$RX \xrightarrow[2.\ H_3O^{\oplus}]{1.\ Mg,\ ether} RH$$

• C-H 결합의 생성 또는 CO, C-N, C-X 결합이 끊어지는 경우를 일컫는다.

② 수소 첨가반응

$$R-C\equiv C-R' \xrightarrow[\text{린들러 촉매}]{H_2} (H)(R)C=C(H)(R') \xrightarrow[Pd/C]{H_2} H-C(H)(R)-C(H)(R')-H$$

• 린들러 촉매 (Lindlar catalyst)를 이용한 삼중결합에서 이중결합 형성시 시스 (cis) 화합물이 생성된다.

③ 전자 첨가 반응 (Birch reduction)

$$R-C\equiv C-R' \xrightarrow[NH_3]{Li} R-\dot{C}=\bar{\ddot{C}}-R' + Li^+ \xrightarrow{H-\ddot{N}H_2} R-\dot{C}=C(R')(H) + {}^{-}\ddot{N}H_2 \xrightarrow{Li}$$

$$(R)\bar{\ddot{C}}=C(R')(H) + Li^+ \xrightarrow{H-\ddot{N}H_2} (H)(R)C=C(R')(H) + {}^{-}\ddot{N}H_2$$

버취 (Birch) 환원 반응을 이용하는 경우 삼중결합에서 이중결합 형성시 트랜스 (trans) 화합물이 생성된다.

④ 주석 (Sn)을 이용한 환원반응

a) 금속 주석을 이용한 반응

$$C_6H_5-NO_2 + Sn \xrightarrow[\text{환류}]{HCl} C_6H_5-NH_2$$

• 방향족 나이트로 화합물을 환원시키는 데에는 수소 첨가 반응 (hydrogenation)과 주석을 이용하여 환원 반응을 수행한다.

b) t-뷰틸 틴 하이드라이드 (Bu_3SnH)

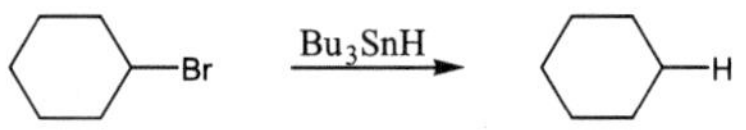

• 라디칼 연쇄반응이다.
• 할로겐의 반응성 순서는 RI > RBr > RCl > RF로 편극성 (polarizability)과 관계있다.

⑤ 수소 음이온 (hydride: $H:^-$) 첨가 반응

하이드라이드를 이용하여 카보닐 그룹을 환원시키는데 사용되는 시약으로는 소듐 보로하이드라이드 ($NaBH_4$), 리튬 알루미늄 하이드라이드 ($LiAlH_4$)와 다이아이소뷰틸알루미늄 하이드라이드 (diisobutylaluminum hydride, DIBAH)가 사용되고 있다. 소듐 보로하이드라이드는 알데하이드와 케톤류 만을 환원시킨다. 리튬 알루미늄 하이드라이드는 알데하이드, 케톤, 카복실산, 에스터, 아마이드를 환원시키는데 사용된다. 소듐 보로하이드라이드는 알콜과 물을 용매로 사용할 수 있는 반면, 리튬 알루미늄 하이드라이드는 알콜과 물에서 격렬하게 반응하여 수소가스를 생성하여 위험하므로 용매 중에서 하이드록시기가 없는 에테르를 주로 사용한다. 다이아이소뷰틸알루미늄 하이드라이드의 특징은 에스터를 가지고 -78℃에서 반응을 진행시키면 알데하이드까지 환원된다. 반응온도를 높여 진행시키는 경우 알코올까지 환원된다는 특징이 있다.

하이드라이드 (H^-)가 공격하는 방향은 다리부분의 치환체에 따라서 입체 선택성을 나타낸다. 다리부분에 수소가 있는 경우 (I)는 입체 장애 (steric hindrance)가 덜 걸리는 바깥 방향 (exo) 또는 볼록부분 (convex) 으로 하이드라이드가 공격한다. 다리부분에 메틸기가 있는 경우 (II)에는 메틸기가 공격하려는 하이드라이드를 가로막게 되어서 안쪽 방향 (endo) 또는 오목부분 (concave)으로 반응이 진행하게 된다.

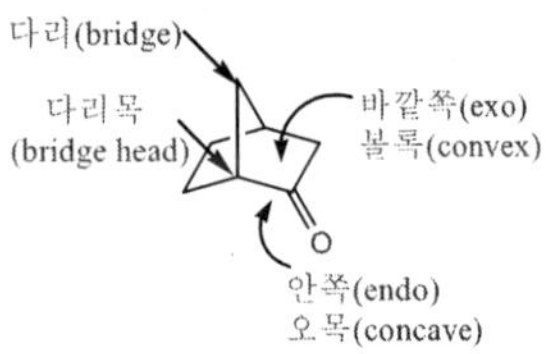

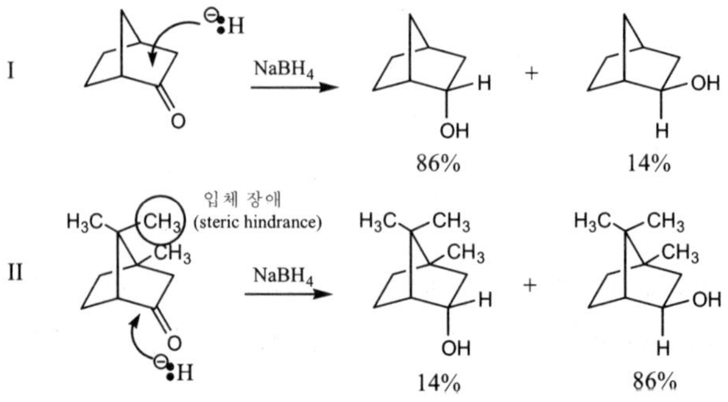

실험 1 수소 음이온을 이용한 환원 반응

반응식

실험 시약 (Reagents)

명 명	분자식	구조식	분자량	녹는점 (℃)	끓는점 (℃)	밀도 (g/mL)	사용량 (g)	mmol
벤즈알데하이드 (Benzaldehyde)								
소듐 보로 하이드라이드 (Sodium borohydride)								
벤질 알코올 (Benzyl alcohol) (생성물)								

실험 기구

⇨ 환류 냉각기, 100mL 이구 둥근바닥 플라스크, 100mL 일구 둥근바닥 플라스크, 분별 깔대기, 뷰흐너 깔대기, TLC 전개통, 삼각 플라스크, 작은 병 (vial-10mL), 감압 플라스크, 자석 젓개 및 가열판, 높낮이 받침대, 가열 망태기, 자석 스핀바, 변압기

실험 방법

〈반응〉

1. 100mL 이구 둥근바닥 플라스크에 벤즈알데하이드 3.0mL (3.1g, 29.5mmol, 1.0eq)와 메탄올 30.0mL를 넣고 교반한다. 반응을 모니터 하기 위해 TLC를 3~4개 정도 미리 찍어둔다.

2. 1번 용액에 얼음 중탕을 설치하여 용액을 식힌 후, 소듐 보로하이드라이드 ($NaBH_4$) 700.0mg (18.5mmol, 0.6eq)을 소량으로 나누어서 첨가한다. 15분 교반한 후 TLC를 관찰한다. (관찰 1 : 용액의 온도, TLC) [참고 1, 2, 3] <전개용매는 에틸 아세테이트 : 헥세인 = 1 : 4>

reflux (환류)

3. 반응이 종료되면 물 10.0mL를 첨가한 후, 얼음 중탕을 제거하고 실온에서 10분간 교반한다. [참고 4]

4. 환류 장치를 준비하고 3번 용액을 10분 동안 환류한 후, 용액을 실온으로 식힌다. (관찰 2 : pH)

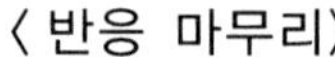
〈 반응 마무리〉

5. 실온으로 식힌 4번 용액에 메틸렌 클로라이드 (methylene chloride) 30.0mL를 넣고 충분히 교반한다.

6. 이것을 100mL 분별 깔대기에 옮기고 층 분리가 확인되면, 다른 250mL 분별 깔대기에 유기층을 옮긴다. 수층 부분을 TLC로 확인하여 생성물이 남아있으면 메틸렌 클로라이드 30.0mL를 더 넣고 추출한다. (관찰 3 : TLC) [참고 5]

7. 모아둔 유층에 포화 탄산수소나트륨 용액 (Sat'd $NaHCO_3$) 30.0mL를 넣어준다. (관찰 4 : 층분리 확인) [참고 6]

8. 유기층에 포화 염화소듐 용액 (brine) 30.0mL를 가한 후 유기층을 분리한다.

9. 분별 깔대기에서 층 분리가 확인되면, 100mL 삼각 플라스크에 유층 부분을 받는다.

10. 받아놓은 유층 용액에 무수 소듐 설페이트 (Na_2SO_4)로 미량의 물을 제거한 후 감압 필터하고, 미리 무게를 잰 일구 둥근바닥 플라스크를 이용하여 감압 증류한다.

11. TLC를 이용하여 생성물의 순도를 확인하고, 수율을 계산한다. (관찰 5 : TLC, 무게, 수율) [참고 7]

실험 날짜 :　　　　년　　　월　　　일　　　　실온 :

관찰 :

관찰 1 :

관찰 2 :

관찰 3 :

관찰 4 :

관찰 5 :

이론 수득량　　　　　g　　　　실제 수득량　　　　g　　　　수율　　　　　%

핵심어 :

확인 :

참고

1. 소듐 보로하이드라이드는 조해성이 있어서 공기 중에 녹기 때문에 비이커나 시계접시에 무게를 재고, 너무 천천히 넣지 않는다. 소듐 보로하이드라이드는 소량씩 나누어 첨가한다. 이 때 반응 용기는 온도가 상승하여 끓는 것을 관찰할 수 있다. 따라서 얼음 중탕을 설치한다.

2. 소듐 보로하이드라이드의 4개의 수소원자는 하이드라이드 (hydride)로써 이용 가능하다. 그러므로 소듐 보로하이드라이드 1mol은 4mol의 알데하이드를 환원시킬 수 있다. 하지만 소듐 보로하이드라이드는 시약의 순도를 고려하여 0.25eq가 아닌 0.5eq 이상 과량 사용한다.

$$\mathrm{C_6H_5{-}CH{=}O\cdots H{-}O{-}CH_3} + \mathrm{H{-}\overset{\ominus}{B}H_3} \longrightarrow \mathrm{C_6H_5{-}CH_2{-}OH}$$

3. TLC를 확인하였을 때 벤즈알데하이드가 남아있는 경우에는 소듐 보로하이드라이드를 570mg (0.5eq) 더 첨가한다.

4. 물을 첨가하면 테트라알콕시보론 (tetraalkoxyboron) 화합물은 메틸 알코올과 보론산 (H_3BO_3)을 생성한다.

$$\left(\mathrm{H_3CO}\right)_4\overset{\ominus}{\mathrm{B}}\ \overset{\oplus}{\mathrm{Na}} + 4\,\mathrm{H_2O} \xrightarrow[\triangle]{} \mathrm{B(OH)_3} + 4\,\mathrm{CH_3OH} + \overset{\oplus}{\mathrm{Na}}\ \overset{\ominus}{\mathrm{OH}}$$

5. 메틸렌 클로라이드를 사용 시 주의할 점은 비중이 물보다 무거워 유층 부분이 수층보다 아랫부분으로 간다. 사용한 메틸렌 클로라이드의 양이 적을 경우 층 분리가 되지 않을 수도 있다. 30.0mL를 2번 사용하고 난 뒤, 층 분리가 확인되면 TLC를 이용하여 수층 부분에 생성물이 없는 것을 확인한다. 만약 있을 경우에는 메틸렌 클로라이드 20.0mL를 더 사용한다.

6. 포화 탄산수소나트륨 용액 (Sat'd $NaHCO_3$)은 생성된 보론산을 제거하기 위함이다.

7. 수율은 80 ~ 90% 얻어진다.

실험 2 주석을 이용한 환원 반응

반응식

실험시약 (Reagents)

명 명	분자식	구조식	분자량	녹는점 (℃)	끓는점 (℃)	밀도 (g/mL)	사용량 (g)	mmol
나이트로벤젠 (Nitrobenzene)								
주석 (Tin, Sn)								
진한 염산 (Hydrochloric acid)								
아닐린 (Aniline) (생성물)								

실험기구

⇨ 환류 냉각기, 100mL 이구 둥근바닥 플라스크, 100mL 분별 깔대기, 뷰흐너 깔대기, 감압 플라스크, 작은병 (vial-10mL), 증류장치, TLC 전개통, 삼삭 플라스크, 비이커, 자석 젓개 및 기열판, 기열망태기, 높낮이 받침대, 자석 스핀바

실험방법

-모든 과정은 후드 안에서 실험한다.-

〈 반응 〉

1. 100mL 이구 둥근바닥 플라스크에 나이트로벤젠 5.0mL (6.0g, 48.6mmol, 1.0eq)와 주석 12.0g (101.0mmol, 2.1eq)을 넣고 온도계를 설치하고 물중탕에서 교반한다. [참고 1]

2. 진한 염산 30.0mL (36.0g, 345.6mmol, 7.1eq) 중 절반을 2.0mL씩 나누어 천천히 가해준다. 진한 염산의 절반을 첨가해준 후에는 양을 3.0mL로 늘려서 가해준다. (관찰 1 : 나이트로벤젠이 용해되는 모습) [참고 2]

3. 용액을 30분 이상 충분히 섞어준 후 환류한다. 플라스크가 가열되면 환류냉각기 끝에서 나오는 기체를 pH 종이로 확인해본다. 확인 후 3-way를 설치한다. (관찰 2 : 환류 시작시간, pH 종이의 색변화)

4. 환류를 하는 동안 15.0M 소듐 하이드록사이드 용액 (NaOH) 50.0mL를 준비한다. [참고 4]

5. 주석이 다 소모가 되면 환류를 중지한다. (관찰 3 : 환류 종료시간, TLC) [참고 3, 5] <전개용매는 에틸 아세테이트 : 헥세인 = 1 : 4>

실험 날짜 :　　　년　　　월　　　일　　　실온 :

관찰

관찰 1 :

관찰 2 :

관찰 3 :

〈 반응 마무리 〉

6. 5번 플라스크를 교반하면서 실온까지 식힌다.

7. 물중탕에서 pH 종이로 측정하여 pH=9 ~ 10 정도 될 때까지 15.0M 소듐 하이드록사이드 용액을 조금씩 가해준다. 온도가 상온을 넘지 않게 주의한다. (관찰 4 : 생성되는 생성물의 모양과 색, TLC) [참고 6] <전개용매는 에틸 아세테이트 : 헥세인 = 1 : 2>

8. 7번 용액을 증류하여 주석 염 (tin salt)으로부터 분리한다. (관찰 5 : 용액의 색) [참고 7]

9. 8번에서 증류한 용액에 염화소듐 8.0g을 넣어서 수층을 포화시킨다. (관찰 6 : 소금의 양) [참고 8]

10. 9번 플라스크에 메틸렌 클로라이드 20.0mL를 섞는다. (관찰 7 : 용액의 상태) [참고 8]

11. 10의 용액을 분별 깔대기에 넣고 유기층을 분리한다.

12. 남아있는 수층은 TLC로 확인하고, 유기물이 남아 있으면 메틸렌 클로라이드 20.0mL를 사용하여 한번 더 추출을 한다. (관찰 8 : TLC)

13. 유기층에 포화 염화소듐 용액 (brine) 30.0mL를 가한 후 유기층을 분리한다.

14. 무수 마그네슘 설페이트 ($MgSO_4$)로 미량의 물을 제거한 후 감압 필터하고, 미리 무게를 잰 일구 둥근바닥 플라스크를 이용하여 감압 증류한다. (관찰 9 : 일구 둥근바닥 플라스크의 무게) [참고 9]

15. TLC를 이용하여 생성물의 순도를 확인하고, 수율을 계산한다. (관찰 10 : TLC, 수율) [참고 10]

관찰 4 :

관찰 5 :

관찰 6 :

관찰 7 :

관찰 8 :

관찰 9 :

관찰 10 :

이론 수득량 g 실제 수득량 g 수율 %

핵심어 :

확인 :

참고

1. 주석 환원 반응의 메커니즘은 정확하게 밝혀진 바는 없지만 여러 종류의 중간체 (intermediate)가 분리되는 것을 통해 단계적 (stepwise) 반응으로 추정된다. 사용한 환원제가 온화한 경우 (Zn/NH_4Cl)에는 아래의 반응 단계 중에서 [2] 단계에서 반응이 멈추고 하이드록실아민 (hydroxylamine) (R-NHOH)이 만들어진다.

$$C_6H_5-\overset{\oplus}{N}(=O)O^{\ominus} + Sn + 2HCl \longrightarrow C_6H_5-N=O + H_2O + SnCl_2 \quad [1]$$

$$C_6H_5-N=O + Sn + 2HCl \longrightarrow C_6H_5-NH-OH + SnCl_2 \quad [2]$$

$$C_6H_5-NH-OH + Sn + 3HCl \longrightarrow C_6H_5-\overset{\oplus}{N}H_3\ Cl^{\ominus} + H_2O + SnCl_2 \quad [3]$$

$$Cl-C_6H_4-\overset{\oplus}{N}H_3\ Cl^{\ominus} + H_3O^+ + SnCl_2$$ (강한 산성 조건일 때)

$$C_6H_5-\overset{\oplus}{N}(=O)O^{\ominus} + 3Sn + 7HCl \longrightarrow C_6H_5-\overset{\oplus}{N}H_3\ Cl^{\ominus} + 2H_2O + 3SnCl_2$$

$$C_6H_5-\overset{\oplus}{N}(=O)O^{\ominus} + 3SnCl_2 + 7HCl \longrightarrow C_6H_5-\overset{\oplus}{N}H_3\ Cl^{\ominus} + 2H_2O + 3SnCl_4$$

$$2\ C_6H_5-\overset{\oplus}{N}(=O)O^{\ominus} + 3Sn + 14HCl \longrightarrow 2\ C_6H_5-\overset{\oplus}{N}H_3\ Cl^{\ominus} + 4H_2O + 3SnCl_4$$

나이트로벤젠은 주석을 통해 환원되고, 염화주석 ($SnCl_2$)으로 다시 한번 더 환원되므로, 아닐린과 주석의 이론적인 반응비는 2 : 3 이다. 실제 실험에서 주석의 효율성이 떨어지므로, 좋은 수율을 얻기 위해서 아닐린 1 당량에 대하여 주석 2당량을 사용한다.

2. 위의 [3] 단계에서 pH가 너무 낮을 경우에는 분자 자리 옮김 (molecular rearrangement)이 일어나 파라 - 클로로 (p-chloro) 화합물이 부산물로 합성되기 때문에 산을 조금씩 첨가하여 반응 도중 갑작스러운 pH의 변화를 막는다. 이구 둥근바닥 플라스크의 크기를 고려하여 적당량의 증류수로 진한 염산을 희석하여 사용해도 좋다.

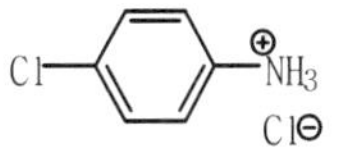

Cl—⟨⟩—$\overset{\oplus}{N}H_3$ $Cl^{\ominus}$ + $H_3O^{\oplus}$ + $SnCl_2$ (강한 산성 조건일 때)

3. 주석이 사라지고 난후 TLC를 확인하여 나이트로벤젠이 사라졌으면 환류를 정지한다. 남아 있는 경우에는 환류를 30분간 지속한 후 TLC로 나이트로벤젠이 사라졌는지 확인한다.

4. 소듐 하이드록사이드 용액을 만들 때는 얼음 중탕을 이용하고 후드 안에서 만들어야 한다.

5. 자석 스핀바가 주석과 마찰되는 소리가 나지 않으면 환류를 중지해도 좋다. 소량 남아있는 주석은 필터 과정에서 거를 수 있으므로 무시한다. TLC 상에서 나이트로벤젠이 남아있으면 진한 염산 5.0mL 가량을 더 넣은 후 다시 환류한다.

6. 환원 반응이 완료되면 반응 혼합물은 염화주석염 - $(R-{}^{+}NH_3)_2SnCl_4$ or $(R-{}^{+}NH_3)_2SnCl_6$ - 의 형태로 존재한다. 이 염 형태에 염기성 용액을 가해 일차 아민 (primary amine) 형태로 바꾸어준다. 산 - 염기반응 도중 열이 많이 발생하면 생성물의 수율이 낮아지게 되므로 소듐 하이드록사이드 용액 또한 천천히 가해준다. 액성은 약산성에서 강염기로 급격히 바뀌기 때문에 가해주는 소듐 하이드록사이드 용액의 양을 잘 조절해주어야 한다. 용액의 액성이 바뀌기 전에는 생성물이 염의 형태로 존재하기 때문에 TLC의 패턴이 제대로 나타나지 않는다.

7. 아닐린과 물의 불변 끓음 혼합물 (azeotrope)은 94℃ ~ 95℃ 부근에서 증류된다. 처음의 증류액은 아닐린의 비율이 높아 뿌연 액체이지만 용기 내의 아닐린 함량이 낮아짐에 따라 증류액은 점점 투명해진다. 냉각기에 응축된 증류액이 맑아지면 조금 후에 증류를 중지한다. 약 25 ~ 30mL 정도의 증류액을 받아낼 수 있을 것이다. (**1.3 증류와 편극성 참고.**)

8. 증류를 하고 난 증류액은 아래층 (아닐린이 녹아있음)은 맑고, 위층 (아닐린과 물이 섞여있음)은 뿌옇다. 수층에 염화소듐을 넣으면 녹아있던 아닐린이 밑으로 모이게 된다. 아닐린을 효과적으로 추출하기 위해 메틸렌 클로라이드를 넣어준다. 메틸렌 클로라이드의 밀도가 높기 때문에 유층이 확실히 아래에 있게 된다. 염화소듐이 분별 깔대기 밑에 약간 침전될 정도로 넣어준다.

9. 메틸렌 클로라이드의 끓는점은 39℃, 아닐린은 184.0℃이므로 쉽게 분리가 된다.

10. 수율은 얻어진 아닐린을 진공 하에서 건조하였을 때 65 ~ 77% 얻어진다.

2.6 친전자성 치환 나이트로벤젠 합성 (Nitration)

핵심어 : 나이트로늄 이온, 친전자성 치환반응, 전자 끌게 기, 친핵성 치환반응

나이트로 화합물 (nitro compound)은 산소와 격렬히 반응하여 폭발 (explosion) 현상을 일으키는 것들이 많다. 그래서 주로 폭발물의 원료로 많이 쓰인다. 나이트로메테인 (CH_3NO_2)은 경주형 차나 모형 비행기 등 폭발적인 힘이 필요한 엔진의 연료로도 이용된다. 화약으로써 이용되는 나이트로 화합물은 나이트로글리세린 (nitroglycerin), T.N.T (2, 4, 6 - trinitro toluene), 피크르산 (picric acid) 등이 있다. 이들 화합물은 폭발 시에 많은 에너지와 다량의 기체(N_2, O_2, H_2O)등이 발생한다.

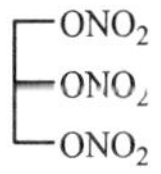

나이트로벤젠 (nitrobenzene)은 다른 나이트로 화합물에 비하여 폭발적이지 않으며, 유기물질에 대하여 양호한 용매이다. 또한 나이트로벤젠은 여러 가지 무기화합물 ($AlCl_3$, $ZnCl_2$ 등)을 용해시키며 재결정을 위한 용매로도 사용된다. 주로 석유공업에서의 선택추출용제, 구두약이나 염료 제조시의 용매 등으로 사용되며 특히 나이트로벤젠은 아닐린 (aniline)의 원료로 많이 쓰이고 있다.

최근 환경부가 도장시설 및 석유화학제품 제조과정에서 발생하는 나이트로벤젠, 스타이렌 (styrene), 톨루엔 (toluene), 테트라클로로에틸렌 (tetra chloroethylene, TCE) 등을 추가로 휘발성 유기화학물질 (Volatile Organic Compound)로 규정하고 배출을 규제하고 있다. V.O.C.가 유발하는 급성장애로서는 중추신경계의 마취작용이 일어날 수 있으며 눈, 피부, 호흡기 등의 점막에 자극 증상이 나타나기도 한다. 규제조치 이후에 나이트로벤젠은 제조공정의 용매보다는 염료와 향료 등의 원료로 쓰이는 양이 더 많아지고 있다. 나이트로벤젠을 비롯한 대부분의 나이트로 화합물은 독성이 강하고 피부와 호흡기로 흡수되기 쉬우므로 취급할 때 조심해야 한다.

나이트로기가 방향족 고리의 반응성을 떨어뜨리기 때문에 나이트로벤젠을 다시 나이트로화 시키기 위해서는 발연 질산 (fuming nitric acid)을 사용하여도 과격한 반응조건이 필요하며 질산의 나이트로늄 (nitronium)은 메타 (meta) 위치로 치환된다.

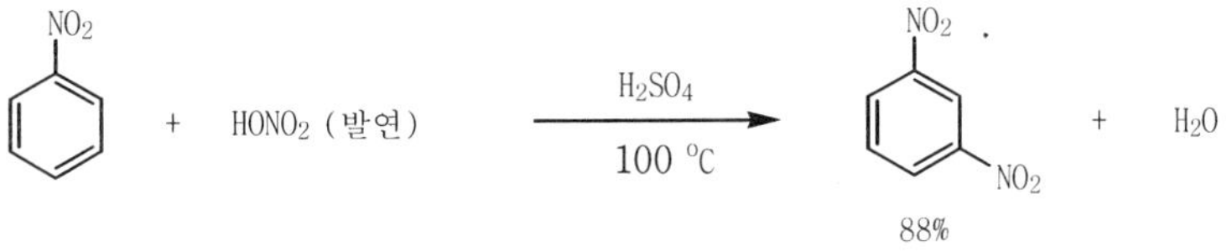

ONO_2 / ONO_2 / ONO_2

nitroglycerin
나이트로 글리세린

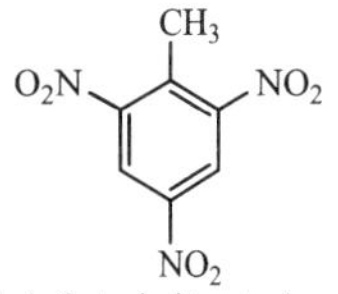

CH_3 O_2N NO_2 NO_2

2,4,6-trinitrotoluene
(T.N.T)
2,4,6-트라이
나이트로 톨루엔

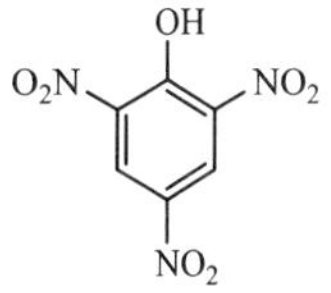

OH O_2N NO_2 NO_2

picric acid
피크르산

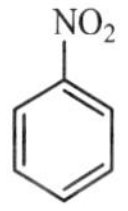

NO_2

nitrobenzene
나이트로 벤젠

NO_2 + $HONO_2$ (발연) —(H_2SO_4, 100 °C)→ NO_2, NO_2 + H_2O

88%

나이트로기와 같은 강력한 전자 끌개 기 (electron withdrawing group)를 갖고 있는 방향족 화합물은 친핵체 (nucleophile)의 치환반응을 한다. 특히 아래처럼 나이트로기가 여러 개 붙어있는 2, 4, 6-트라이나이트로클로로벤젠의 경우에는 나이트로기의 공명 효과 (resonance effect)로 탄소음이온 중간체 (carbanion intermediate)를 안정화시킬 수 있기 때문에 클로로 (chloro)기가 하이드록시 (hydroxy)기로 치환된다.

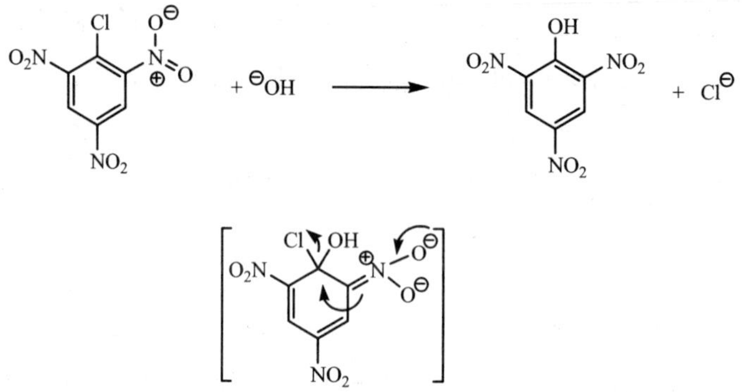

방향족 나이트로 화합물 (aromatic nitro compound)은 금속 촉매를 이용한 수소 첨가 반응 (hydrogenation)이나 주석과 염산을 이용한 환원반응을 통하여 일차 아민 (primary amine)을 합성할 수 있는 시작물질로 유용하게 쓰여진다. 여기서 만들어진 일차 아민들은 다이아조화 반응 (diazotization)을 거쳐 다이아조늄 염으로 변환되어 다양한 치환반응과 아조 염료의 합성에 중요한 역할을 한다. (**3.1 다이아조늄 염을 이용한 아조염료 합성 (Dye) 참고.**)

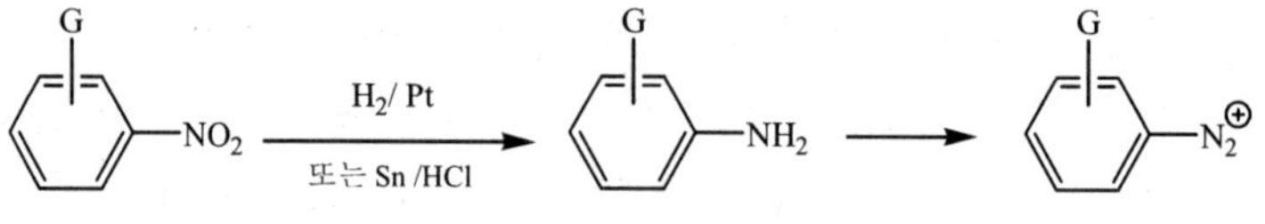

이 실험은 방향족 화합물에 나이트로늄 이온을 반응시켜서 나이트로 화합물을 합성한다.

실험 메틸 메타-나이트로벤조에이트 합성 (Synthesis of methyl *m*-nitrobenzoate)

반응식

실험 시약 (Reagents)

명 명	분자식	구조식	분자량	녹는점 (℃)	끓는점 (℃)	밀도 (g/mL)	사용량 (g)	mmol
메틸 벤조에이트 (Methyl benzoate)								
황산 (H_2SO_4)								
질산 (HNO_3)								
메틸 메타-나이트로 벤조에이트 (Methyl *m*-nitro benzoate) (생성물)								

실험 기구

⇨ 100mL 이구 둥근바닥 플라스크, 온도계, 비이커, 피펫, 눈금 실린더, 100mL 삼각 플라스크, 감압 플라스크, 자석 젓개 및 가열판, 자석 스핀바, 높낮이 받침대

실험방법

〈 반응 〉

1. 100mL 이구 둥근바닥 플라스크에 메틸 벤조에이트 3.0mL (3.3g, 24.1mmol, 1.0eq)와 헥세인 20.0mL를 넣고, 온도계를 설치한다. 반응을 모니터하기 위해서 TLC를 3 ~ 4개 준비한다.
   (관찰 1 : 반응 시간, 사용한 시약의 양) [참고 1]

2. 1의 플라스크를 냉각시키기 위해 고체 염화소듐을 이용하여 얼음 소금물 (ice-salt bath)을 설치한다. [참고 2]

3. 진한 황산 7.0mL (12.9g, 131.0mmol)를 조심스럽게 취하여 1의 플라스크에 넣어 온도계에 닿지 않도록 자석 스핀바로 교반한다.
   (관찰 2 : 플라스크의 온도 변화)

4. 100mL 삼각 플라스크에 얼음 중탕을 설치하고 진한 질산 2.0mL와 진한 황산 2.0mL를 섞는다. [참고 3]

5. 4번 용액을 차게 한 뒤 피펫을 이용하여 조심스럽게 3번 용액에 넣는다. (관찰 3 : 온도 변화) [참고 4]

6. 얼음 중탕 안에 장치된 플라스크 용액의 온도가 15℃를 넘지 않도록 주의하면서 교반한다. TLC를 이용하여 반응을 모니터한다.
   (관찰 4 : TLC) <전개용매는 에틸 아세테이트 : 헥세인 = 1 : 4>

실험 날짜 : 년 월 일 실온 :

관찰

관찰 1 :

관찰 2 :

관찰 3 :

관찰 4 :

〈 반응 마무리〉

7. 100mL 비이커에 잘게 부수어진 얼음을 25.0g을 준비한 후, 여기에 6에서 얻어진 반응혼합물을 붓는다. (관찰 5 : 용액의 변화)

8. 고체가 형성되면 감압 필터한다. 얻어진 고체는 얼음물 15.0mL와 메탄올 5.0mL (3 : 1)를 섞은 용액으로 씻어준다. (관찰 6 : 고체의 색, 형태)

9. 생성된 고체는 백색 결정이다. 백색 결정 중 소량을 에틸 아세테이트에 녹인 후 TLC를 확인한다. 모액에 대해서도 TLC를 찍어 확인한다. [참고 5]

10. 재결정에 들어가기 전에 생성물의 무게를 잰다. 생성물의 무게에 두 배의 메탄올을 써서 재결정한다.
    (관찰 7 : 재결정 전과 후의 고체의 무게, 색, 형태)

11. 말린 후 무게를 재서 수율을 구하고 녹는점을 잰다. [참고 6]

관찰 5 :

관찰 6 :

관찰 7 :

이론 수득량 g 실제 수득량 g 수율 %

핵심어 :

확인 :

참고

1. 다른 실험책에서는 용매없이 이 반응을 진행하지만 반응물을 다루거나 반응 온도조절에서 불편함이 있기 때문에 헥세인을 용매로 사용하였다.

2. 얼음 중탕에 고체 염화소듐을 넣는 이유는 온도를 더 낮출 수 있기 때문이다. 이것은 겨울철 눈이 내릴 때 염화칼슘을 도로에 뿌리는 이유와 같다.
   얼음 중탕 (ice-water bath) : 0℃ 내외
   얼음 소금물 (ice-salt bath) : -8.0 ℃ 내외

3. $$HO-NO_2 \xrightarrow{H_2SO_4} H_2O^{\oplus}-NO_2 \longrightarrow NO_2^{\oplus} + H_2O$$

   이 과정에서 물이 빠지므로, NO_2^+ 가 잘 만들어지기 위해서는 강한 산성 조건이 필요하다.

4. 나이트로화 반응은 발열 반응이므로 냉각시키는 것이 필요하다.

   $$C_6H_5COOCH_3 + {}^{\oplus}NO_2 \longrightarrow [\text{arenium ion}] \xrightarrow{-H^{\oplus}} m\text{-}O_2NC_6H_4COOCH_3$$

   탄소 양이온이 전자를 끌어당기는 카보닐 그룹의 베타위치에 형성되는 메타위치로 나이트로늄이 공격한다.

5. 헥세인 모액에는 생성물이 거의 존재하지 않으므로 무시해도 좋다.

6. 수율은 65 % ~ 85 % 얻어진다.

7. 나이트로벤젠은 여러 시약을 통해 아닐린으로 환원된다.

$$ArNO_2 \xrightarrow{H_2 / Pt} ArNH_2$$

$$\xrightarrow{Sn / HCl} ArNH_2$$

$$\xrightarrow{Bu_3SnH} ArNH_2$$

$$\xrightarrow[aq.\ EtOH]{In,\ NH_4Cl} ArNH_2 \qquad * \text{ In = indium}$$

8. 참고 7의 여러 시약을 통해 환원된 아닐린은 아조염료 합성에 중요한 중간물질인 다이아조늄 염의 시작물질로 쓰인다. (**3.1 아조염료 합성** 참고)

$NaNO_2$ + 2HCl ⟶ [$O=N-O^{\oplus}H_2$ $Cl^{\ominus}$] ⟶ [$N\equiv O^{\oplus}$]

nitrosonium ion

$C_6H_5NH_2$ + $N\equiv O^{\oplus}$ ⟶ $C_6H_5-N^{\oplus}H_2-N=O$ $\xrightarrow{H^+ \text{ shift}}$ $C_6H_5-NH-N=O^{\oplus}H$

⟶ $C_6H_5-N^{\oplus}H=N-OH$ $\xrightarrow{H^+ \text{ shift}}$ $C_6H_5-N=N-O^{\oplus}H_2$ $\xrightarrow{-H_2O}$ $C_6H_5-N^{\oplus}\equiv N$

diazonium salt

9. 나이트로기는 벤젠의 전자밀도를 감소시키므로, 나이트로 벤젠에 나이트로기를 도입하려면 고온의 과격한 반응조건이 필요하다.

$C_6H_5NO_2$ + $HONO_2$ (fuming) $\xrightarrow[100\,°C]{H_2SO_4}$ m-$C_6H_4(NO_2)_2$ + H_2O

88%

2.7 카니자로 자동 산화 - 환원 반응 (Cannizzaro reaction)

● 핵심어 : 수소 음이온, 알파 위치 수소, DMSO, pK_a

카보닐 그룹에 인접한 알파 (α) 위치 탄소원자가 수소원자를 가지고 있는 알데하이드 (aldehyde)는 강염기 존재 하에서 알돌 축합반응을 일으킨다. 그러나 알파 위치 탄소원자에 수소를 가지고 있지 않은 벤즈알데하이드 (benzaldehyde)는 강염기 존재 하에서 자동 산화 - 환원반응을 일으키는데, 이 반응을 카니자로 반응 (Cannizzaro reaction)이라고 한다.

자동 산화 - 환원 반응은 과산화물 (peroxide)이 물과 산소로 분해되는 다음과 같은 반응의 예가 있다. 이 과정은 순수한 수용액에서는 대단히 느리게 일어난다. 그러나 이산화망간과 같은 촉매작용을 하는 물질을 넣어주면 반응 속도가 촉진되어 산소가 격렬하게 발생한다. 폼알데하이드 (form aldehyde)는 카니자로 반응에 의해 폼산 (formic acid)과 메탄올 (methanol)을 형성한다. 이 때 생성된 폼산은 이산화탄소 (CO_2)와 물로 분해되는데, 이러한 반응은 미생물들이 이산화탄소를 얻어내는데 이용되고 있다.

$$2H_2O_2 \longrightarrow 2\,H_2O + O_2$$

산소 : -1 -2 0

$$H-\overset{O}{\overset{\|}{C}}-H \longrightarrow H-\overset{O}{\overset{\|}{C}}-OH + CH_3OH$$

$$\downarrow$$

$$CO_2 + H_2O$$

수소 음이온 (hydride)은 다음과 같은 반응에서 이용된다.

I. 탄소 양이온 (carbocation)을 중간체로 가지는 이중결합 첨가반응에 이용된다. 탄소 양이온의 안정성은 일차 (primary) < 이차 (secondary) < 삼차 (tertiary) 순으로 증가하므로 이차 탄소 양이온은 수소 음이온 옮김 (hydride shift)을 하여 삼차 탄소 양이온을 형성한 뒤, 클로라이드 ($Cl^{\ominus}$)가 공격한다.

수소음이온 옮김

$Cl^{\ominus}$ $Cl^{\ominus}$

부생성물 주생성물

II. 수소 음이온 받개 (hydride accepter)인 디디큐 (DDQ, dichloro-dicyanoquinone)를 이용한 산화반응에 이용된다.

III. Meerwein-Pondroff-Verley 환원반응

케톤은 알루미늄 알콕사이드에 의하여 수소음이온 옮김을 통하여 알코올로 환원된다. 이 반응은 생성물중에서 끓는점이 낮은 아세톤을 제거하여 완결할 수 있다.

$$RCOR' + CH_3CH(OH)CH_3 \xrightleftharpoons{Al(O^iPr)_3} RCH(OH)R' + CH_3COCH_3$$

distill off

hydride shift

이 반응은 Oppenauer 산화반응의 역반응이다.

IV. 생체 산화 반응

생체 내에서 지방을 분해하는 과정에서 생체내의 산화제인 NAD^+ 수소 음이온 옮김 반응이 사용하여 알코올을 카보닐 화합물로 산화한다.

$$RCH(OH)CH_2COSCoA + NAD^+ \longrightarrow RC(=O)-CH_2COSCoA + NADH$$

NADH

NAD^+

CoA : Co-enzyme A

NAD^+ : Nicotinamide adenine dinucleotide

NADH : Reduced Nicotinamide adenine dinucleotide

실험 벤즈알데하이드를 이용한 카니자로 반응

반응식

실험 시약 (Reagents)

명 명	분자식	구조식	분자량	녹는점 (℃)	끓는점 (℃)	밀도 (g/mL)	사용량 (g)	mmol
벤즈알데하이드 (Benzaldehyde)								
벤조산 (Benzoic acid) (생성물)								
벤질 알코올 (Benzyl alcohol) (생성물)								

실험기구

⇨ 50mL 삼각 플라스크, 비이커, 100mL 눈금 실린더, 100mL 분별 깔대기, 감압 플라스크, 뷰흐너 깔대기, TLC 전개통, 자석 젓개 및 가열판, 높낮이 받침대, 자석 스핀바

실험방법

* 이 반응은 반응시간이 8시간이 소요되므로 실험 시작하기 전날 반응을 시킨다.

〈 반응 〉

1. 50mL 삼각 플라스크에 포타슘 하이드록사이드 (KOH) 3.3g (58.8 mmol, 2.8eq), 물 10.0mL, 다이메틸 설폭사이드 (dimethyl sulfoxide, DMSO) 5.5g (70.5mmol, 3.4eq)과 자석 스핀바를 넣고 교반한다. 이 때 포타슘 하이드록사이드가 물에 녹을 때 열이 발생하므로 얼음 중탕을 설치한다. [참고 1]

2. 50mL 삼각 플라스크에 벤즈알데하이드 2.0mL (2.1g, 19.7mmol)를 넣는다.

3. 1번 용액을 2번 삼각 플라스크에 천천히 가하면서 저어준다. 계속 저어주면 혼탁액이 생기고 벤즈알데하이드의 냄새가 나지 않도록 입구를 막아준다. (관찰 1 : 색 변화, 침전 여부)

4. TLC를 통해 반응의 진행 여부를 확인한다. (관찰 2 : TLC)
<전개용매는 에틸 아세테이트 : 헥세인 = 1 : 4, 벤즈알데하이드의 R_f = 0.71>

실험 날짜 : 년 월 일 실온 :

관찰

관찰 1 :

관찰 2 :

〈 반응 마무리 〉

5. 생성된 포타슘 벤조에이트 (potassium benzoate) 침전이 모두 녹을 때까지 물 40.0mL를 넣고, 10 ~ 15분간 충분히 교반한다. [참고 2]

6. 분별 깔대기에 옮기고 다이에틸 에테르 (diethyl ether) 20.0mL로 추출한 후, 수층은 벤조산을 얻기 위하여 따로 보관한다. [참고 3]

7. TLC로 유층에 벤조산이 없는지 확인한다. (관찰 3 : TLC)
   <전개용매는 에틸 아세테이트 : 헥세인 = 1 : 2>

8. 만약 벤즈알데하이드가 남아있는 경우에는 20% 소듐 바이설파이트 용액 (sodium bisulfite) 5.0mL로 2회 추출한다. [참고 4]

9. 다시 한번 물 2.0mL로 2회 정도 유기층을 씻어준다.

10. 유기층을 100mL 삼각 플라스크에 내리고 무수 소듐 설페이트 (Na_2SO_4)로 미량의 물을 제거 한 후, 감압 필터한다.

11. 미리 무게를 잰 일구 둥근바닥 플라스크를 이용하여 감압 증류하여, 벤질 알코올을 얻는다. TLC로 확인한다.
    (관찰 4 : TLC, 무게, 수율) <전개용매는 에틸 아세테이트 : 헥세인 = 1 : 4, 벤질 알코올의 R_f값 = 0.77)

12. 7번에서 따로 보관해둔 수층에 얼음 중탕을 설치하고 pH 1 ~ 2 정도 될 때까지 6.0M 염산 10.0mL를 천천히 가한다.
    (관찰 5 : 용액의 변화) [참고 5]

13. 흰색 침전물을 감압 필터하고 건조시킨다.

14. 물로 재결정한 뒤, 결정을 모아서 감압 필터하고 건조시킨다.
    (관찰 6 : 사용한 물의 양)

15. TLC를 이용하여 생성물의 순도를 확인하고, 녹는점을 측정하고 수율을 계산한다. (관찰 7 : 수율, 무게, 녹는점) [참고 6]

관찰 3 :

관찰 4 :

관찰 5 :

관찰 6 :

관찰 7 :

이론 수득량 g 실제 수득량 g 수율 %

핵심어 :

확인 :

참고

1. 물로만 반응시켰을 경우 반응시간이 3일이 걸렸으나, 다이메틸 설폭사이드를 첨가한 경우는 반응시간을 8시간으로 줄일 수 있다. 다이메틸 설폭사이드, 다이메틸 폼아마이드 (dimethylformamide, DMF), 헥사메틸포스포아마이드 (hexamethylphosphoramide, HMPA) 등은 극성 비양성자성 (polar aprotic) 용매로서 높은 극성 때문에 많은 염들을 녹일 수 있다.

$H_3C-S(=O)-CH_3$

DMSO

$H-C(=O)-N(CH_3)_2$

DMF

$(H_3C)_2N-P(=O)(N(CH_3)_2)-N(CH_3)_2$

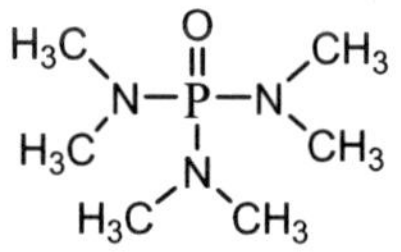

HMPA

이들은 금속 양이온을 선택적으로 배위하며, 배위하지 않은 음이온 (naked anion)의 친핵 반응성을 증가시킨다. 예를 들면 DMSO의 산소는 양이온인 포타슘 양이온과 배위하지만, 양쪽의 메틸기의 입체 장애로 하이드록시 음이온과는 배위하지 못한다. 용매와 배위하지 않은 자유로운 하이드록시기는 안정화되지 않아서 증가된 친핵 반응성을 가지게 된다.

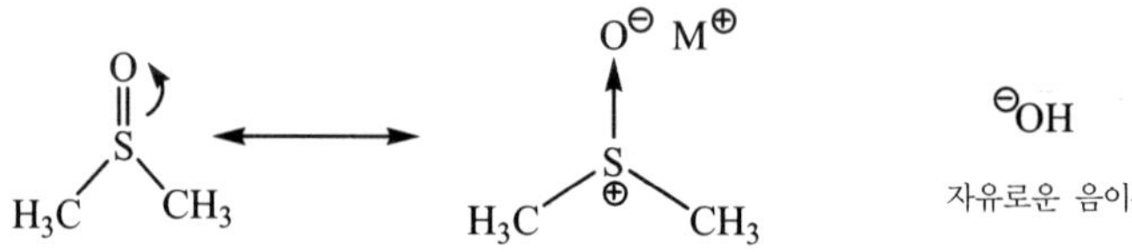

$H_3C-S(=O)-CH_3 \longleftrightarrow H_3C-S^{\oplus}(-O^{\ominus}\ M^{\oplus})-CH_3$ $\qquad {}^{\ominus}OH$

DMSO

자유로운 음이온

S_N2 반응에서 용매를 메탄올에서 DMSO로 바꾸었을 때 반응성이 약 1300배 증가하는 것으로 알려져 있다.

2. DMSO를 사용하면 반응성이 증가하는 장점이 있지만 유기물과 무기물을 모두 잘 용해하기 때문에 반응 후 특별히 제거하는 과정을 거쳐야 한다. 쉽게 이용하는 방법은 사용한 DMSO양의 10배 정도 물을 반응 혼합물에 가하고 충분히 교반한 후 수층과 유기층을 분리하면 DMSO를 유기층에서 제거할 수 있다.

3. 벤즈알데하이드에 하이드록시기가 공격하여 수소 음이온의 자리 옮김이 일어나서 벤조산과 벤질 알코올레이트가 형성된다. 벤조산은 카보닐기에 의해 음이온의 형성으로 안정한 벤조에이트가 형성되고 벤질 알코올레이트는 벤조산에서 내놓은 수소를 받아 보다 안정한 벤질 알코올을 형성하게 되는 추신력 (driving force)이 생긴다. 이것은 pK_a 값으로도 설명된다.

추진력

벤조산 (pK_a=4) 벤질 알코올레이트 벤조에이트 이온 benzylalcohol (pK_a=18) 물에 안녹음

4. 남아 있는 벤즈알데하이드를 제거하기 위하여 20% 소듐 바이설파이트 용액을 넣어 주면 이온형태 I 이 되어 수층으로 녹아 나온다.

I(물에 녹음)

5. 물에 녹아 있는 벤조에이트 (benzoate) 음이온에 황산을 가하면 벤조산이 되어 침전한다.

H_2SO_4

물에 녹음 물에 안녹음

6. 벤조산의 수율은 75 ~ 80%가 나오고 녹는점은 114.0 ~ 116.0℃ (문헌값 122.4℃).

7. 벤질 알코올의 수율은 78 ~ 90% 얻어진다.

2.8 알돌 축합 엔온 합성 (Aldol condensation)

● 핵심어 : 엔올산 염, 입체 장애, 엔온, 역-알돌 반응, 열역학, 반응속도론

유기 반응은 작용기 변환 반응과 탄소 - 탄소 결합 반응으로 크게 나눌 수 있다. 예를 들면 알코올이 산화되어 카복실산이 되는 반응은 작용기 변환 반응으로서 물질의 물성이나 반응성을 변환시킬 때 사용한다. 탄소 - 탄소 결합 반응은 작은 분자에서 큰 분자를 만들 때 쓰이는 것으로 유기합성의 기본 방법을 제공한다. 알돌 축합반응 (aldol condensation)은 대표적인 탄소 - 탄소 결합 반응으로서, 한 카보닐 화합물은 친핵체 (nucleophile)로 작용하며 또 다른 하나의 카보닐 화합물은 친전자체 (electrophile)로 작용하여 탄소 - 탄소 결합을 형성한다. 알돌 축합반응은 사이클로헥세인 (cyclohexane)의 의자 형태 (chair form)의 전이 상태 (transition state)를 거쳐 진행된다. R^3는 수소보다 부피가 크므로 수평 방향 (equatorial)에 위치하고, E 또는 Z - 엔올산 염의 구조는 염기와 반응하는 카보닐 화합물의 구조에 영향을 받는다.

Z-enolate

E-enolate

R^3CH(=O)

major
threo (syn)

major
erythro (anti)

비고리 화합물 중 2개 이상의 비대칭탄소 (stereogenic center)를 가진 화합물에 평면에 같은 방향으로 우선순위의 치환체가 있으면 트레오 (threo) - 신 (syn), 다른 면에 있으면 에리트로 (erythro) - 안티 (anti)라고 한다. 엔올산 염의 기하학적 구조를 조절하는 방법은 치환체의 크기와 사용하는 염기에 따라 조절이 가능하다. 카보닐에 치환된 R 기의 부피가 클수록 메틸기 (methyl group)와의 입체 효과 (steric effect)에 의하여 Z - 엔올산 염이 형성된다.

CH_3CH_2CR (C=O) —LDA→ Z (열화학적 생성물) + E (반응속도론적 생성물)

			Z (열화학적 생성물)	E (반응속도론적 생성물)
R^1=H	R^2=CH_3	R^3=CH_2CH_3	30	70
R^1=CH_3	R^2=H	R^3=$C(CH_3)_3$	98	2

엘디에이 (LDA : lithium diisopropyl amide)는 카보닐에서 엔올산 염을 형성하는데 많이 이용되는 염기이다. 최근에는 입체 장애가 큰 화합물을 이용하여 E - 엔올산 염을 주생성물로 형성하는 방법들이 보고되어 있다.

$CH_3CH_2C(=O)CH_2CH_3$ → (LiBr, 2,2,6,6-tetramethylpiperidide $Li^{\oplus}$) Z-enolate (H_3C, H / $O^{\ominus}Li^{\oplus}$, CH_2CH_3) + E-enolate (H_3C, H / CH_2CH_3, $O^{\ominus}Li^{\oplus}$)

Z(열역학적 생성물) 2%　E(반응속도론적 생성물) 98%

알돌 축합반응은 가역반응으로서 첨가 반응에서 생긴 베타 - 하이드록시 카보닐 (β - hydroxy carbonyl) 화합물에 염기가 작용하면 역반응이 일어나서 시작물질로 돌아간다. 이런 반응을 역 - 알돌 (retro - aldol)이라고 한다.

$-C-CH(=O)$ + $CH_2=C(O^{\ominus})-H$ ⇌ (aldol / retro aldol) $-C(H)-C(O^{\ominus})-C(H)(H)-C(=O)-H$

역 - 알돌은 생체 내에서 당을 분해하여 소화시키는 해당 과정 (glycolysis)에서 큰 분자를 작은 분자로 분해하는 중요한 역할을 한다.

Fructose 1,6-bisphosphate (α ,β -hydroxy ketone): $CH_2OPO_3^{2-}$–C=O–HO-C-H–H-C-OH–H-C-OH–$CH_2OPO_3^{2-}$ → (retro aldol, :Base) [$CH_2OPO_3^{2-}$–$C-O^{\ominus}$=HO-C-H] + Glyceraldehyde 3-phosphate (H-C=O, H-C-OH, $CH_2OPO_3^{2-}$)

알돌 축합반응을 통해 합성된 베타 - 하이드록시 카보닐 화합물은 가역반응이나 탈수반응을 거쳐 콘쥬게이션된 엔온을 만든다.

β-hydroxy carbonyl ⇌ ($H^{\oplus}$) enol with $OH_2^{\oplus}$ ⇌ enone + $H_3O^{\oplus}$　산 촉매

β-hydroxy carbonyl ⇌ ($OH^{\ominus}$) enolate ⇌ enone + $OH^{\ominus}$　염기 촉매

실험 알돌 축합반응을 이용한 트랜스, 트랜스-다이벤질리딘 아세톤의 합성

반응식

실험 시약 (Reagents)

명 명	분자식	구조식	분자량	녹는점 (℃)	끓는점 (℃)	밀도 (g/mL)	사용량 (g)	mmol
벤즈알데하이드 (Benzaldehyde)								
트랜스, 트랜스 - 다이벤질리딘 아세톤 (trans, trans - Dibenzylidene - acetone) (생성물)								

실험기구

⇨ 250mL 일구 둥근바닥 플라스크, 50mL 삼각 플라스크, 250mL 비이커, 250mL 감압 플라스크, 100mL 분별 깔대기, TLC 전개통, 시계 접시, 뷰흐너 깔대기, 눈금 플라스크, 자석 스핀바, 높낮이 받침대, 자석 젓개 및 가열판

실험과정

〈 반응 〉

1. 250mL 일구 둥근바닥 플라스크에 에탄올 40.0mL와 물 50.0mL를 넣고, 얼음 중탕을 설치한 후, 소듐 하이드록사이드 (NaOH) 10.0g (250mmol)을 가한다. (관찰 1 : 온도 변화) [참고 1]

2. 50mL 삼각 플라스크에 벤즈알데하이드 5.0mL (5.2g, 49.2mmol, 1.8eq)와 아세톤 2.0mL (1.6g, 27.2mmol, 1.0eq)를 넣고 섞는다. 반응을 모니터하기 위해 TLC를 3 ~ 4개 정도 미리 찍어둔다.
(관찰 2 : 반응 시간) [참고 2]

3. 1번 플라스크에 2번의 혼합물 중 1/2를 천천히 가하고, 15분 정도 교반한다. 이 때 비이커 안의 용액이 2℃가 넘지 않도록 한다.
(관찰 3 : 용액의 온도, 액상) [참고 3]

4. 그리고 2번 혼합물의 나머지 1/2를 다 가해준다. (관찰 4 : 시간, 온도)

실험 날짜 :　　　　　년　　　월　　　일　　　　실온 :

관찰

관찰 1 :

관찰 2 :

관찰 3 :

관찰 4 :

〈 반응 마무리 〉

5. 반응의 진행을 TLC로 확인한 후, 생성된 침전물을 뷰흐너 깔대기를 이용하여 감압 필터한다. (관찰 5: 시간, TLC, 생성된 침전의 모양, 색깔) [참고 4] <전개용매는 에틸 아세테이트 : 헥세인 = 1 : 3, 벤즈알데하이드의 R_f = 0.68>

6. 침전물을 물 50.0mL를 2번 사용하여 씻어준다. (관찰 6 : 물로 씻고 난 후의 색깔) [참고 5]

7. 얻어진 고체 화합물을 에틸 아세테이트 100.0mL에 녹인다. [참고 6]

8. 250mL 분별 깔대기에 7번 용액을 옮기고 수층을 분리한다.

9. 유기층에 벤즈알데하이드가 남아있을 경우 20% 소듐 바이설파이트 용액 20.0mL를 사용하여 제거한다.

10. 분별 깔대기에 있는 유기층에 포화 염화소듐 용액 (brine) 30.0mL로 씻어낸 후, 유기층을 분리한다. (관찰 7 : 층 분리여부)

11. 무수 마그네슘 설페이트 ($MgSO_4$)로 미량의 물을 제거한 후 감압 필터하고, 미리 무게를 잰 일구 둥근바닥 플라스크를 이용하여 감압 증류한다. (관찰 8 : 고체의 무게)

12. TLC를 이용하여 생성물의 순도와 녹는점을 확인한다.
(관찰 9 : TLC, 녹는점) [참고 7]

13. 얻어진 고체 화합물의 수율을 계산한다. (관찰 10 : 수율)

14. 얻어진 고체 화합물 중에서 1.0g을 취해 에탄올 15.0mL를 이용하여 재결정한다. 수율을 계산한다. [참고 8, 9]

관찰 5 :

관찰 6 :

관찰 7 :

관찰 8 :

관찰 9 :

관찰 10 :

이론 수득량 g 실제 수득량 g 수율 %

핵심어 :

확인 :

참고

1. 에탄올은 출발물질인 벤즈알데하이드와 중간물질인 벤잘아세톤 (benzal acetone)을 녹이기 위한 용매로써 사용된다.

2. 벤즈알데하이드가 아세톤에 대해 2.0당량이 소모되지만 여기서는 벤즈알데하이드를 제거하는 작업을 줄이기 위해 당량비보다 적게 사용하였다.

3. 아세톤에서 엔올산 염을 만들기 위해 소듐 하이드록사이드를 사용한다. 물이 아세톤보다 강산이므로 처음에는 엔올산 염은 적은 양이 형성된다. 이것은 벤즈알데하이드와 반응하여 안정된 엔온 생성물이 만들어지면서 계속 소모되므로, 평형이 엔올산 염을 생성하는 방향으로 이동하게 된다.

$$H_3C-C(=O)-CH_3 \underset{}{\overset{OH^{\ominus}}{\rightleftharpoons}} H_3C-C(-O^{\ominus})=CH_2 + H_2O$$

$pK_a = 20$ $\qquad\qquad$ $pK_a = 16$

4.

$$\left[CH_3-C(-O^{\ominus})=CH_2 \rightleftharpoons CH_3-C(=O)-\overset{\ominus}{C}H_2 \right]$$

$$CH_3-C(=O)-\overset{\ominus}{C}H_2 + H-C(=O)-C_6H_5 \rightarrow C_6H_5-CH(O^{\ominus})-CH_2-C(=O)-CH_2-CH(O^{\ominus})-C_6H_5$$

$$\xrightarrow{H_2O} C_6H_5-CH(OH)-CH_2-C(=O)-CH_2-CH(OH)-C_6H_5$$

$$\rightarrow C_6H_5-CH(\overset{\oplus}{O}H_2)-CH=C(O^{\ominus})-CH_2-CH(OH)-C_6H_5$$

추진력
(driving force)

$$\downarrow$$

$$C_6H_5-CH=CH-C(=O)-CH=CH-C_6H_5$$

엔올산 염이 벤즈알데하이드에 첨가하여 베타 하이드록시 화합물을 만든다. 이 화합물은 반응조건에서 물이 제거되어 안정된 엔온 (알파－베타 불포화 카보닐 화합물, α, β－unsaturated carbonyl compound)이 생성되는 것이 반응 추진력이 되어서 원하는 화합물을 얻게 된다.

5. 침전물을 씻어줄 때는 감압을 중지하고 물을 부은 후 유리막대를 사용하여 침전물을 가볍게 저어준 후 다시 감압을 걸어준다. 생성된 화합물은 물에 녹지 않으므로 남은 소듐 하이드록사이드를 제거하기 위해 충분한 양의 물로 씻어준다.

6. 감압 증류한 화합물은 건조를 시켜도 물이 포함되어 있어 수율이 100%가 넘게 나온다. 물을 제거하기 위하여 다시 한번 에틸 아세테이트로 녹이면 생성물에 포함되어 있던 물이 수층으로 분리되는 것을 관찰할 수 있다.

7. 감압 증류하면 노란색의 고체가 얻어진다. 이것은 다음 반응에서 쓸 수 있는 정도의 순도를 가지고 있다. 만약 더 순수한 물질을 얻으려면 재결정을 하면 된다.

8. 트랜스, 트랜스 - 다이벤질리딘아세톤은 무해한 물질이며, 또한 햇빛 차단에 쓰이기도 한다. 수율은 75 ~ 85%이다.

   재결정 전의 녹는점 103.7 ~ 108.2℃

   재결정 후의 녹는점 102.7 ~ 106.3℃

   문헌값 녹는점 104.0 ~ 107.0℃

   200MHz NMR ^{1}H $CDCl_3$: δ7.14(d, J = 12.1, 2H$^{\alpha}$), 7.55(m, 10H), 7.75(d, J = 12.1, 2H$^{\beta}$)

9. 엔온의 알파 위치의 수소와 베타 위치의 수소는 다음과 같이 특징적인 화학 이동 (chemical shift)을 보인다.

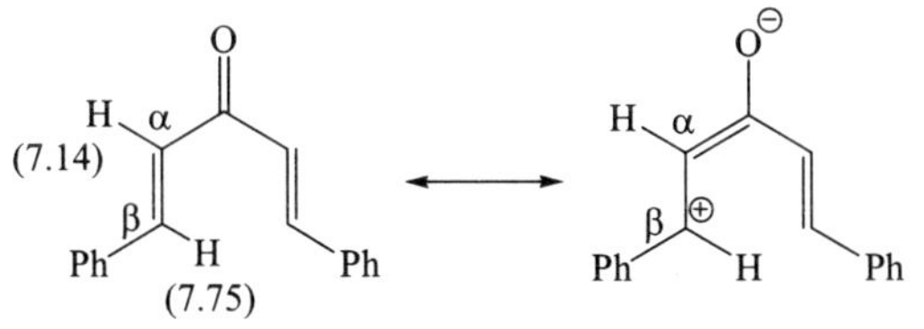

엔온의 공명구조에 의해 베타 수소의 전자 밀도가 감소 하므로 알파 수소보다 down field에서 보인다.

CHAPTER

03

중급 유기반응

3.1 다이아조늄 염을 이용한 아조염료 합성 (Dye)

● 핵심어 : 다이아조늄 염, 아조 화합물, 염석 효과, 염료, 광기록재

염료 (dye)는 소량으로 대량의 용매를 물들일 수 있기 때문에 경제적으로 이용 가치가 높다. 염료는 발색단, 색원체, 조색단이 결합하여 하나의 염료 분자를 이룬다. 조색단 (axochrom)은 아민기 (-NR_2), 하이드록시기 (-OH), 카복실산기 (-COOH), 설폰산기 (-SO_3H) 등 용매에서 이온화 (ionization) 될 수 있는 부분으로 염료 고유의 색과 염착성을 부여한다. 발색단 (chromophore)은 질소, 산소, 탄소와 같은 유기원자 간의 다중결합 (-N=N-, -N=O, =C=O, -C=C-)을 가지고 있다. 색원체 (chromogen)는 염료에서 조색단을 제외한 부분, 즉 발색단과 그 주변의 방향족이나 헤테로 방향족을 합한 부분을 말한다. 발색단 자체만으로는 색이 옅고 염착성이 떨어지기 때문에 조색단과 결합하는 천의 화학적 구조에 따라 염색이 잘되는 염료가 달라지고 천 종류에 따른 염료의 선택이 중요하다.

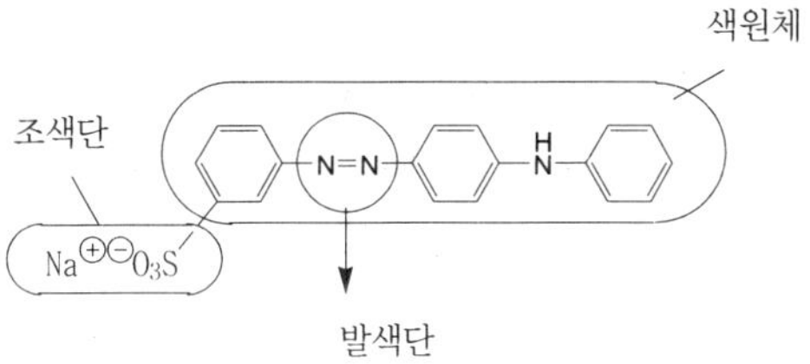

페타닐 옐로우

아조 염료 (azo dye)는 발색단으로 아조기 (azo group)를 가지고 있는 염료를 말한다.

아조기의 질소원자는 각각 탄소원자와 sp^2 혼성결합으로 연결되어 있다. 이 탄소들 중 최소한 한 개는 방향족 (벤젠이나 나프탈렌 유도체)이나 헤테로고리기 (pyrazolone, thiazole)에 연결되어 있다. 일반적으로 수용성 매체 중에서 합성되고 출발물질이 다양하기 때문에 다양한 종류의 염료를 제조할 수 있다. 아조기의 환원으로 발염 및 탈색이 쉽고 화학조성을 바꿔줌으로써 산성염료, 염기성염료, 직접염료, 매염염료 등 어느 방법에나 이용할 수 있다. 일반적으로 동물성섬유, 식물성섬유, 합성섬유 등에 광범위하게 사용된다.

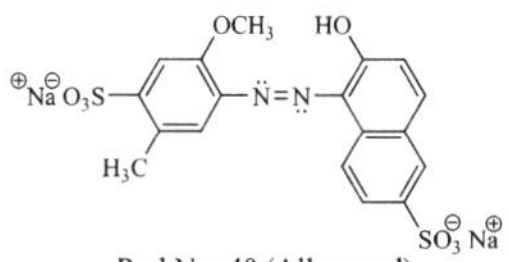

Red No. 40 (Allura red)

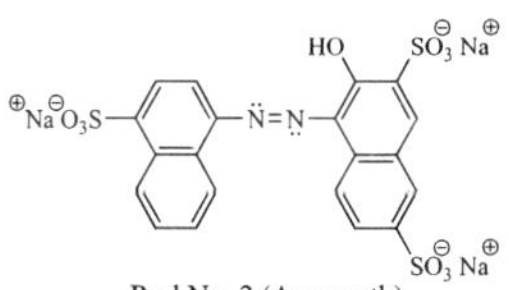

Red No. 2 (Amaranth)

아조 화합물도 알킨 (alkene)과 마찬가지로 기하 이성질체 (geometric isomerism)를 갖는다.

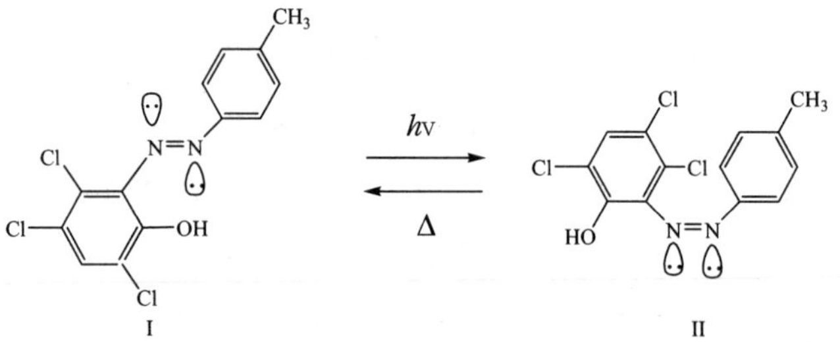
CH3
N=N
Cl
Cl
OH
Cl
I
hv
Δ
Cl
Cl
Cl
CH3
HO
N=N
II

아조벤젠 (azobenzene)은 용액 중에서 특정한 파장의 빛을 쪼여주면 트랜스 (trans)에서 시스 (cis)로의 반응이 진행되며, 트랜스 형태가 열역학적으로 안정하므로 열을 가하면 시스에서 트랜스로 변환도 가능하다. (Z) - 아조벤젠은 (E) - 아조벤젠보다 가시광선 영역의 빛을 더 많이 흡수하므로 색이 더 짙어지게 된다.

외부 조건에 따른 염료의 변화는 단순히 색상에만 한정되지 않고 정보기록, 정보표시, 센서, 바이오 분야, 환경 분야 등에 첨단 기능성 색소로 이용된다. 정보기록에 사용되는 염료는 CD의 염료층에 사용되는 시아닌 (cyanine)계열, 프탈로-시아닌 (phthalo-cyanine)계열, 아조계열을 들 수 있다. 특히 아조염료를 사용하는 블루 CD는 다른 계열의 염료를 사용하는 CD와 비교하여 경제적이고 안정적으로 기록 (recording)할 수 있다. 특히 금속원자와 아조화합물이 배위 (coordination)된 금속아조 (metal azo)가 많이 사용된다. 금속원자는 염료의 내구성과 기록성을 좋게 하는 역할을 한다.

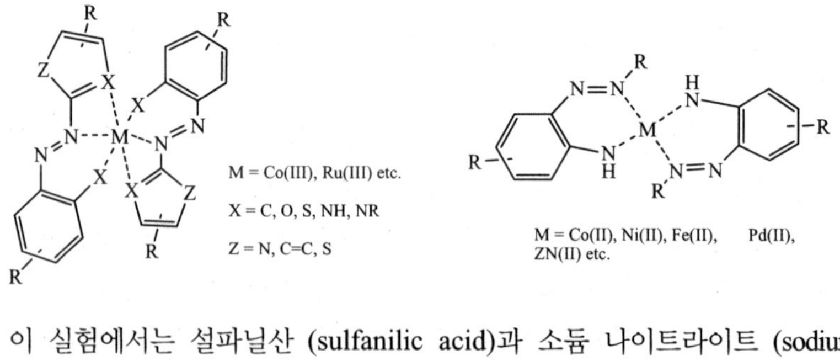
R
R
Z
X
X
N=N
M
N=N
X
X
Z
R
R
M = Co(III), Ru(III) etc.
X = C, O, S, NH, NR
Z = N, C=C, S
R
N=N
H
N
M
R
N
H
N=N
R
R
M = Co(II), Ni(II), Fe(II), Pd(II), ZN(II) etc.

이 실험에서는 설파닐산 (sulfanilic acid)과 소듐 나이트라이트 (sodium nitrite)를 다이아조화 (diazotization) 시켜서 다이아조늄 염 (diazonium salt)을 만들고 N,N-다이메틸아닐린 (N,N- dimethylaniline)과 짝지움시켜서 메틸 오렌지 (methyl orange)를 합성해본다. 그리고 2 - 나프톨 (2 - naphthol)과의 짝지움으로 오렌지 II를 합성함으로써 다이아조화 메커니즘을 이해한다.

실험 1 메틸 오렌지의 합성

반응식

실험 시약 (Reagents)

명 명	분자식	구조식	분자량	녹는점 (℃)	끓는점 (℃)	밀도 (g/mL)	사용량 (g)	mmol
소듐 카보네이트 (Sodium carbonate)								
설파닐산 (Sulfanilic acid)								
소듐 나이트라이트 (Sodium nitrite)								
N,N - 다이메틸 아닐린 (N,N - Dimethyl aniline)								
아세트산 (Acetic acid)								
메틸 오렌지 (Methyl orange) (생성물)								

실험기구

⇨ 비이커, 뷰흐너 깔대기, 삼각 플라스크, 감압 플라스크, 시험관, 자석 젓개 및 가열판, 자석 스핀바, 높낮이 받침대

실험방법

- 이 반응은 염 형태의 반응 중간체를 다루므로 TLC로 반응을 모니터 하는 것이 어렵다. 따라서 반응물의 색의 변화 관찰을 통하여 반응을 진행한다. -

〈 다이아조늄 염 만들기 〉

1. 250mL 삼각 플라스크에 증류수 100.0mL를 넣고 소듐 카보네이트 275.0mg (2.6mmol)과 설파닐산 1.0g (5.8mmol)을 넣고 가열판에서 교반하며 가열한다. [참고 1]

2. 시료가 완전히 녹으면 실온까지 식힌 후 얼음 중탕에서 차게 식힌다. [참고 2]

3. 소듐 나이트라이트 375.0mg (5.4mmol)을 첨가한다.
   (관찰 1 : 온도변화) [참고 3]

4. 얼음 10.0g에 진한 염산 1.0mL (1.2g, 11.5mmol)을 섞은 후 반응시키는 용기에 피펫으로 천천히 넣어준다. [참고 4]

5. 다이아조늄 염이 생길 때까지 얼음 중탕에서 반응시킨다.
   (관찰 2 : 색깔변화) [참고 5]

〈 메틸오렌지 합성 〉

6. 시험관에 N,N-다이메틸아닐린 0.7mL (5.5mmol)과 아세트산 0.5mL (8.7mmol)를 섞은 후 5번 용액에 넣는다. (관찰 3 : 색깔변화) [참고 6]

7. 위의 용액을 10~15동안 교반하면 반응이 완결된다. [참고 7]

실험 날짜 :　　　　　년　　　　월　　　　일　　　　　실온 :

관찰

관찰 1 :

관찰 2 :

관찰 3 :

〈 반응 마무리 〉

8. 10% 소듐 하이드록사이드 용액 (NaOH)을 반응이 완결된 용기에 pH가 8~9정도 될 때까지 조금씩 가해준다.
(관찰 4 : NaOH 양) [참고 8]

9. 8번 용액을 가열하여 침전을 다 녹인 후 염화소듐 (NaCl)을 10.0g 가량 넣어준다. [참고 9]

10. 위의 용액을 실온까지 식힌 후 얼음 중탕에 냉각시켜 생성물을 결정화하고, 감압 필터한 후, 포화 염화소듐 용액 (brine) 20.0mL로 씻어준다. (관찰 5 : 거름종이 무게) [참고 10]

11. 거른액을 상온에서 충분히 말린 후 수율을 구한다.
(관찰 6 : 생성물 무게, 색깔, 수율) [참고 11]

관찰 4 :

관찰 5 :

관찰 6 :

핵심어 :

확인 :

참고

1. 가열판 온도는 은은하게 하고 용질을 완전히 녹인다.

$$2\ \text{(}p\text{-}{}^{\oplus}NH_3\text{-}C_6H_4\text{-}SO_3^{\ominus}\text{)} + Na_2CO_3 \longrightarrow 2\ \text{(}p\text{-}NH_2\text{-}C_6H_4\text{-}SO_3^{\ominus}Na^{\oplus}\text{)} + CO_2 + H_2O$$

2. 1의 용액을 가열하는 동안 미리 얼음 중탕을 준비해둔다.

3. 온도가 10℃를 넘지 않게 주의한다.

4. 산을 첨가하면 온도가 상승하기 때문에 얼음과 섞어서 넣어준다.

$$p\text{-}\ddot{N}H_2\text{-}C_6H_4\text{-}SO_3^{\ominus}Na^{\oplus} + 2HCl + NaNO_2 \longrightarrow p\text{-}{}^{\oplus}N{\equiv}\ddot{N}\text{-}C_6H_4\text{-}SO_3^{\ominus} + 2NaCl + 2H_2O$$

다이아조늄 염을 형성하는 메카니즘은 2.6 나이트로벤젠 합성 참고 (p 200)

5. 다이아조늄 이온 (diazonium ion)이 생기면서 용액은 노란색으로 변한다. 다이아조늄 용액은 10℃ 이하에서 보관해야 한다. 만약 온도가 상승하게 되면 다이아조늄 염은 페놀 (phenol)로 가수분해 (hydrolyzed)된다.

$$\overset{\ominus}{O_3S}\text{-}C_6H_4\text{-}\overset{\oplus}{N}{\equiv}\ddot{N} + H_2O \xrightarrow{>10℃} \overset{\ominus}{O_3S}\text{-}C_6H_4\text{-}OH + N_2$$

6. N,N - 다이메틸아닐린은 오염이 안 되도록 주의하고 아세트산은 냄새가 심하므로 후드에서 넣어준다.

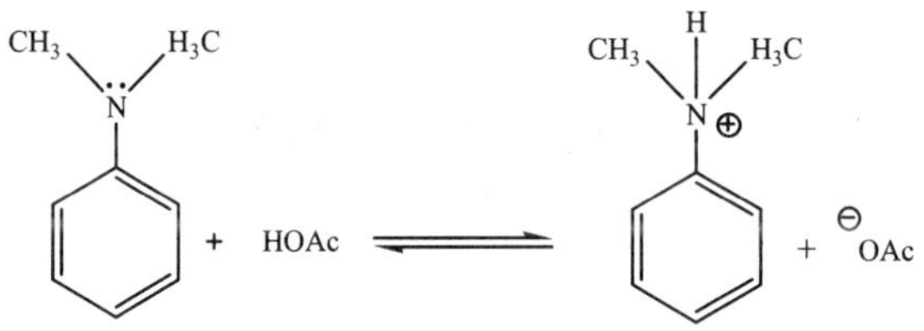

7. 용액이 산 조건이므로 메틸 오렌지는 밝은 적색을 띤다.

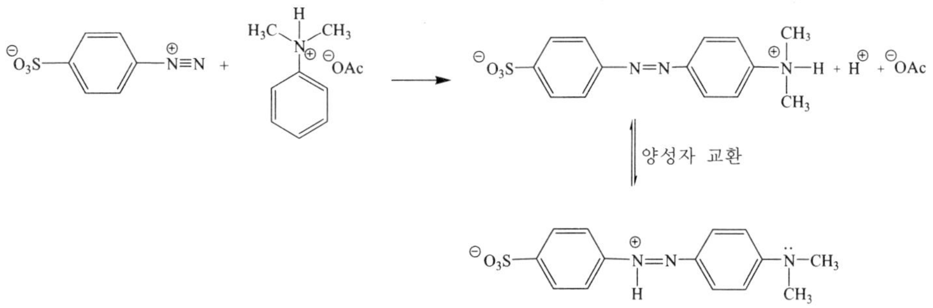

양성자 교환

8. 소듐 하이드록사이드 용액 2.0 ~ 3.0mL 정도 첨가 후 pH 종이로 확인하는 과정을 용액이 pH = 8 ~ 9가 될 때까지 반복한다.

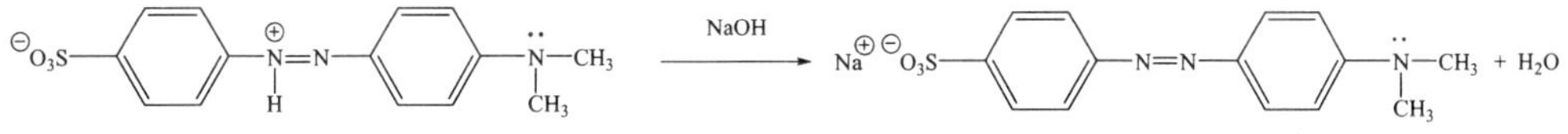

9. 염화소듐은 수층에 대한 용해도가 크기 때문에 수층에 녹아있는 생성물의 용해도는 상대적으로 줄어들어 수율을 높일 수 있다.

10. 얼음 중탕에 넣어서 실온 이하로 온도를 낮춰 수율을 높인다. 메틸 오렌지는 물에 대한 용해도가 높기 때문에 포화 염화소듐 용액을 사용하여 씻어준다.

11. 메틸 오렌지를 완전히 말리기 위해서는 1 ~ 2일 정도의 시간이 필요하다.

12. 메틸 오렌지는 산염기 지시약이다. pH=4.4 보다 염기성인 경우에는 노란색을 띠다가, 그 보다 산성이 되면 붉은색을 나타낸다.

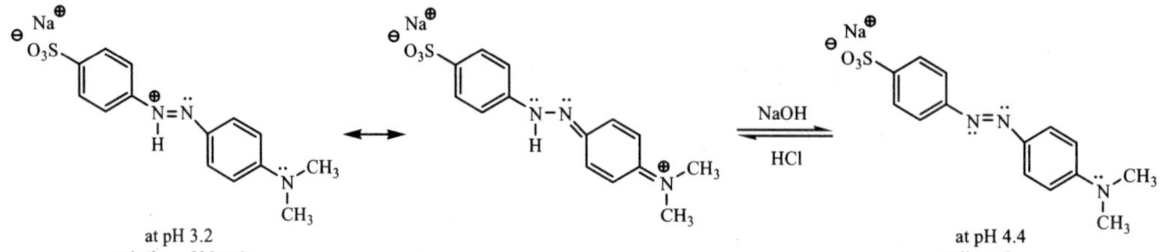

at pH 3.2
red (λ_{max} 520nm)

at pH 4.4
yellow (λ_{max} 460nm)

실험 2 오렌지 II의 합성

반응식

실험 시약 (Reagents)

명 명	분자식	구조식	분자량	녹는점 (℃)	끓는점 (℃)	밀도 (g/mL)	사용량 (g)	mmol
소듐 카보네이트 (Sodium carbonate)								
설파닐산 (Sulfanilic acid)								
소듐 나이트라이트 (Sodium nitrite)								
2-나프톨 (2-Naphthol)								
오렌지 II (Orange II) (생성물)								

실험기구

⇨ 비이커, 삼각 플라스크, 감압 플라스크, 뷰흐너 깔대기, 시험관, 자석 젓개 및 가열판, 자석 스핀바, 높낮이 받침대

실험방법

- 이 반응은 염 형태의 반응 중간체를 다루므로 TLC로 반응을 모니터하는 것이 어렵다. 따라서 반응물의 색의 변화 관찰을 통하여 반응을 진행한다. -

〈 다이아조늄 염 만들기 〉

1. 250mL 삼각 플라스크에 증류수 100.0mL를 넣고 소듐 카보네이트 275.0mg (2.6mmol)과 설파닐산 1.0g (5.8mmol)을 넣고 가열판에서 교반하며 가열한다. [참고 1]

2. 시료가 완전히 녹으면 실온까지 식힌 후 얼음 중탕에서 차게 식힌다. [참고 2]

3. 소듐 나이트라이트 375.0mg (5.4mmol)을 첨가한다.
   (관찰 1 : 온도변화) [참고 3]

4. 얼음 10.0g에 진한 염산 1.0mL (1.2g, 11.5mmol)를 섞은 후 반응시키는 용기에 피펫으로 천천히 넣어준다. [참고 4]

5. 다이아조늄 염이 생길 때까지 얼음 중탕에서 반응시킨다.
   (관찰 2 : 색깔변화) [참고 5]

〈 오렌지 II 합성 〉

6. 시험관에 2-나프톨 0.8g (5.6mmol)과 3.0M 소듐 하이드록사이드 용액 5.0mL (15.0mmol)를 섞어준다. [참고 6]
   위의 용액을 4의 용액에 넣어주고 10 ~ 15분 동안 교반한다.
   (관찰 3 : 색깔변화) [참고 7]

7. 6번 용액을 가열판에 가열한다.

〈 반응 마무리 〉

8. 염화소듐 10.0g을 첨가하고 실온에서 식히고 얼음 중탕에서 충분히 냉각시킨다. [참고 8]

9. 위의 용액을 감압 필터한다. (관찰 4 : 거름종이 무게) [참고 9]

10. 생성물을 말린 후 수율을 구한다.
    (관찰 5 : 용해 상태, 생성물의 무게) [참고 10]

실험 날짜 :   년   월   일   실온 :

관찰

관찰 1 :

관찰 2 :

관찰 3 :

관찰 4 :

관찰 5 :

핵심어 :

확인 :

참고

1. 가열판의 온도는 은은하게 하고 용질을 완전히 녹인다.

$$2\ H_3N^{\oplus}\text{-}C_6H_4\text{-}SO_3^{\ominus} + Na_2CO_3 \longrightarrow 2\ H_2N\text{-}C_6H_4\text{-}SO_3^{\ominus}Na^{\oplus} + CO_2 + H_2O$$

2. 가열판을 하나 더 준비하여 1의 용액을 가열하는 동안 미리 얼음 중탕을 준비해둔다.

3. 소듐 나이트라이트를 첨가할 때 용액의 온도가 10℃를 넘지 않게 천천히 넣어준다.

4. 산을 넣어주면 온도가 상승하기 때문에 얼음과 섞어서 첨가한다.

5. 다이아조늄 염이 생기면서 용액은 노란색으로 변한다. 다이아조늄 용액은 10℃ 이하에서 보관해야 한다.

$$H_2N\text{-}C_6H_4\text{-}SO_3^{\ominus}Na^{\oplus} + HCl + NaNO_2 \longrightarrow N{\equiv}N^{\oplus}\text{-}C_6H_4\text{-}SO_3^{\ominus} + NaCl + H_2O$$

만약 온도가 상승하게 되면 다이아조늄 염은 페놀 (phenol)로 가수분해 (hydrolyzed)된다.

$$^{\ominus}O_3S\text{-}C_6H_4\text{-}N^{\oplus}{\equiv}N + H_2O \xrightarrow{>10℃} {}^{\ominus}O_3S\text{-}C_6H_4\text{-}OH + N_2$$

다이아조늄 염을 형성하는 메카니즘은 2.6 나이트로벤젠 합성 참고. (p 200)

6. 2 - 나프톨을 완전히 녹이기 위해 소듐 하이드록사이드 용액을 사용한다.

$$C_{10}H_7OH + NaOH \longrightarrow C_{10}H_7O^{\ominus}Na^{\oplus} + H_2O$$

7. 용액이 염기 조건이므로 메틸 오렌지 Ⅱ는 밝은 적색을 띤다.

$^{\ominus}O_3S-C_6H_4-\overset{\oplus}{N}\equiv N$ + (naphthalen-2-olate, $O^{\ominus}$) ⟶ $^{\ominus}O_3S-C_6H_4-N=N-$(2-oxidonaphthyl, $O^{\ominus}$)

8. 염화소듐은 수층에 대한 용해도가 크기 때문에 수층에 녹아있는 생성물을 상대적으로 줄여 수율을 높일 수 있다.

9. 생성물이 물에 녹을 수 있으므로 포화 염화소듐 용액으로 씻어준다.

10. 생성물은 금방 마르지 않으므로 1~2일 정도 충분히 말려준다. 이 반응에서 생성물이 건조하는 데 시간이 많이 필요하므로 수율을 계산하지 않고 생성물이 pH에 따라 색이 변하는 것을 확인하는 것으로 대체한다.

11. 오렌지 II는 산-염기 지시약이다. 용액에 녹아있을 때 pH 10.2~11.8에서는 붉은색을 띠고 pH 7.4~8.6에서는 오렌지색을 띤다.

$Na^{\oplus}\ {}^{\ominus}O_3S-C_6H_4-N=N-$(2-hydroxynaphthyl, HO) $\underset{HCl}{\overset{NaOH}{\rightleftharpoons}}$ $Na^{\oplus}\ {}^{\ominus}O_3S-C_6H_4-N=N-$(2-oxidonaphthyl, $O^{\ominus}$)

at pH 7.4~8.6
orange

at pH 10.2~11.8
red

3.2 베크만 자리옮김 반응을 이용한 락탐합성 (Beckmann rearrangement)

● 핵심어 : 베타-락탐, 나일론, 옥심, 카프로락탐, 자리옮김, 입체 장애

락탐 (lactam)은 분자 내에 아마이드기 (- CONH -)를 함유하는 헤테로 고리모양 화합물의 총칭으로 고리의 크기에 따라 4원자 고리 (β - 락탐), 5원자 고리 (γ - 락탐), 6원자 고리 (δ - 락탐), 7원자 고리 (ε - 락탐) 등으로 분류된다.

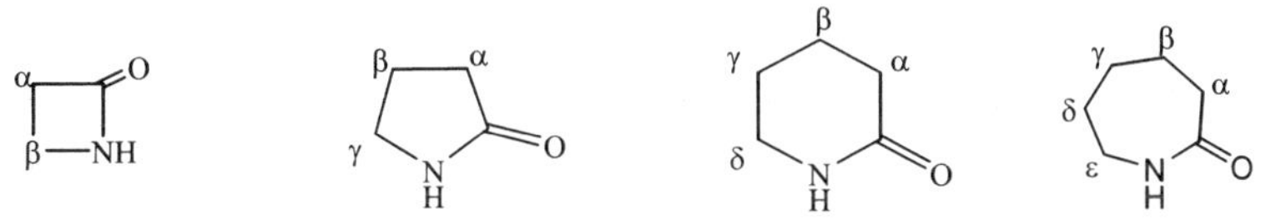

β- 락탐 γ- 락탐 δ- 락탐 ε- 락탐

베타 - 락탐계 항생물질은 페니실린계와 세팔로스포린계가 있으며, 공통적으로 사각형 고리를 가지며 6 - APA 또는 7 - ACA 등을 원료로 이용하여 아실화 반응시켜 생산하고 있다.

베타 - 락탐 화합물들 중에서 베타 - 락탐 고리만을 가지고 있는 구조의 화합물을 모노락탐 (monolactam)이라고 하며, 다양한 치환기에 따라 강한 항균작용을 할 수 있고 기존의 베타 - 락탐계 항생제들이 갖는 단점을 보완할 수 있는 특성을 지녔다.

카프로락탐은 국내에서 의류를 비롯하여 어망, 카페트 등의 제조에 쓰이는 나일론6 섬유 생산에 약 90%와 기계 부품 및 엔지니어링 플라스틱의 제조에 쓰이는 나일론 수지 생산에 10% 정도로 사용되고 있다. 전체 소비량은 해마다 2 ~ 3%씩 완만히 증가하는 추세이다.

나일론66는 나일론6와 강도, 비중, 내약품성 등에 있어서 유사하나, 녹는 점에서 큰 차이가 있어서 타이어 코드와 같이 내열성이 요구되는 용도에 주로 사용된다. (나일론 66 : 250℃, 나일론 6 : 210℃)

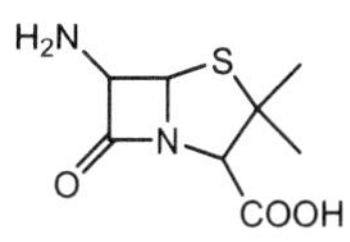

페니실린 계
6-아미노페니실라닉 산
(6-aminopenicillanic acid)

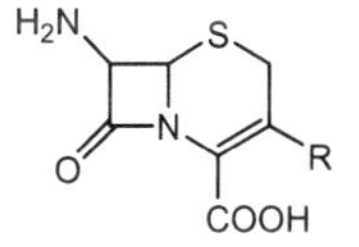

세팔로스 포린계
7-아미노세팔로스포라닉 산
(7-aminocephalosporanic acid)

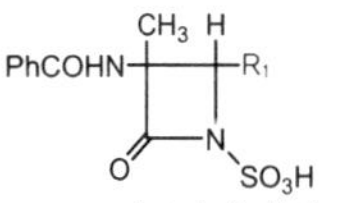

R_1 = 아로마틱, 알킬
3-아실레이트아미노 아지티딘-2-온
(3-acylateamino azetidin-2-one)

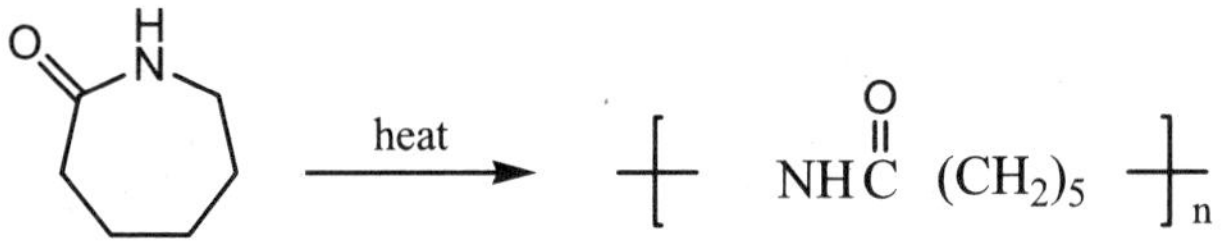

heat

입실론 - 카프로 락탐
(ε – carprolactam)

나일론6
(Nylon 6)

$$HO\overset{O}{\overset{\|}{C}}-(CH_2)_4-\overset{O}{\overset{\|}{C}}OH + H_2N(CH_2)_6NH_2 \longrightarrow \left[\overset{O}{\overset{\|}{C}}-(CH_2)_4\overset{O}{\overset{\|}{C}}-\underset{H}{\underset{|}{N}}(CH_2)_6NH \right]_n$$

아디픽 산 (adipic acid) 헥사메틸렌 다이아민 (hexamethylene diamine) 폴리헥사메틸렌 아디파마이드 또는 나일론 66 (polyhexamethylene adipamide or Nylon 66)

옥심 (oxime)이 만들어지는 과정은 입체장애가 덜 걸리는 쪽으로 진행된다.

부생성물 주생성물

이탈기인 하이드록시기를 좋은 이탈기인 토실기 (tosyl group, OTs)로 치환하게 되면 반응이 용이하게 진행된다.

느린 반응 중간체 H_2O - H^+ 토토머화 (tautomerism) 자리옮김 (Rearrangement) $-R^+$ + R^+ 토막내기 (Fragmentation)

사차 탄소 원자가 옥심에 인접해 있는 경우에는 비정상적인 베크만 토막내기 (abnormal Beckmann fragmentation, secondary Beckmann rearrangement)가 경쟁적으로 일어난다. 다음과 같은 비정상적 베크만 토막내기 반응이 보고되어 있다.

1) TsCl, 피리딘
2) TsOH

이 실험에서는 입실론 - 카프로락탐의 합성방법을 배우고자 한다.

실험 입실론 - 카프로락탐 (ε - Caprolactam) 합성

반응식

실험 시약 (Reagents)

명 명	분자식	구조식	분자량	녹는점 (℃)	끓는점 (℃)	밀도 (g/mL)	사용량 (g)	mmol
사이클로헥산온 (Cyclohexanone)								
하이드록실아민 하이드로-클로라이드 (Hydroxylamine hydrochloride)								
소듐 아세테이트 (Sodium acetate)								
사이클로헥산온 옥심 (Cyclohexanone oxime)								
입실론 - 카프로락탐 (ε - Caprolactam) (생성물)								

실험 기구

⇨ 50mL 삼각 플라스크, 250mL 비이커, 감압 플라스크, 시계접시, 뷰흐너 깔대기, 눈금 실린더, TLC 전개통, 자석 스핀바, 자석 젓개 및 가열판, 높낮이 받침대

실험 방법

〈옥심 만들기〉

1. 50mL 삼각 플라스크에 물 20.0mL 넣고, 하이드록실아민 하이드로클로라이드 5.0g (72.0mmol, 1.5eq)을 넣는다. (관찰 1 : pH측정)
2. 1의 삼각 플라스크에 소듐 아세테이트 7.5g (91.4mmol, 1.9eq)을 넣는다. (관찰 2 : pH측정) [참고 1]
3. 위의 반응 혼합물에 사이클로헥산온 5.0mL (48.2 mmol, 1.0 eq)을 넣는다. 반응 진행을 확인하기 위해 TLC를 3 ~ 4개를 미리 찍어 둔다. (관찰 3 : 용액의 상태) [참고 2 ~ 3]
4. 반응의 진행을 TLC로 모니터 한다. (관찰 4 : TLC) [참고 4]
   <전개용매는 에틸 아세테이트 : 헥세인 = 1 : 2>
5. 생성된 사이클로헥산온 옥심을 감압 필터하여 수분을 제거하고 모은다.
   『수분제거의 예』
   두개의 필터종이 사이에 수분이 있는 사이클로헥산온 옥심을 넣고 양손바닥으로 꾹 눌러준다. (대충 물을 빼고 무게를 달 수 있을 정도로 만듬) 이 고체를 옥심 자리옮김 실험에 바로 사용한다. 사이클로헥산온 옥심을 약 6.0g 정도를 얻을 수 있다.

〈베크만 자리옮김〉

<주의> 아래의 모든 실험 과정은 후드에서 행한다.

6. 85% 황산용액 (14.6M) 준비
   얼음 중탕에서 비이커에 물 2.0mL를 넣은 후 진한 황산 8.0mL를 조금씩 가하면서 섞는다.
7. 33% 포타슘 하이드록사이드 용액 (KOH solution) (5.9M) 준비한 후, 포타슘 하이드록사이드 16.5g를 넣고, 물로 50.0mL까지 채운다.
8. 50mL 삼각 플라스크에 위에서 만들어진 사이클로헥산온 옥심 3.0 g (26.5mmol, 1.0eq)을 넣는다.
9. 이 과정은 반드시 조교 감독 하에 시행한다.
   85% 황산 용액 4.0mL를 가하여 고체가 용해되면, 가열판 위에서 직접 가열한다. (관찰 5 : 용액의 상태)
   ➡ 삼각 플라스크 입구에 수증기가 서리다가 용액이 진한 갈색으로 변하면서 기포가 생긴 후 급격히 끓는다. 급격히 끓어오르는 것을 관찰한 후, 30분 정도 더 가열한 뒤 열원을 제거한 후 식힌다. [참고 5]
10. 용액이 다 식으면 얼음 중탕에서 물 10.0mL로 희석한다.
11. 33% 포다슘 하이드록사이드 용액을 pH = 9 ~ 10이 될 때까지 조금씩 가한다. (관찰 6 : pH) [참고 6]

실험 날짜 :   년   월   일   실온 :

관찰 :

관찰 1 :

관찰 2 :

관찰 3 :

관찰 4 :

관찰 5 :

관찰 6 :

〈 반응 마무리〉

12. 생성된 포타슘 설페이트염 (salt)을 감압 필터하여 제거한다. 반응 플라스크는 메틸렌 클로라이드 5.0mL로 2회 씻어낸다.

13. 걸러진 용액들은 분별 깔대기에 옮긴 후 메틸렌 클로라이드 10.0mL를 가한 후 유기층을 분리한다. (관찰 7: 층분리)

14. 수층에 다시 메틸렌 클로라이드를 20.0mL를 가한 후 추출한다. (2 ~ 3번 정도 반복)

15. 수층을 TLC 찍어 생성물이 (입실론 - 카프로락탐) 없는 것을 확인한다. (관찰 8 TLC) <전개용매는 에틸 아세테이트>

16. 유기층에 포화 염화소듐 용액 (brine) 30.0mL를 가한 후, 유기층을 분리한다.

17. 무수 마그네슘 설페이트 ($MgSO_4$)로 미량의 물을 제거한 후 감압 필터하고, 미리 무게를 잰 일구 둥근바닥 플라스크를 이용하여 감압 증류한다.

18. TLC를 이용하여 생성물의 순도를 확인하고, 녹는점을 측정하고, 수율을 계산한다. (관찰 9 TLC, 녹는점, 수율)

관찰 7 :

관찰 8 :

관찰 9 :

이론 수득량 g 실제 수득량 g 수율 %

핵심어 :

확인 :

참고

1. 반응 혼합물이 산성인 경우 pH가 너무 낮으면 H_2NOH의 질소 원자의 고립전자쌍 (lone pair)이 양성자 (proton)를 먼저 공격하여 4차 암모늄 염이 형성되어 친핵 반응이 진행되지 않는다.

$$H_2\ddot{N}OH \xrightarrow{H^{\oplus}} H_3\overset{\oplus}{N}-OH$$

2. 반대로 반응 혼합물이 염기성으로 pH가 너무 높으면 중간체 Ⅰ, Ⅱ가 잘 만들어지지 않으므로 반응이 진행되지 않는다. 반응이 원활하게 진행되는 pH는 4 ~ 5 정도가 적당하다.

+ $H_2\ddot{N}OH$ ⟶ N-OH

:O: H^+ ⟶ H.O⊕ ($H_2\ddot{N}OH$) $\xrightarrow{H^+}$ H.Ö NHOH (H^+) ⟶ H⊕O H NHOH $\xrightarrow{-H^+}$ N-OH + H_2O

I II

3. 하이드록실아민 하이드로클로라이드에 아세테이트를 넣으면 반응 최적 조건인 pH 4 ~ 5의 조건이 형성된다. 소듐 아세테이트는 염기로써 하이드록실아민 하이드로클로라이드에 있는 질소 원자로부터 양성자를 제거하여 약산인 초산을 형성한다.

$$NH_2OH \bullet HCl + CH_3\overset{O}{\overset{\|}{C}}O^{\ominus}Na^{\oplus} \longrightarrow H_2NOH + CH_3\overset{O}{\overset{\|}{C}}OH$$

4. 사이클로헥산온과 사이클로헥산온 옥심 및 입실론 - 카프로락탐은 U.V에서 활성이 없기 때문에 포타슘 퍼망간에이트 ($KMnO_4$) 발색시약 또는 아이오다인 (iodine) 발색을 통해서 확인한다. 반응은 10~20분 정도로 빠르게 진행된다.

5. 급격히 끓어오르는 것은 물 (H_2O)이 빠져나가는 과정이며, 한번 끓어오르고 난 후에는 더 이상의 급격한 반응은 하지 않는다.

6.

85% 황산 용액 (H_2SO_4)과 33% 포타슘 하이드록사이드 용액 (KOH)의 몰비는 14.6M : 5.9M = 2.5 : 1이며, 황산은 2당량이므로 포타슘 하이드록사이드가 약 5배 정도 필요하다. 산 / 염기 반응이므로 주의하며, 33% 포타슘 하이드록사이드 용액 약 20.0mL정도 필요하다.

7. 녹는점, 양성자 핵자기공명 (^{1}H NMR)등으로 입실론 - 카프로락탐을 확인할 수 있다. 얻어지는 수율은 사이클로헥산온에 대하여 50 ~ 80 % 얻어진다. 수율은 중간체 옥심이 포함한 수분 무게의 오차에 영향을 받는다. 건조한 옥심을 사용할수록 수율이 높아진다.

사이클로헥산온 옥심

^{1}H NMR ($CDCl_3$) : δ1.63 (6H), 2.20 (2H), 2.49 (2H), 7.78 (1H),

입실론 - 카프로락탐 : 녹는점 65 ~ 67℃ (문헌값 : 70 ~ 72℃)

^{1}H NMR ($CDCl_3$) : δ1.71 (6H), 2.47 (2H), 3.21 (2H), 6.06 (1H)

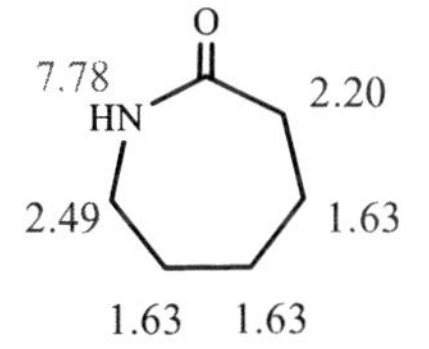

<^{1}H Chemical shift data of ϵ-Caprocatam>

<Predict ^{1}H chemical shift data using Chem Draw>

8. 부록 4.8 양성자 핵자기 공명 화학적 이동의 간단한 계산법 참조

3.3 나자로프반응을 이용한 오각 고리의 엔온 합성 (Nazarov reaction)

● 핵심어 : 엔온, 1,2-첨가반응, 1,4-첨가반응, 동일방향회전, 반대방향회전, 토토머화

나자로프 (Nazarov) 고리화 반응은 다이바이닐 (divinyl, α, β-unsaturated) 케톤이 양성자 (protic) 또는 루이스 산 (Lewis acid) 조건에서 반응하여 사이클로펜틴온 (cyclopentenone) 기본골격을 만드는 유용한 반응이다. 고리형 협동반응 (pericyclic reaction)은 전자 고리화 반응 (electrocyclic reaction), 고리화 첨가반응 (cycloadditions)과 시그마 결합 자리 옮김 (sigmatropic rearrangement) 등이 있다. 이 중에서 나자로프 반응은 전자 고리화 반응으로, 반응의 결과는 경계 궤도 함수 (frontier orbital)로 설명된다.

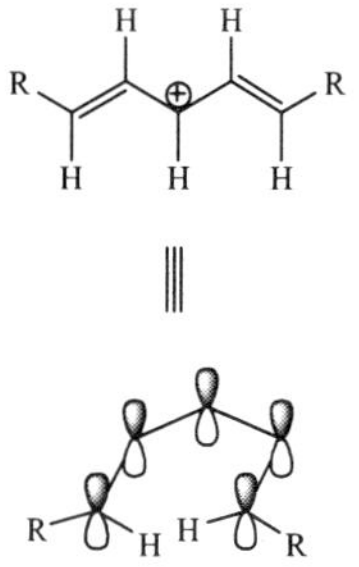

R
H
H
R
H
H
H
R
H
H
R

ground state

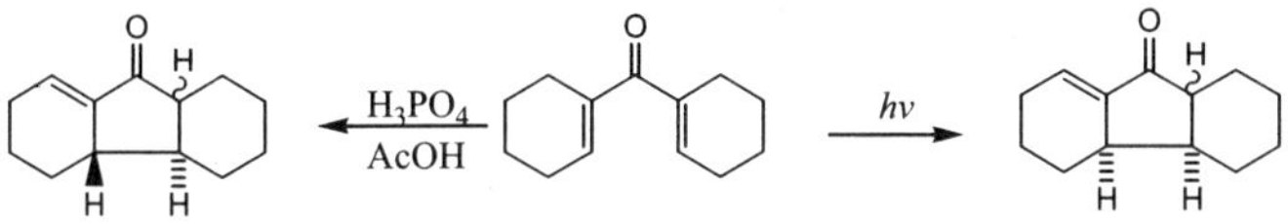

O
H
H
H
H_3PO_4
AcOH
O
hv
O
H
H
H

위 반응은 펜타다이엔닐 양이온 (pentadienyl cation) 분자 궤도 함수 (molecular orbital)를 이용하여 결과를 설명할 수 있다.

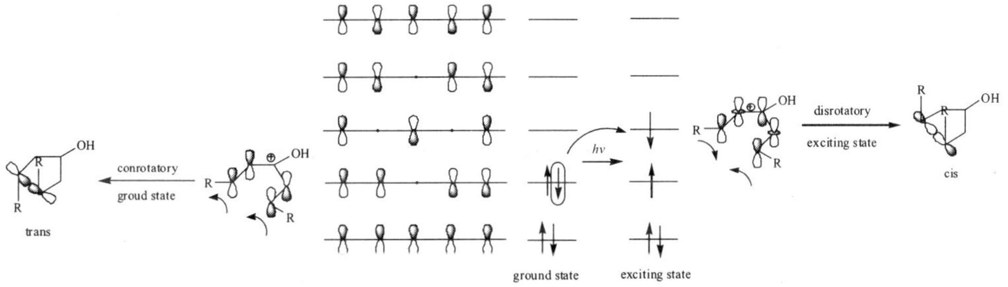

OH
R
R
trans
conrotatory
groud state
R
OH
R
hv
ground state
exciting state
R
OH
R
disrotatory
exciting state
R
R
OH
cis

엔온 (enone)은 친핵체 첨가반응 (nucleophilic addition)으로서 1, 2 - 첨가반응과 1, 4 - 첨가반응이 일어난다. 1, 2 - 첨가반응으로 탄소 - 탄소 이중결합이 생기고, 1, 4 - 첨가반응으로는 탄소 - 산소 이중결합이 생긴다. 엔온의 첨가반응은 가역반응이며, 탄소 - 산소 이중결합이 탄소 - 탄소 이중결합보다 안정하므로 낮은 온도에서는 반응속도가 빠른 1, 2 - 첨가 생성물 (I)이 먼저 생겼다가 반응 온도가 높아지거나 반응 시간이 길어지면 1, 4 - 첨가 생성물 (II)이 얻어진다.

열역학적 (thermodynamic) ← II ⇌ ($Nu^{\ominus}$, 1,4) ⇌ ($Nu^{\ominus}$, 1,2) I → 반응속도론적 (kinetic)

유기금속 화합물 (organometallic compound) 중에서 그리니아드 (Grignard, RMgX) 시약, 알킬 리튬 (RLi), 길만 시약 또는 큐프레이트 (Gilman reagent 또는 cuprate, R_2CuLi) 등이 많이 사용된다. 이 중에서 알킬 리튬은 1, 2 - 첨가반응, 길만 시약은 1, 4 - 첨가반응을 주로 한다. 그리니아드 시약은 반응의 조건에 따라서 1, 2 또는 1, 4 - 첨가반응이 일어난다.

$Nu^{\ominus}$ + (cyclohexenone) → (1,2-첨가 product) + (1,4-첨가 product)

		1,2-첨가	1,4-첨가
Nu : $(CH_3)_2C{=}C(O^{\ominus}Li^{\oplus})OCH_3$	-78°C	88%	5%
	25°C	7%	83%
CH_3Li		95%	5%
$Li(CH_3)_2Cu$		3%	97%

엔온 화합물에 대한 1, 4 - 첨가반응은 마이클 반응 (Michael reaction) 이라고 하며, 엔온을 마이클 받개 (Michael acceptor) 라고 한다. 엔온은 생체 내에서 다양한 친핵체들과 반응을 할 수 있어 독성을 가지고 있다. 엔온은 생리활성 물질을 개발하는데 매우 중요한 작용기 역할을 한다.

다양한 생리 활성을 가진 천연물들이 엔온 구조를 포함하고 있는 것이 알려져 있다. 예를 들어서 프로스타그란딘 (prostaglandin)은 장기나 체액 속에 널리 분포하면서 모세혈관 확장작용, 위액분비 억제작용, 기관지 근육의 수축 · 이완작용 등 다양한 생리적 작용을 한다. 프로게스테론 (progesterone)은 주로 난소의 황체에서 분비되는 여성 호르몬의 일종이며, 코데인온 (codeinone)은 몰핀 (morphine)을 합성하는 단계의 중간체이다.

프로스타그란딘 A_2 (Prostaglandin A_2)

프로게스테론 (Progesterone)

코데인온 (Codeinone)

실험 나자로프반응을 이용한 오각 고리의 엔온 합성

반응식

실험 시약 (Reagents)

명 명	분자식	구조식	분자량	녹는점 (℃)	끓는점 (℃)	밀도 (g/mL)	사용량 (g)	mmol
트랜스,트랜스 다이벤질리딘 아세톤 (trans,trans-Dibenzylidene-acetone)								
폼산 (Formic acid)								
인산 (Phosphoric acid)								
2,3-다이페닐 사이클로펜타-2-엔온 (2,3-Diphenyl-cyclopenta-2-enone) (생성물)								

실험기구

⇨ 100mL 이구 둥근바닥 플라스크, 비이커, 눈금 실린더, 100mL 분별 깔대기, 감압 플라스크, 뷰흐너 깔대기, 환류장치, TLC 전개통, 자석 젓개 및 가열판, 자석 스핀바, 가열 망태기, 높낮이 받침대, 변압기

실험방법

〈반응〉

1. 100mL 이구 둥근바닥 플라스크에 트랜스, 트랜스 - 다이벤질리딘아세톤 1.0g (4.3mmol, 1.0eq)과 폼산 10.0mL (12.2g, 265.0mmol, 62.1eq)을 넣고 TLC를 3 ~ 4개를 미리 찍어둔다. (관찰 1 : 실제 들어간 양)
2. 1번 플라스크에 진한 인산 10.0mL (16.8g, 150.0mmol, 35.1eq)를 넣고 환류 장치를 장착한다. 온도는 90~100℃를 유지한다. [참고 1]
3. 미리 찍어둔 TLC를 이용하여 1시간마다 반응의 완결을 확인한다. (관찰 2 : TLC) <전개용매는 에틸 아세테이트 : 헥세인 = 1 : 2>
   인산 증기에 의해 화상을 입을 수 있으므로 충분히 식힌 후에 비닐장갑을 착용하고 TLC를 찍는다. [참고 2]
4. 반응의 완결을 TLC로 확인하고 물 30.0mL를 첨가하고 1시간 동안 환류한다.

〈 반응 마무리〉

5. 반응 용기를 충분히 식히고 메틸렌 클로라이드 20.0mL를 넣고 교반한다. 수층에 반응혼합물이 없는 것을 TLC로 확인한다.
   (관찰 3 : 실제 사용한 용매의 양) (관찰 4 : TLC) [참고 3]
6. 100mL 분별 깔대기에 용액을 옮기고 수층과 유층을 분리한다.
7. 유층을 다른 분별 깔대기에 옮긴 후, 물 10.0mL로 씻고, 유층을 삼각 플라스크에 내린다. 유층에 포화 탄산수소나트륨 용액 20.0mL를 넣는다. 이때 수층 부분이 pH = 7 ~ 8 정도인지 확인한다. (관찰 5 : 사용한 포화 탄산수소나트륨 용액의 부피, pH 확인) [참고 3]
8. 유층 부분을 분별 깔대기에 모아서 포화 염화소듐 용액 (brine) 30.0mL를 넣고 수층과 유층을 분리한다.
   (관찰 6 : 사용한 포화 염화소듐 용액의 부피)
9. 유층을 삼각 플라스크에 내린 후, 무수 마그네슘 설페이트 ($MgSO_4$)를 이용하여 미량의 물을 제거한 후 감압 필터하고, 미리 무게를 잰 일구 둥근바닥 플라스크를 이용하여 감압 증류한다. [참고 4]
10. TLC를 이용하여 생성물의 순도를 확인하고, 수율을 계산한다.

실험 날짜 : **년** **월** **일** **실온 :**

관찰

관찰 1 :

관찰 2 :

관찰 3 :

관찰 4 :

관찰 5 :

관찰 6 :

이론 수득량 g 실제 수득량 g 수율 %

핵심어 :

확인 :

참고

1.

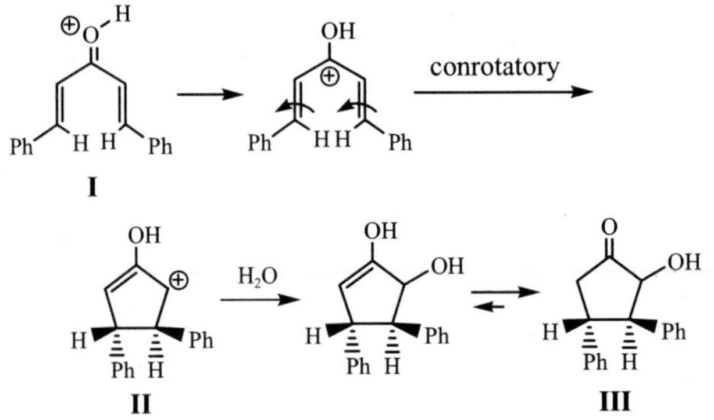

I (*trans, trans*-dibenzylideneacetone)의 카보닐 그룹은 산 촉매에 의한 활성화를 통해 산소양이온을 형성한다. 열조건 하에서 전자고리화 반응을 통해 I은 II (hydroxy allyl cation)로 바뀌게 된다. II는 수산기 용매(hydroxylic solvent-water-)의 공격에 의해 III (acyloin)으로 빠르게 전환된다.

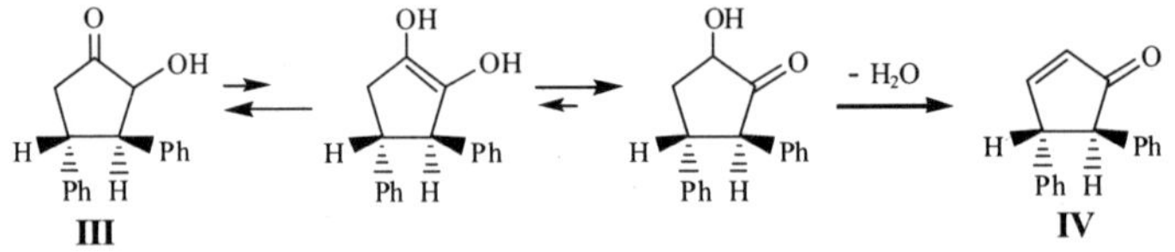

이성질화, 토토머화와 탈수반응의 순서를 거쳐 중요한 반응 중간체인 IV가 형성된다.

IV는 지속적으로 더 안정한 이성질체인 V로 토토머화 반응을 일으키게 된다.

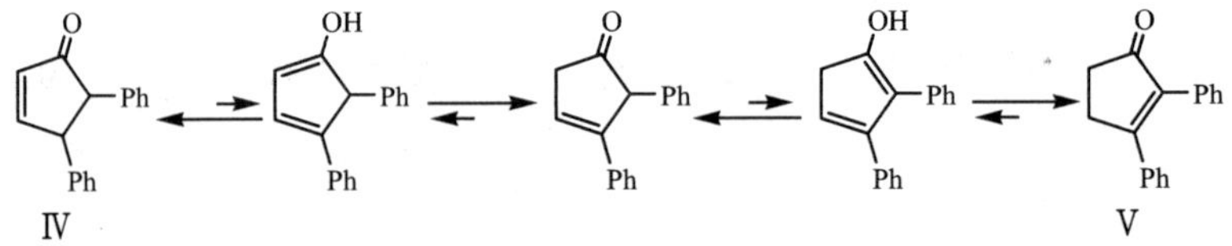

2. 2시간 후에 반응을 확인하면 대부분의 시작물질이 없어진다. 시작 물질이 약간 남아 있어도 다음 단계로 넘어간다.

3. 수층에 혼합물이 남아있으면 메틸렌 클로라이드를 이용하여 추출한다. 물

로 먼저 씻어 주어야 포화 탄산수소나트륨 용액을 넣어 주었을 때 갑자기 넘치는 것을 방지할 수 있다.

4. 감압 증류하고 난 뒤, 갈색의 끈적한 혼합물이 형성된 것을 육안으로 확인할 수 있다.
   완전히 정제되지 않은 생성물 (crude product, 조 추출물)은 90-110 % 얻어진다. 이것의 TLC에서는 3개의 점적이 자외선 램프에서 확인된다. 이 중에서 첫 번째 ($R_f = 0.75$)는 시작물질이다. 아주 작은 두 번째 점적 ($R_f = 0.64$)과 제일 큰 세번째 점적 ($R_f = 0.5$) 중에서 원하는 생성물은 세 번째 점적이다. 조 추출물의 200MHz NMR로 생성물을 충분히 확인할 수 있으며 첫번째, 두 번째 점적이 순도에 크게 영향을 미치지 않는다.
   조 추출물을 컬럼 크로마토그라피로 분리 정제하면 순수한 생성물을 70 % 내외로 얻어진다.

   생성물 : 2, 3 - 다이페닐 사이클로펜타 - 2 - 엔온의 ^1H NMR ($CDCl_3$) δ2.72 (t, $J = 6.5$Hz, 2H), 3.07 (t, $J = 6.5$Hz, 2H), 7.36 (m, 10H)

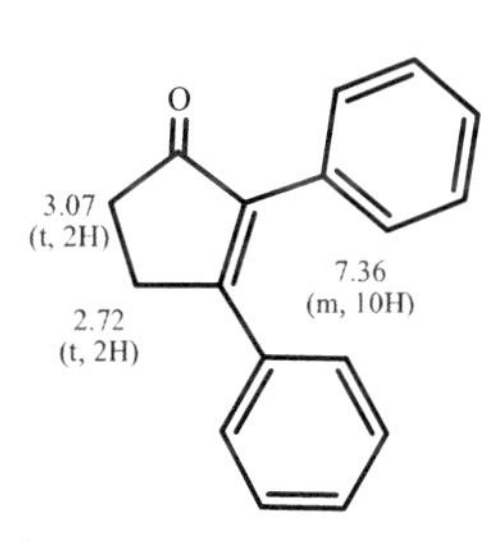

<^1H Chemical shifts of 2, 3-Diphenyl cyclopenta-2-Enone>

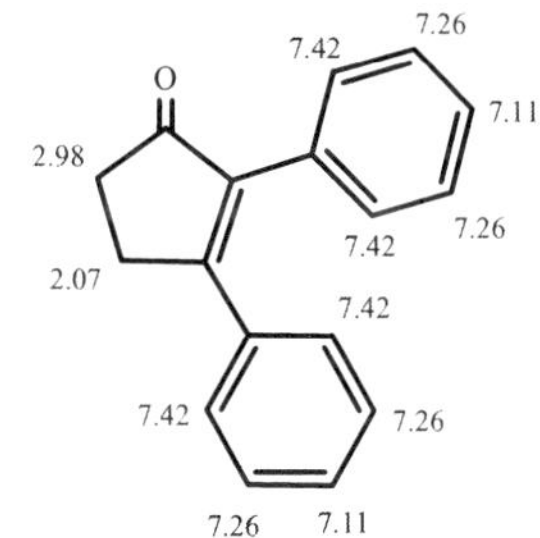

<Prediction of ^1H chemical shifts through Chem Draw>

5. 부록 4.9 양성자 핵자기 공명 화학적 이동의 간단한 계산법 참조

3.4 딜즈 - 알더 고리형 첨가반응 (Diels Alder reaction)

● 핵심어 : 다이엔 / 친다이엔체, 안쪽 (endo), 바깥쪽 (exo), 부분 입체면 선택성, 열분해

딜즈 - 알더 (Diels - Alder) 반응은 콘쥬게이션 다이엔 (diene)과 친다이엔체 (dienophile) 사이의 4 + 2반응으로 육원자 고리를 포함하는 생성물을 얻는다. 이 반응은 벤젠의 공명 (resonance)과 유사한 흥미있는 반응이다.

친다이엔체의 기하학적 구조는 [4+2] 고리 첨가반응에서 유지되어진다.

벤젠의 공명구조

딜즈-알더 반응

딜즈 - 알더 반응은 가역반응으로 다이엔은 전자 주개 기 (EDG, electron donating group), 친다이엔체는 전자 끌개 기 (EWG, electron withdrawing group)가 있을때 원활히 진행된다. 전자 주개 기 위치에 따라서 위치 이성질체 (regio isomer) 중 한 가지가 주생성물로 얻어진다. 이 결과는 경계 궤도함수 (frontier molecular orbital) 이론으로 잘 설명된다. 결합에 관여하는 파이 (π) 전자 궤도 (orbital)의 상 (phase) 크기가 맞는 경우 반응이 잘 성립된다.

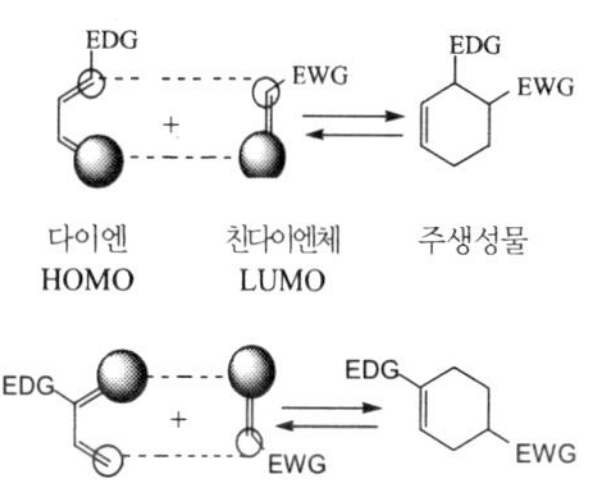

다이엔이 친다이엔체에 접근할 수 있는 방법에는 안쪽 (endo)과 바깥쪽 (exo)이 있다. 안쪽 생성물은 반응속도 (kinetic)가 빠른 생성물이다. 생성되는 이중결합의 파이 궤도함수와 불포화기의 파이 궤도함수와의 상호작용 (interaction)이 유리하기 때문에 안쪽첨가가 나타난다. 바깥쪽 생성물은 열역학적인 (thermodynamic) 생성물로 높은 반응 온도에서 생성된다.

ΔE' < ΔE

느린 반응 / 빠른 반응

바깥쪽, 열역학적
(exo, thermodynamic)

안쪽, 반응속도론적
(endo, kinetic)

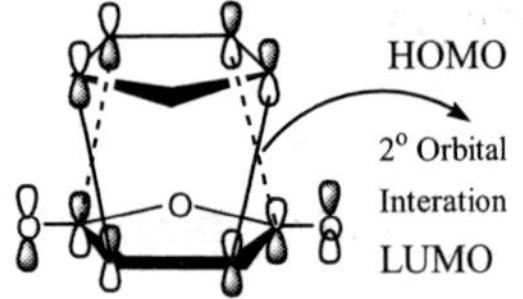

딜즈 - 알더 반응에서는 친다이엔체의 위와 아래에서 각각 다이엔과 반응하여 거울상 이성질체를 만든다. 만약, 친다이엔체에 카이랄기가 붙어있는 경우에는 한쪽 방향으로만 선택적으로 공격하여 한 가지 거울상 이성질체가 더 많이 만들어진다. 이런 것을 부분 입체면 선택성 (diastereofacial selectivity)이라 한다.

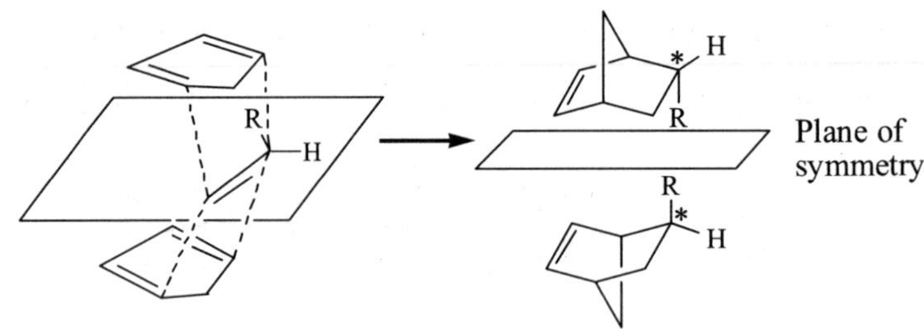

두 개의 거울상 이성질체들 중 어느 하나만을 과도하게 얻기 위해서는 다음과 같은 3가지 방법이 있다.

1) 카이랄 다이엔 (chiral dienes)의 사용
2) 카이랄 친다이엔체 (chiral dienophiles)의 사용
3) 카이랄 루이스 산 촉매 (chiral Lewis acid catalysts)의 사용

살충제로 사용되는 켄싸리딘 (cantharidin)은 딜즈 - 알더반응 전에는 파네솔 (farnesol)에서 여러 단계를 거쳐 합성되었으나, 딜즈 - 알더반응의 소개로 합성단계를 획기적으로 줄일 수 있는 방법이 제시되었다.

CH_3 CH_3 CH_2OH H_3C CH_3 ⟸⟸ O O O O ⟹ O + O O O

파네솔
(Farnesol)

켄싸리딘
(Cantharidin)

이 실험에서는 다이엔을 얻기 위하여 다이사이클로펜타다이엔 (dicyclopentadiene)을 열분해 (cracking)하여 사이클로펜타다이엔 (cyclopentadiene)을 얻고, 친다이엔체로 말레산 무수물 (maleic anhydride)를 사용하여 딜즈 - 알더 반응을 진행하려고 한다.

실험 시스-노보린-5,6-엔도-다이카복실 무수물 (cis-Norbornene-5, 6-endo-dicarboxylic anhydride)의 합성

반응식

실험 시약 (Reagents)

명 명	분자식	구조식	분자량	녹는점 (℃)	끓는점 (℃)	밀도 (g/mL)	사용량 (g)	mmol
다이사이클로 펜타다이엔 (Dicyclopentadiene)								
말레산 무수물 (Maleic anhydride)								
시스-노보린-5,6-엔도-다이카복실 무수물 (cis-Norbornene-5,6-endo-dicarboxylic anhydride) (생성물)								

실험 기구

⇨ 비이커, 100mL 일구 둥근바닥 플라스크, 100mL 이구 둥근 바닥 플라스크, 분별 냉각기, 증류장치, TLC 전개통, 주사기, 자석 섯개 및 가열판, 높낮이 받침대, 사석 스핀바, 변압기

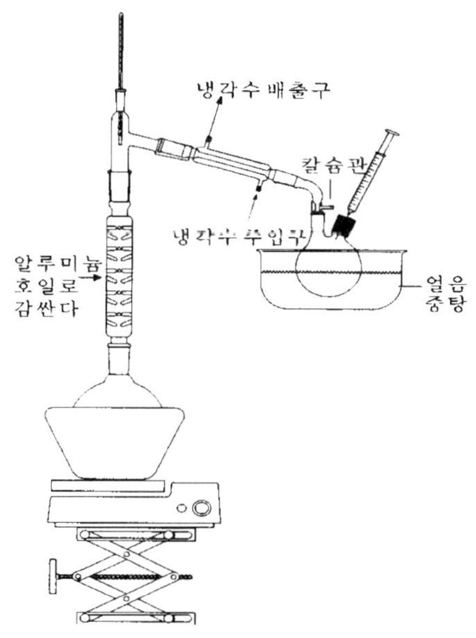

< 다이사이클로펜타다이엔을 열분해하기 위한 분별 증류 장치 (fractional distillation apparatus for cracking dicyclopentadiene) >

실험 방법

-반드시 후드 안에서 실험한다.-

〈 열분해 (Cracking) 〉

1. 증류를 시작하기 전에 사이클로펜타다이엔을 받을 100mL 이구 둥근바닥 플라스크에 얼음중탕을 준비한다. 실험이 진행되는 동안 얼음중탕을 유지한다. [참고 1, 2] - 설치 그림 참조

2. 100mL 일구 둥근바닥 플라스크에 다이사이클로펜타다이엔 20.0mL (19.7g)과 자석 스핀바를 넣는다. 열분해를 하고 난 후 사이클로펜타다이엔 (10mL, 7.91g)을 얻을 수 있다. 사이클로펜타다이엔은 40 ~ 43℃에서 나온다. [참고 3]

〈 반응 〉

3. 100mL의 일구 둥근바닥 플라스크에 말레산 무수물 4.0g (40.8mmol, 1.0eq)을 넣은 후에 10.0 mL의 에틸 아세테이트를 넣고 교반한다. 말레산 무수물을 다 녹인 후 10.0 mL의 헥세인을 첨가한다. 만들어진 용액에서 반응을 모니터하기 위해 TLC를 3 ~ 4개 찍어둔다. [참고 4]

4. 3번 용액에 얼음 중탕을 설치한 후에 열분해해서 받아진 사이클로펜타다이엔 40mL (3.2g, 48.9mmol, 1.2eq)은 주사기를 이용하여 뽑은 즉시 천천히 가해준다. (관찰 1 : 고체생성여부) [참고 5]

5. 반응이 진행되면서 흰색 고체가 생성되고, TLC로 반응을 모니터한다. TLC는 포타슘 퍼망간에이트 ($KMnO_4$)발색시약에 구워 본다.
   (관찰 2 : TLC) [참고 6] <전개용매는 아세톤, 시스 - 노보린 - 5,6 - 엔도 - 다이카복실 무수물의 R_f값=0.90>

〈 반응 마무리 〉

6. 고체를 모아 감압 필터한 후 건조시킨다. 생성된 고체의 결정은 막대 모양이며 흰색 결정이다.

7. 수율을 계산한다. (관찰 3 : 무게, 수율) [참고 7]

8. 녹는점을 측정한다. (관찰 4 : 녹는점) [참고 8]

실험 날짜 : 년 월 일 실온 :

관찰 :

관찰 1 :

관찰 2 :

관찰 3 :

관찰 4 :

이론 수득량 g 실제 수득량 g 수율 %

핵심어 :

확인 :

참고

1. 열분해를 설치할 때 증류의 냉각기 부분이 길어야하므로 이 부분의 열 손실을 막기 위해 알루미늄 호일로 감싸준다. 사이클로펜타다이엔을 사용하기 위해서는 주사기를 이용하고, 100mL 이구 둥근바닥 플라스크에 받아진 사이클로펜타다이엔은 바로 사용한다.

2.

Diels-Alder ⇌ retro Diels-Alder

b.p. 42°C　　　　b.p. 170°C

딜즈 - 알더반응은 가역반응이다. 위의 반응에서 정반응은 $\triangle H < 0$ (2개의 파이결합에서 2개의 시그마결합으로 변하므로) 발열반응이고, $\triangle S < 0$ (2분자에서 1분자)되어 엔트로피 (entropy)가 감소하게 된다.

$$\Delta G = \Delta H - T\Delta S$$

$\Delta G=0$일 때 $T^* = \dfrac{\Delta H}{\Delta S}$이 가능하다.

반응이 T (반응온도) < T* 일 경우 $\triangle G < 0$을 유지할 수 있으므로 정반응으로 진행한다.
T > T*일 경우 $\triangle G > 0$이 되어 역반응이 진행되어 역 - 딜즈 - 알더 (retro - Diels - Alder) 반응으로 열분해가 진행된다.

어떤 반응이 평형을 이루고 있는 373K 에서 H = -280 kJ and S= -0.75 kJ/K 값을 가진다고 가정하였을 때

반응의 온도가 250 K 인 경우

G = -280 kJ- (250 K)* (-0.75 kJ/K) = -93.5 kJ

이 온도에서는 정반응이 일어난다.
반응의 온도가 400 K 인 경우에는

G= -280 kJ- (400 K)* (-0.75 kJ/K) = +20 kJ

따라서 이 온도에서는 역반응이 일어나게 된다.

3. 사이클로펜타다이엔의 양은 다이사이클로펜타다이엔의 70 ~ 75%로 계산하여 필요한 양만큼 다이사이클로펜타다이엔을 100mL 일구 둥근바닥 플라스크 안에 넣는다.

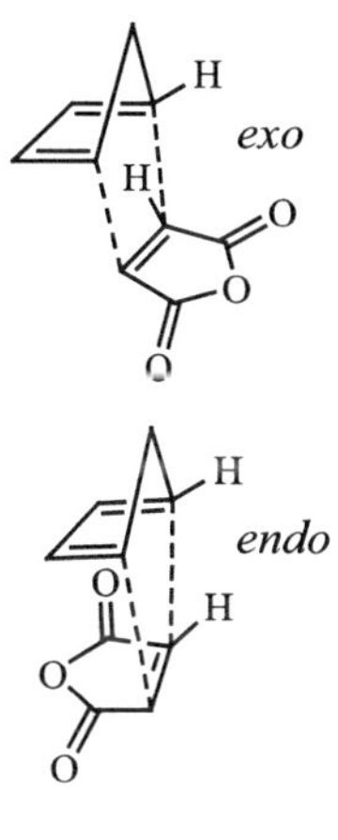

4. 헥세인을 첨가하여 고체가 생성되면 여기에 에틸 아세테이트 5.0mL를 가하여 녹인다. 헥세인을 첨가하는 이유는 생성물이 헥세인에 녹지 않아 반응시 바로 고체로 생성되어 정반응 쪽으로 반응을 진행시키기 위함이다.

5. 사이클로펜타다이엔을 가하면 발열반응이므로 충분히 얼음 중탕에서 식힌 후 천천히 가한다.

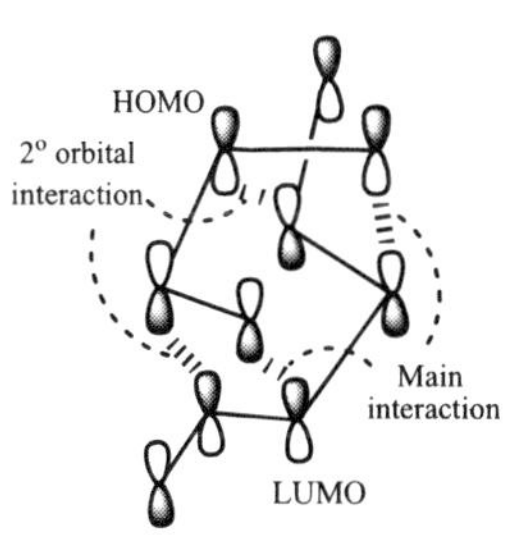

6. TLC를 통해 반응의 진행여부를 알기 위해 말레산 무수물과 생성물을 공점적 (co-spot)으로 찍는데 말레산 무수물은 자외선 램프 (UV - lamp)에서 보이지 않으므로 포타슘 퍼망간에이트 ($KMnO_4$) 발색시약을 이용하여 생성물의 생성여부를 보고 실험을 진행한다.

7. 수율은 80 ~ 85% 얻어진다.

8. 여기서 얻어진 생성물의 순도는 특별히 정제하지 않아도 200 MHz NMR과 녹는점 측정에 충분하다. 시스 - 노보린 - 5, 6 - 엔도 - 다이카복실 무수물의 녹는점은 159.0 ~ 161.0℃ (문헌값 : 165 ~ 167℃) [참고 : 엑소 녹는점 (140 ~ 145℃)]

^{1}H NMR ($CDCl_3$) : δ1.60(1H), 1.80(1H), 3.52(2H), 3.58(2H), 6.32(2H)

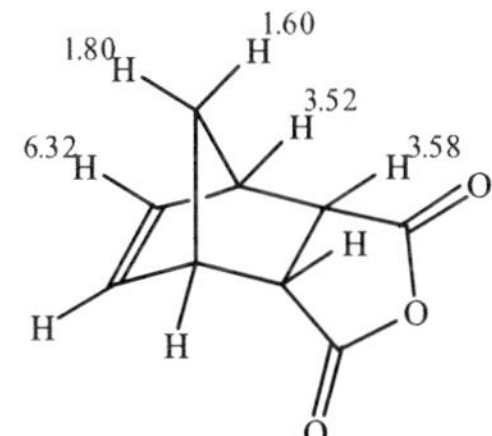

<^{1}H Chemical shift of cis-norbomene-5, 6-endo-dicarboxylic anhydride>

<Prediction of ^{1}H chmecal shifts through Chem Draw>

9. 부록 4.9 양성자 핵자기 공명 화학적 이동의 간단한 계산법 참조

CHAPTER

04

부 록

4.1 이성질체 표

〈Table of Isomers〉

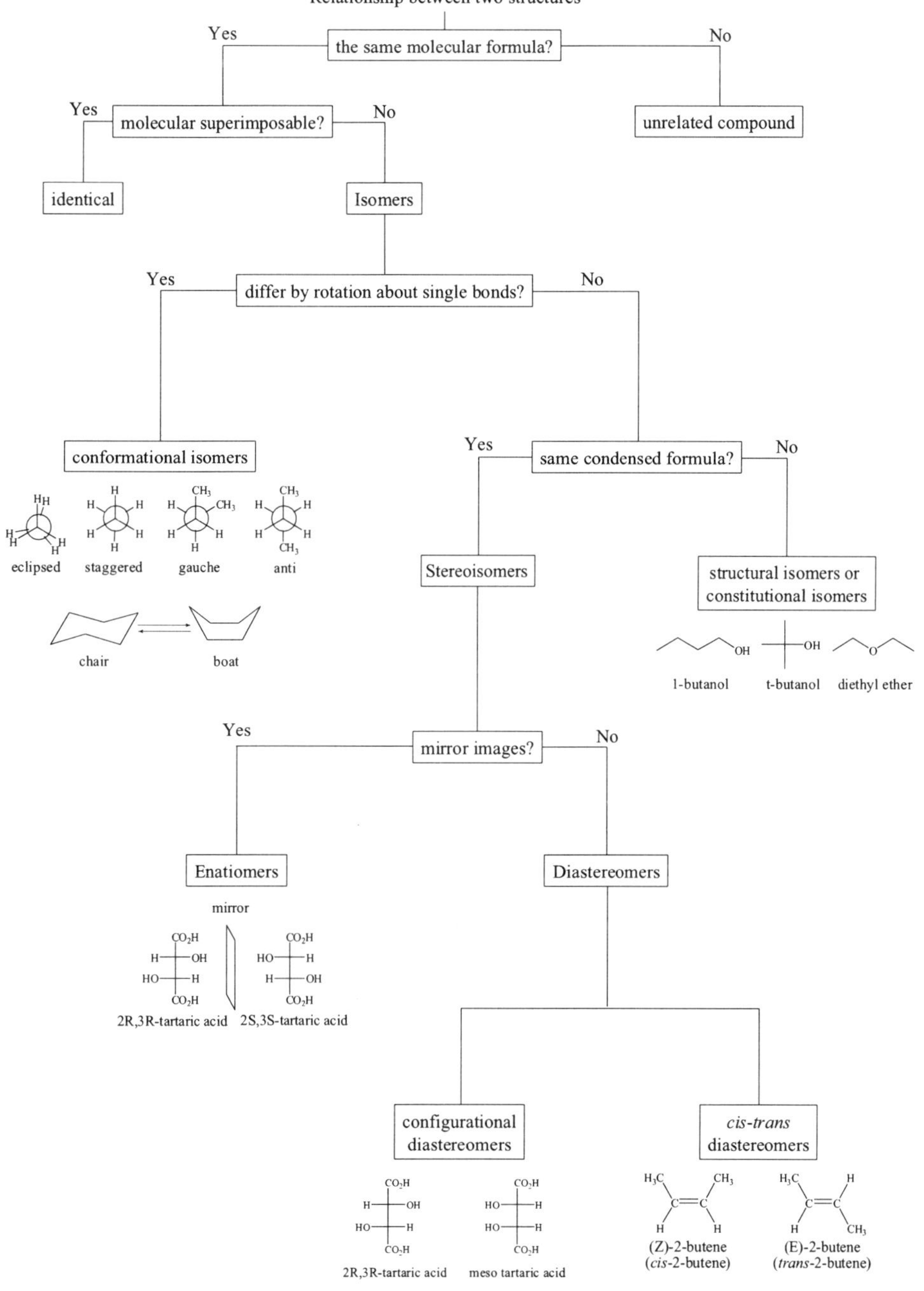

〈Practice〉

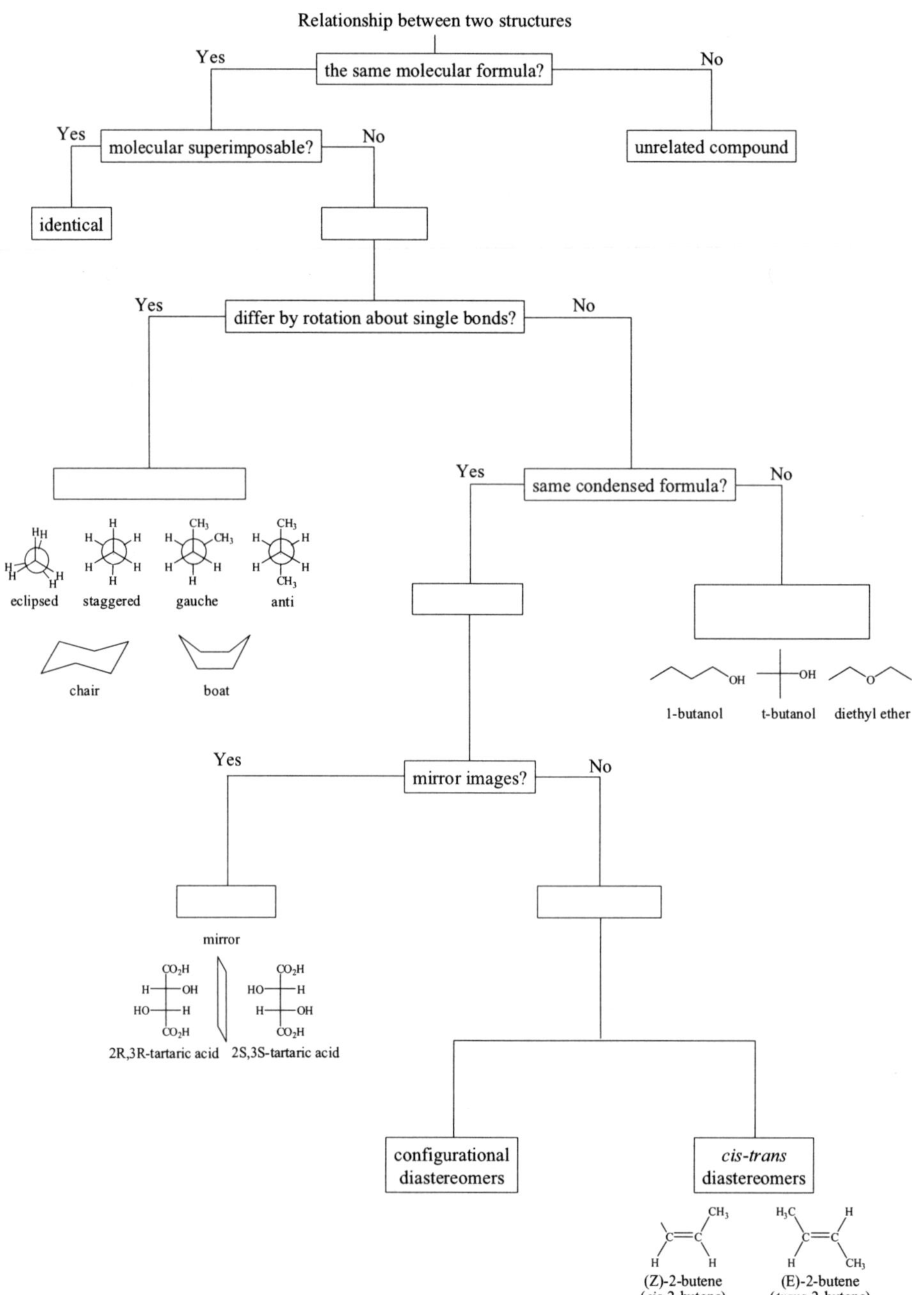

Relationship between two structures
the same molecular formula?
Yes
No
unrelated compound
molecular superimposable?
Yes
No
identical
differ by rotation about single bonds?
Yes
No
eclipsed
staggered
gauche
anti
chair
boat
same condensed formula?
Yes
No
1-butanol
t-butanol
diethyl ether
mirror images?
Yes
No
mirror
2R,3R-tartaric acid
2S,3S-tartaric acid
configurational diastereomers
cis-trans diastereomers
(Z)-2-butene
(cis-2-butene)
(E)-2-butene
(trans-2-butene)

4.2 실험 기구

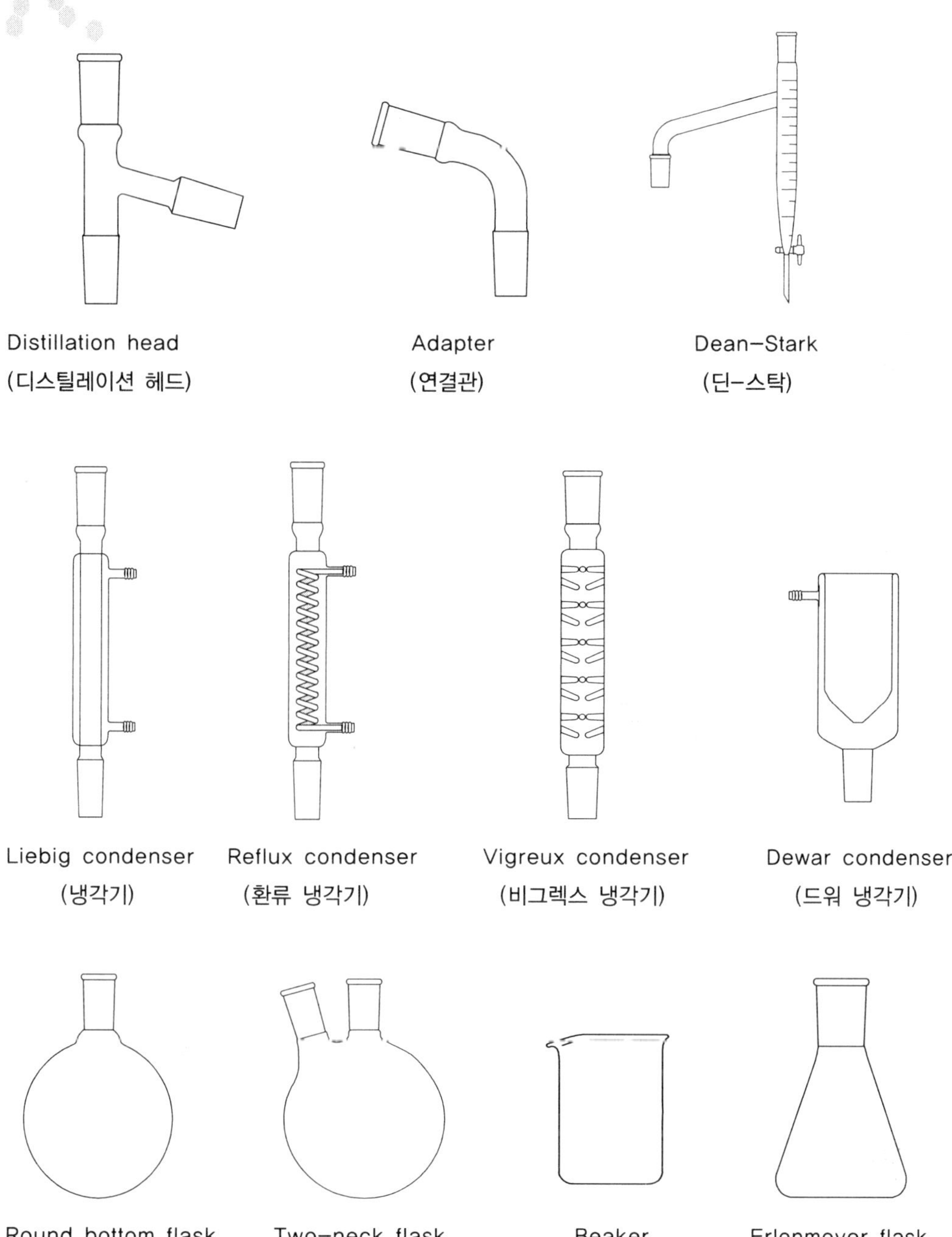
Distillation head
(디스틸레이션 헤드)
Adapter
(연결관)
Dean–Stark
(딘–스탁)
Liebig condenser
(냉각기)
Reflux condenser
(환류 냉각기)
Vigreux condenser
(비그렉스 냉각기)
Dewar condenser
(드워 냉각기)
Round bottom flask
(둥근바닥 플라스크)
Two–neck flask
(이구 둥근바닥 플라스크)
Beaker
(비이커)
Erlenmeyer flask
(삼각 플라스크)

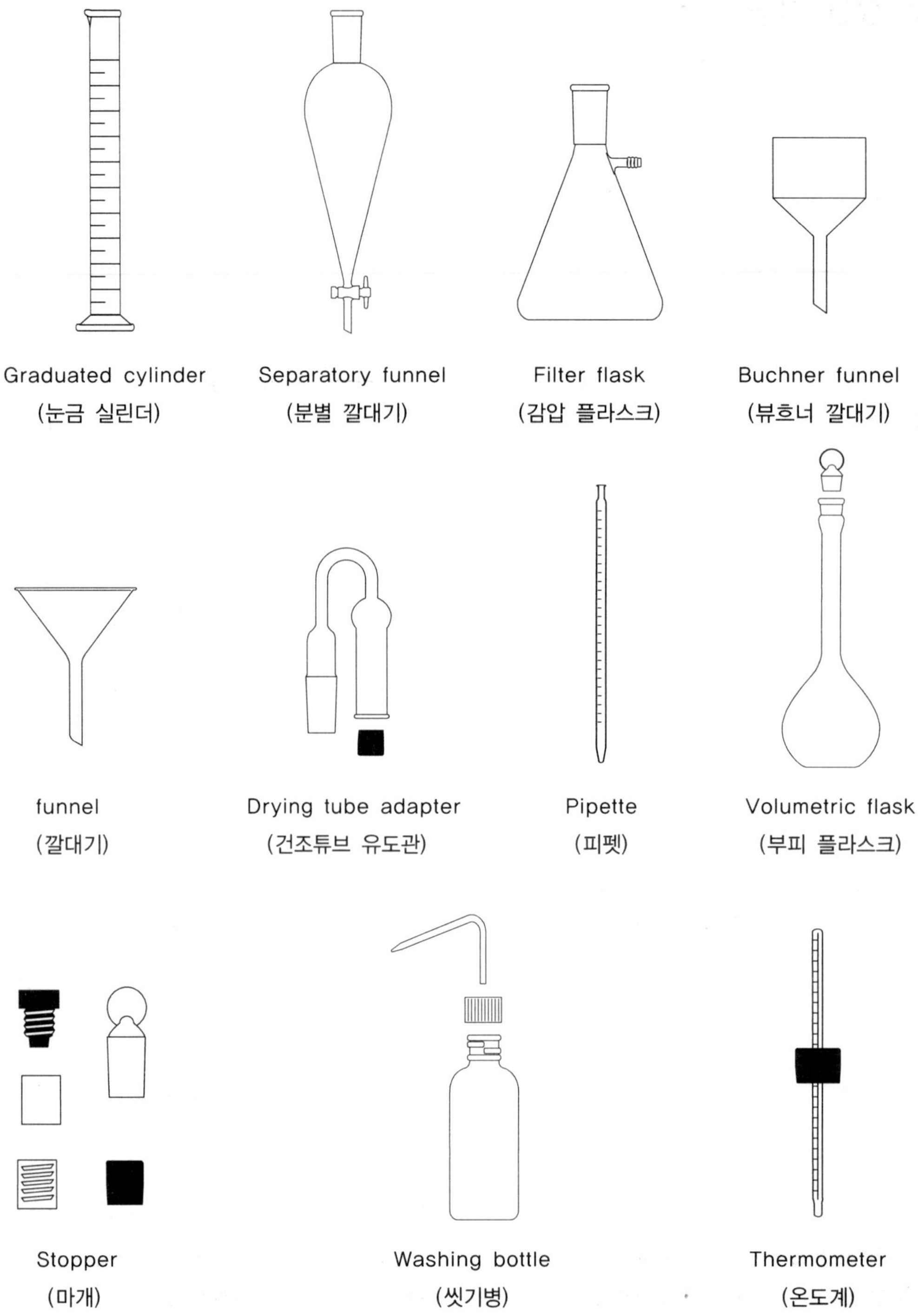
Graduated cylinder
(눈금 실린더)
Separatory funnel
(분별 깔대기)
Filter flask
(감압 플라스크)
Buchner funnel
(뷰흐너 깔대기)
funnel
(깔대기)
Drying tube adapter
(건조튜브 유도관)
Pipette
(피펫)
Volumetric flask
(부피 플라스크)
Stopper
(마개)
Washing bottle
(씻기병)
Thermometer
(온도계)

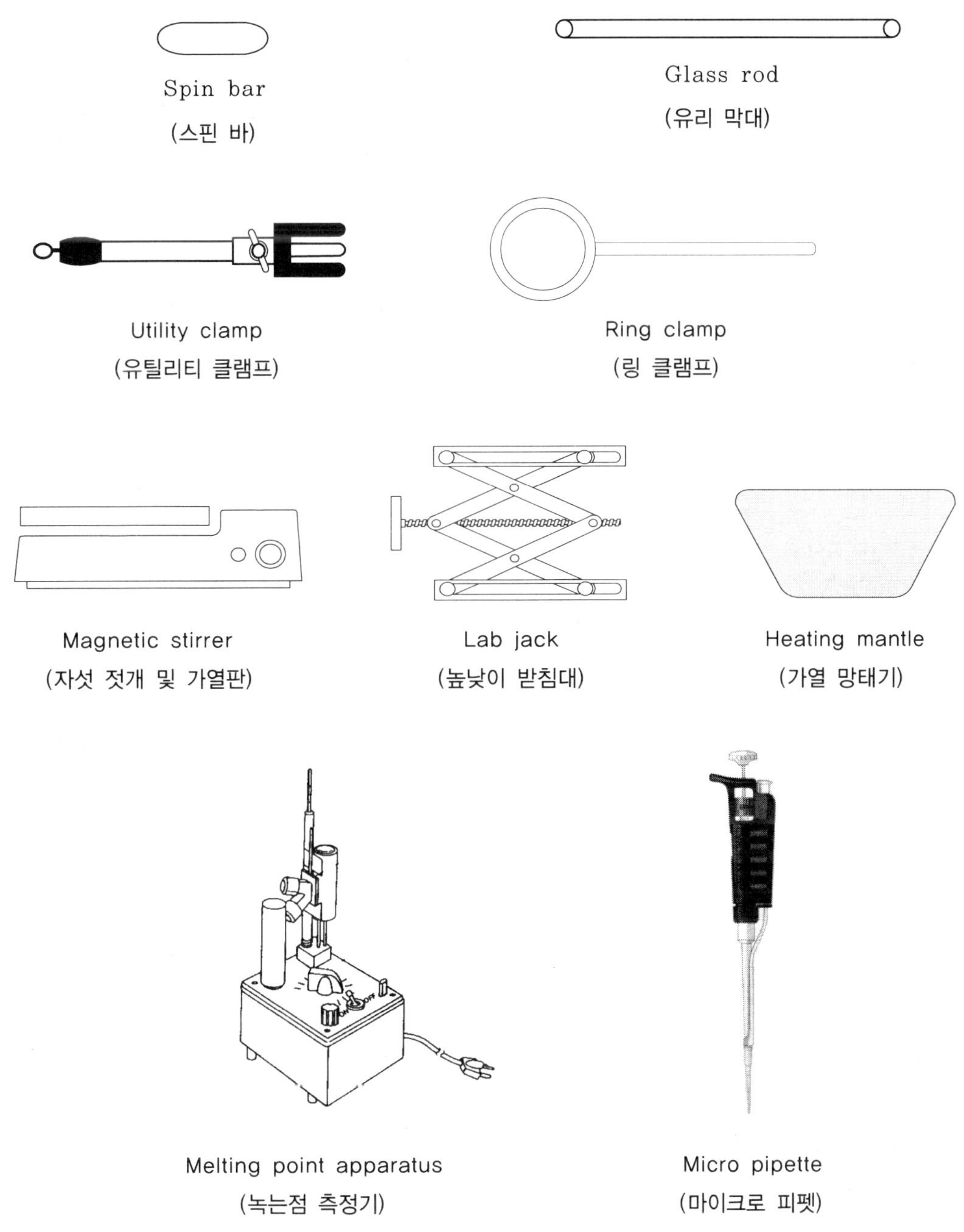

Spin bar
(스핀 바)

Glass rod
(유리 막대)

Utility clamp
(유틸리티 클램프)

Ring clamp
(링 클램프)

Magnetic stirrer
(자석 젓개 및 가열판)

Lab jack
(높낮이 받침대)

Heating mantle
(가열 망태기)

Melting point apparatus
(녹는점 측정기)

Micro pipette
(마이크로 피펫)

4.3 시약

시약	분자식	구조식	분자량	녹는점 (℃)	끓는점 (℃)	밀도 (g/mL)
아세트아닐라이드 (Acetanilide)	$C_6H_5NHCOCH_3$	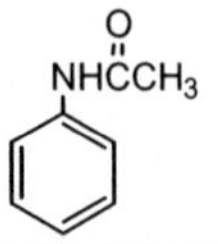 NHCCH₃	135.17	113~115		
아세트산 (Acetic acid)	CH_3COOH		60.05	16.2	117~118	1.049
무수 아세트산 (Acetic anhydride)	$(CH_3CO)_2O$	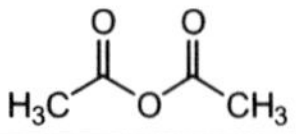	102.09	-73	138~140	1.082
아닐린 (Aniline)	$C_6H_5NH_2$	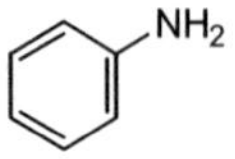	93.13	-6	184	1.022
벤즈알데하이드 (Benzaldehyde)	C_6H_5CHO	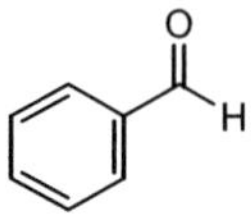	106.12	-26	178~179	1.044
벤잘 브로마이드 (Benzal bromide)	$C_6H_5CHBr_2$	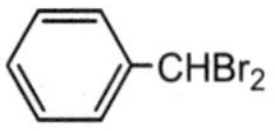	249.94		156	1.510
벤조산 (Benzoic acid)	$C_6H_5CO_2H$	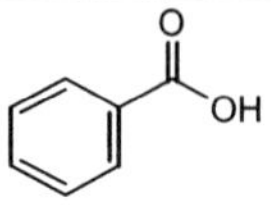	122.12	122~123	249.2	
벤조나이트릴 (Benzonitrile)	C_6H_5CN	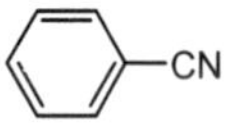	103.12	- 12.7	191	1.010
벤질 알코올 (Benzyl alcohol)	$C_6H_5CH_2OH$	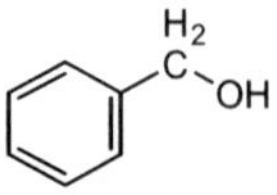	108.14	-15	205	1.045
벤질 브로마이드 (Benzyl bromide)	$C_6H_5CH_2Br$	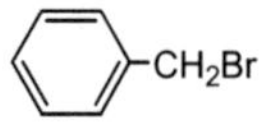	171.04	-3~-1	198~199	1.438
입실론 - 카프로락탐 (ε - Carprolactam)	$C_6H_{10}NHO$	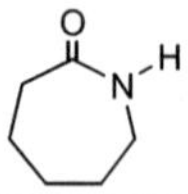	113.16	70~72	136~138	
클로로폼 (Chloroform)	$CHCl_3$		119.38	-63	61	1.492
사이클로헥산올 (Cyclohexanol)	$C_6H_{11}OH$	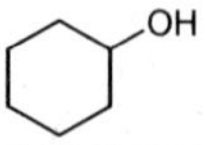	100.16	20~22	160~161	0.948
사이클로헥산온 (Cyclohexanone)	$C_6H_{10}O$	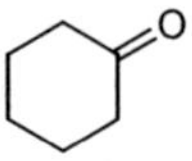	98.15	-47	155	0.947

시약	분자식	구조식	분자량	녹는점 (℃)	끓는점 (℃)	밀도 (g/mL)
사이클로헥산온 옥심 (Cyclohexanone oxime)	$C_6H_{10}NOH$	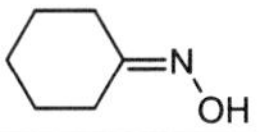	113.16	89~91	206~210	
사이클로펜타다이엔 (Cyclopentadiene)	C_5H_6		66.10	- 85	42	0.791
트랜스, 트랜스 - 다이벤질리딘아세톤 (trans, trans - Dibenzylidene acetone)	$C_6H_5CH{=}CHCOCH{=}CHC_6H_5$	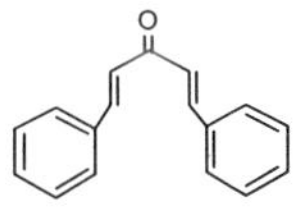	234.3	104~107		
다이사이클로펜타다이엔 (Dicycolpentadiene)	$C_{10}H_{12}$		132.21	33	170	0.986
다이에틸아세틸렌 다이카복실레이트 (Diethylacetylene dicarboxylate)	$C_8H_{10}O_4$	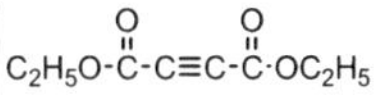 $C_2H_5O\text{-}\overset{O}{\overset{\parallel}{C}}\text{-}C{\equiv}C\text{-}\overset{O}{\overset{\parallel}{C}}\text{-}OC_2H_5$	170.16		107~110	1.063
다이에틸 퓨마레이트 (Diethyl fumarate)	$C_8H_{12}O_4$	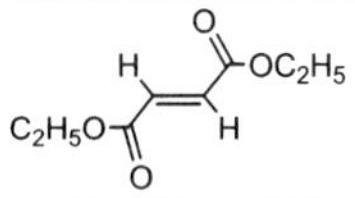	178.18	1~2	218~219	1.052
다이에틸 말레이트 (Diethyl maleate)	$C_8H_{12}O_4$	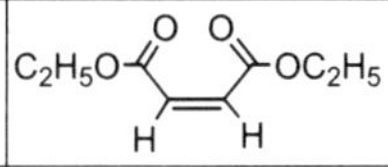	178.18	- 8.8	225.3	1.069
N, N - 다이메틸 아닐린 (N,N - Dimethylaniline)	$C_6H_5N(CH_3)_2$	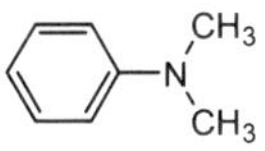	121.18		193~194	0.956
1,2-다이나이트로벤젠 (1,2-Dinitrobenzene)	$C_6H_4(NO_2)_2$	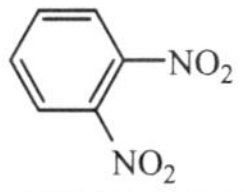	168.11	117~119		
1,3-다이나이트로벤젠 (1,3-Dinitrobenzene)	$C_6H_4(NO_2)_2$	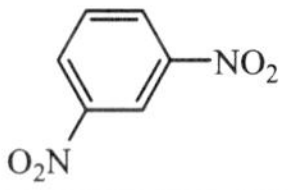	168.11	88~90	297	
1,4-다이나이트로벤젠 (1,4-Dinitrobenzene)	$C_6H_4(NO_2)_2$		168.11	172~174	183.4 (34mmHg)	
2,3 - 다이페닐 사이클로펜타 - 2 -엔온 (2,3-Diphenyl-cyclopenta-2-enone)	$(C_6H_5)_2C_5H_4O$	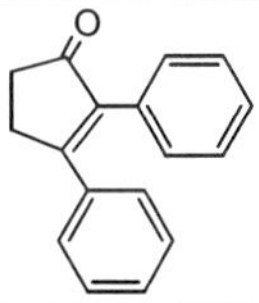	234.3			
폼산 (Formic acid)	HCO_2H		46.03	4℃ 이상	100~101	1.220
헥실아민 (Hexylamine)	$CH_3(CH_2)_5NH_2$		101.19	- 23	131~132	0.766

시약	분자식	구조식	분자량	녹는점 (℃)	끓는점 (℃)	밀도 (g/mL)
하이드록실아민 하이드로클로라이드 (Hydroxylamine hydrochloride)	$H_2NOH \cdot HCl$		69.49	약 151		
염산 (Hydrochloric acid)	HCl		36.46			1.200
로우릴 알코올 (Lauryl alcohol)	$CH_3(CH_2)_{11}OH$		186.34	24	259	0.831
말레산 무수물 (Maleic anhydride)	$C_4H_2O_3$	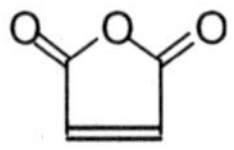	98.06	54~56	200	
메틸 알코올 (Methyl alcohol)	CH_3OH		32.04	- 98	64	0.790
메틸 벤조에이트 (Methyl benzoate)	$C_6H_5CO_2CH_3$	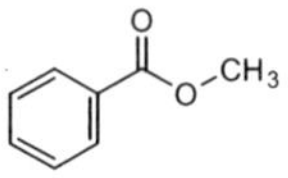 O, CH_3	136.15	- 12	198~199	1.094
메틸 메타 - 나이트로 벤조에이트 (Methyl m - nitrobenzoate)	$O_2NC_6H_4CO_2CH_3$	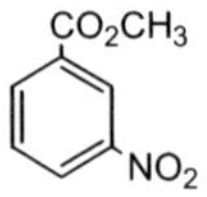 CO_2CH_3, NO_2	181.15	78~80	279	
메틸 오렌지 (Methyl orange)	$(CH_3)NC_6H_4N=NC_6H_4SO_3Na$	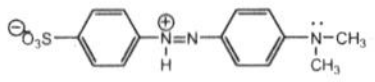	327.34			0.987
메틸 살리실레이트 (Methyl salicylate)	$HOC_6H_4CO_2CH_3$	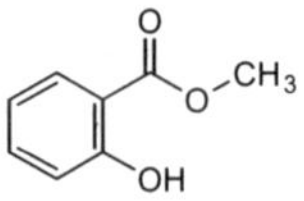 O, CH_3, OH	152.15	- 7~ - 8	222	1.174
2 - 나프톨 (2 - Naphthol)	$C_{10}H_7OH$	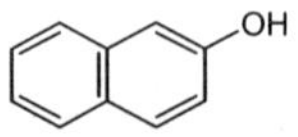 OH	144.17	122~123	285~286	
질산 (Nitric acid)	HNO_3		63.01	- 42	86	1.490
오쏘 - 나이트로아닐린 (o - Nitroaniline)	$C_6H_4NH_2NO_2$	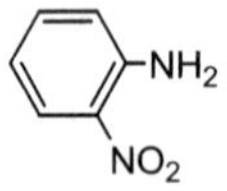 NH_2, NO_2	138.13	73~76	284	
파라 - 나이트로아닐린 (p - Nitroaniline)	$C_6H_4NH_2NO_2$	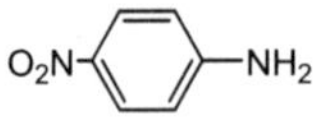 O_2N, NH_2	138.13	149~151	332	
나이트로벤젠 (Nitrobenzene)	$C_6H_5NO_2$	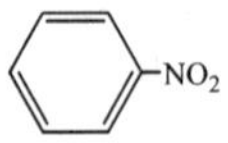 NO_2	123.11	5~6	210~211	1.196

시약	분자식	구조식	분자량	녹는점 (℃)	끓는점 (℃)	밀도 (g/mL)
오쏘 - 나이트로벤조산 (o - Nitrobenzoic acid)	$C_6H_4CO_2HNO_2$	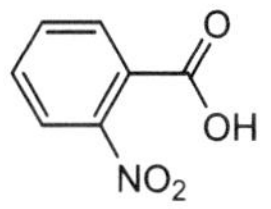	167.12	146~148		
파라 - 나이트로벤조산 (p - Nitrobenzoic acid)	$C_6H_4CO_2HNO_2$	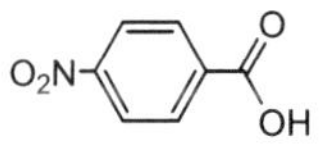	167.12	239~245		
오쏘 나이트로페놀 (o - Nitrophenol)	$C_6H_4NO_2OH$	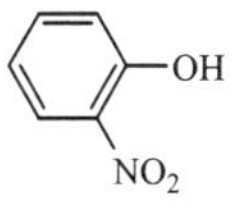	139.11	44~45	214~216	1.495
파라 나이트로페놀 (p - Nitrophenol)	$C_6H_4NO_2OH$	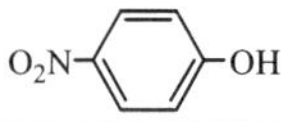	139.11	112~115		
시스 - 노보린 - 5,6 엔도 - 다이카복실무수물 (cis - Norbornene - 5,6 - endo - 2,3 - dicarbox ylic anhydride	$C_9H_8O_3$	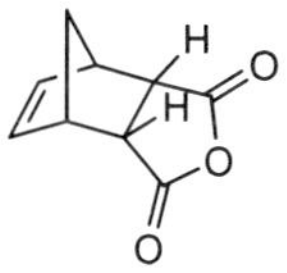	164.16	165~167		
옥틸아민 (Octylamine)	$CH_3(CH_2)_7NH_2$		129.25	- 5~ - 1	175~177	0.782
오렌지 Ⅱ (Orange Ⅱ)	$HOC_{10}H_6N{=}NC_6H_4SO_3Na$	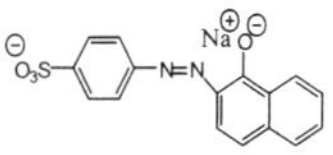	350.33			
옥살산 (Oxalic acid)	HO_2CCO_2H		90.04	190		
페놀 (Phenol)	C_6H_5OH	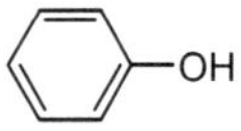	94.11	40~42	182	1.071
인산 (Phosphoric acid)	H_3PO_4		98.00	41~44		1.830
피크르산 (Picric acid)	$(O_2N)_3C_6H_2OH$	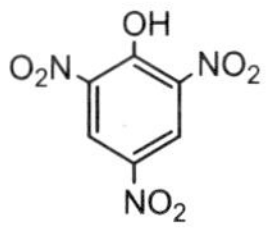	229.11	121~123		
포타슘 하이드록사이드 (Potassium hydroxide)	KOH		56.11	361		
피리디늄 클로로 크롬에이트 (Pyridinium chloro chromate)	$C_5H_5NHCrO_3Cl$	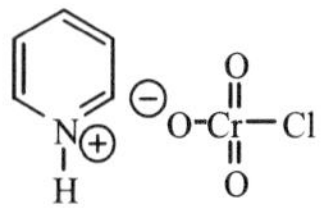	215.56	205		

시약	분자식	구조식	분자량	녹는점 (℃)	끓는점 (℃)	밀도 (g/mL)
살리실산 (Salicylic acid)	$HOC_6H_4CO_2H$		138.12	158~161	211	
소듐 아세테이트 (Sodium acetate)	CH_3COONa		82.03	328		1.528
소듐 보로하이드라이드 (Sodium borohyride),	$NaBH_4$		37.83	400		1.074
소듐 카보네이트 (Sodium carbonate)	Na_2CO_3		105.99	851		
염화 소듐 (Sodium chloride)	NaCl		58.44	801		2.165
소듐 다이크로메이트 다이하이드레이트 (Sodium dichromate dihydrate)	$Na_2Cr_2O_7 \cdot 2H_2O$		298	91		2.350
소듐 하이드록사이드 (Sodium Hydroxide)	NaOH		40	318		2.130
소듐 나이트라이트 (Sodium nitrite)	$NaNO_2$		69	271		2.168
시스 - 스틸벤 (cis - Stilbene)	$C_6H_5CHCHC_6H_5$		180.25		82~84	1.011
트랜스 - 스틸벤 (trans - Stilbene)	$C_6H_5CHCHC_6H_5$		180.25	122~124	305~307	0.970
설파닐산 (Sulfanilic acid)	$H_2NC_6H_4SO_3H$	H_2N-⟨ ⟩-SO_3H	173.19	~288		
황산 (Sulfuric acid)	H_2SO_4		98.08	- 2	327	1.840
주석 (Tin)	Sn		118.69	7.310		

4.4 용매

용 매	끓는점(℃) (760 mmHg)	녹는점 (℃)	분자량	20℃에서의 밀도(g/mL)	유전상수
아세트산 (Acetic acid)	118	17	60	1.05	6.2
아세톤 (Aceton)	56	- 95	58	0.79	20.7
아세토나이트릴 (Acetonitrile)	82	- 44	41	0.78	37.5
아니솔 (Anisole)	154	- 38	108	0.99	4.3
1-뷰탄올 (1-Butanol)	117.7	- 89.5	74	0.81	17.1
2-뷰탄올 (2-Butanol)	99.5	- 114.7	74	0.81	15.8
t-뷰탄올 (tert-Butanol)	82.4	25.8	74	0.79	10.9
이황화탄소 (Carbon disulphide)	46	- 111	76	1.26	2.6
사염화탄소 (Carbon tetrachloride)	77	- 23	154	1.59	2.2
클로로폼 (Chloroform)	61	- 64	119	1.49	4.8
사이클로헥세인 (Cyclohexane)	81	6.5	84	0.78	2.0
다이클로로메테인 (Dichloromethane)	40	- 95	85	1.33	8.9
다이에틸 에테르 (Diethyl ether)	35	- 116	74	0.71	4.3
다이메틸 폼아마이드 (Dimethyl formamide)	153	- 60	73	0.95	36.7
다이메틸 설폭사이드 (Dimethyl sulfoxide)	189	18	78	1.10	46.7
에탄올 (Ethanol)	78	- 114	46	0.79	24.6
에틸 아세테이트 (Ethyl acetate)	77	- 84	88	0.90	6.0
에틸렌 글라이콜 (Ethylene glycol)	197	- 16 ~ - 13	62	1.11	37.7

용 매	끓는점(℃) (760 mmHg)	녹는점 (℃)	분자량	20℃에서의 밀도(g/mL)	유전상수
에틸렌글라이콜 다이메틸에테르 (Ethyleneglycol dimethylether)	83	- 58	90	0.86	7.2
퓨란 (Furan)	31.4	- 85.6	68	0.95	2.9
글리세롤 (Gylcerol)	290	18	92	1.26	42.5
헵테인 (Heptane)	98	- 91	100	0.68	9.1
헥사메틸포스포릭 트라이아마이드 (Hexamethylphosphoric triamide)	233	7	179	1.03	30.0
헥세인 (Hexane)	69	- 95	86	0.66	1.9
메탄올 (Methanol)	65	- 98	32	0.79	32.0
나이트로메테인 (Nitromethane)	101	- 29	61	1.14	35.9
펜테인 (Pentane)	36	- 130	72	0.63	1.8
피리딘 (Pyridine)	115	- 42	79	0.98	12.4
테트라하이드로퓨란 (Tetrahydrofuran)	66	- 109	72	0.89	7.6
톨루엔 (Toluene)	111	- 95	92	0.87	2.4

4.5 pK_a

구조	pKa	구조	pKa
$\underline{H}I$	-9	$CH_3COO\underline{H}$	4.8
$\underline{H}Br$	-8	O, $\underline{H}$, H, O	5.3
$\underline{H}Cl$	-7	$HCO_3\underline{H}$	7.1
$N\underline{H}_3^+$	-10 ~ 5	$CH_3CO_3\underline{H}$	8.2
$CCl_3COO\underline{H}$	0.5	$CH_3COC\underline{H}_2COCH_3$	9.0
$CHCl_2COO\underline{H}$	1.3	$\underline{H}CN$	9.22
$HC\equiv CCOO\underline{H}$	1.9	$O\underline{H}$	9.9
$CH_2ClCOO\underline{H}$	2.8	$RN\underline{H}_3^+$	10 ~ 12
$\underline{H}F$	3.17	$C\underline{H}_3NO_2$	10.3
$HCOO\underline{H}$	3.7	$CH_3S\underline{H}$	10.3
$H_2C{=}CHCOO\underline{H}$	4.2		

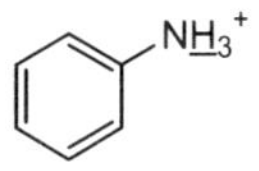

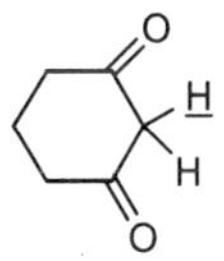

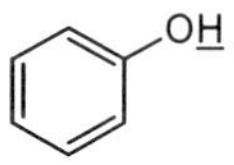

구조	pK_a	구조	pK_a
$CH_3COC\underline{H}_2COOCH_3$	10.6	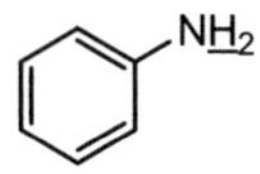 $N\underline{H}_2$	18~28
$C\underline{H}_2(COOCH_3)_2$	12.9	$HC\equiv C\underline{H}$	25
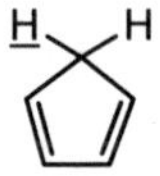 $\underline{H}$ H	15.0	$C\underline{H}_3CN$	25
$CH_3O\underline{H}$	15.5	$CH_3SOC\underline{H}_3$	35
$\underline{H}_2O$	15.7	$\underline{H}_2$	35
$(CH_3)_3CO\underline{H}$	18.0	$N\underline{H}_3$	36
$RO_2CC\underline{H}_2R'$	19 ~ 20	$(CH_3CH_2)_2N\underline{H}$	40
$CH_3COC\underline{H}_3$	19.3	$H_2C=C\underline{H}_2$	44
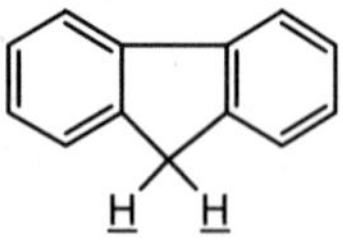 $\underline{H}$ $\underline{H}$	23	$C\underline{H}_4$	~60

4.6 농도 계산하기

시약(reagent)	HCl	H_2SO_4	HNO_3
분자량(molecular weight)	36.5	98.1	63.0
진한 용액의 질량 %	37.3	96.5	70.0
진한 용액의 밀도 (density)	1.18	1.84	1.41
진한 용액의 몰농도 (M)	12.0	18.1	15.7
묽은 용액의 질량 %	20.0	25.0	32.0
묽은 용액의 밀도 (density)	1.10	1.18	1.19
묽은 용액의 몰농도 (M)	6.03	3.01	6.04
1몰 용액 1L를 만드는데 필요한 진한 용액의 양 (ml)	82.6	55.2	63.7

1. 진한 염산 (HCl) 용액의 몰농도 (M) 구하기

몰농도란 용액 1*l* 당 들어있는 용질의 몰수 (mol)를 뜻한다. 37.3%의 질량 % 농도를 갖는 진한 염산 용액에는 용액 100g 당 37.3g의 염산이 들어있다. 진한 염산 용액의 밀도(d)가 1.18 g/mL인 것과 염산의 분자량이 36.47 g/mol인 것을 이용하여 질량 % 농도를 몰농도로 환산해준다.

① 용액 100g을 밀도로 나누어 용액의 부피를 구한다.

$$100g\,(\text{용액})\times\frac{1ml\,(\text{용액})}{1.18g\,(\text{용액})}\times\frac{1l}{1000ml}=0.0847l$$

② 용액 100g 중에는 37.3g의 염산이 들어있으므로 37.3g 염산의 몰수를 구한다.

$$37.3g\,(\text{염산})\times\frac{1mol\,(\text{염산})}{36.5g\,(\text{염산})}=1.02mol$$

③ ①과 ②에서 구한 염산의 부피와 몰수를 비례식을 이용하여 용액 1*l*에 해당하는 양으로 바꿔준다.

$$Xmol : 1l = 1.02mol : 0.0847l$$

$$Xmol = \frac{1.02mol \times 1l}{0.0847l} = 12.0mol$$

④ 12.0mol의 염산이 용액 1*l*에 녹아있는 것이므로 진한 염산의 몰농도는 12.0M이다.

2. 묽은 용액 만들기

① 진한 용액으로 묽은 용액 만들기

용매의 양이 변하여도 그 속에 들어있는 용질의 몰수는 일정하게 유지된다. 이러한 원리를 이용한 묽힘 공식 $M \times V = M' \times V' (= X\ mol)$을 통해 진한 용액으로부터 묽은 용액을 간단히 만들 수 있다.

예) 진한 염산 용액으로 3.00M HCl 용액 1*l* 만들기

$$3.00M \times 1l = 12.0M \times Xl$$
$$X = 250ml$$

1) 1*l* 부피 플라스크에 물을 반쯤 채운다.
2) 진한 염산 용액 250mL를 취해 1)의 플라스크에 넣고 섞는다.
3) 표선까지 물을 채운다.

② 고체 시료로 묽은 용액 만들기

분자량을 이용하여 원하는 농도의 용액 부피에 해당되는 시료의 질량을 구하고 용매로 해당 부피까지 녹여준다.

예) 3.00M NaOH 용액 1*l* 만들기

$$\frac{3mol}{1l} \times 1l \times \frac{40.0g\ (NaOH)}{1mol\ (NaOH)} = 120g$$

∴ 120g의 NaOH를 증류수에 녹여 1*l*가 되게 한다.

1) 500mL 비커에 물을 채우고 NaOH 120g을 서서히 넣어주면서 저어준다.
2) 1*l* 부피 플라스크에 1)의 용액을 넣고 증류수를 표선까지 채운다.

3. 질량 % 농도 구하기

예) 20% NaCl 용액 만들기

용질의 질량이 용액 전체 질량의 20%가 되게 한다.

$$20\% = \frac{x\ g\ NaCl}{100g H_2O + x\ g\ NaCl} \times 100$$ (용매로 물 100mL를 사용할 경우)

$X = 25.0g$

∴ 물 100mL에 NaCl 25.0g을 녹인다.

4. 부피 % 농도 구하기

예) 20% 에탄올 용액 만들기

용질의 부피가 용액 전체 부피의 20%가 되게 한다.

$$20\% = \frac{x\ ml\ (\text{에탄올})}{100ml\ (H_2O)\ +\ x\ ml\ (\text{에탄올})} \times 100$$ (용매로 물 100mL를 사용할 경우)

$X = 25.0ml$

∴ 물 100mL에 에탄올 25.0mL를 섞는다.

주의 : 위 식은 일반적으로 적용할 수 있지만, 만들어진 용액의 부피가 구성 물질의 부피의 합보다 작아지는 경우에는 보정이 필요하다. 따라서 실험실에서는 몰 농도나 무게 % 농도를 사용하는 것을 권한다.

5. 자주 쓰이는 용액의 몰농도

아래 계산식들은 실온 (20℃)에서의 용해도를 기준으로 계산하였다. 물의 밀도는 1.00g/mL이고, 물에 녹는 용질은 용액의 부피에 영향을 주지 않는다고 가정한다.

① 포화 NaCl 용액

분자량 : 58.4g / mol

용해도 : 36.0g / 100.0mL

$36.0g\ \text{NaCl} \div 58.4\text{g} / mol\ \text{NaCl} \div 0.100l = 6.16M$

② 포화 $NaHCO_3$ 용액

분자량 : 84.0g / mol

용해도 : 8.00g / 100.0mL

$8.00g\ NaHCO_3 \div 84.0g\ /mol\ NaHCO_3 \div 0.100l = 0.952M$

③ 20% $NaHSO_3$ 용액

분자량 : 104.1g / mol

용해도 : 29.0g / 100.0mL

$20.0g\ NaHSO_3 \div 104.1g/\ mol\ NaHSO_3 \div$
$(0.100 - 0.020)l = 2.40M$

④ 10% NaOH 용액

분자량 : 40.0g / mol

용해도 : 108.0g / 100.0mL

$10.0g\ NaOH \div 40.00g\ /\ mol\ NaOH \div$
$(0.100 - 0.010)l = 2.78M$

4.7 발색시약

발색 시약을 제조하는 방법과 각각의 시약에 사용되는 분석물질은 아래와 같다.

1. 황산 발색시약 (sulfuric acid reagent)

발색 시약 제조 : 10.0mL의 황산 (sulfuric acid)에 85.0mL의 물을 첨가한 후, 냉각시켜 5.0mL의 메탄올 (methanol)을 첨가한다.

2. 포타슘 퍼망간에이트 발색시약 (potassiumpermanganate reagent)

발색 시약 제조 : 1.5g의 포타슘 퍼망간에이트 ($KMnO_4$)를 300.0mL의 물에 녹인 후, 10.0g의 포타슘 카보네이트 (K_2CO_3)와 5% 소듐 하이드록사이드 (NaOH) 용액 5.0mL를 첨가한다.

3. 바닐린-인산 발색시약 (vanillin - phosphoric acid reagent)

발색 시약 제조 : 1.0g의 바닐린 (vanillin)을 25.0mL의 에탄올 (ethanol)에 녹인 후 25.0mL의 물과 35.0mL의 인산 (phosphoric acid)을 첨가한다.

4. 아니스알데하이드-황산 발색시약 (anisaldehyde - sulfuric acid reagent)

발색 시약 제조 : 1.0mL의 아니스알데하이드 (anisaldehyde)에 2.0mL의 진한 황산 (sulfuric acid)을 첨가한 후 100.0mL의 아세트산 (acetic acid)을 첨가한다.

4.8 전자쌍 이동

기본 규칙

1. 원소들은 다음과 같은 기본 전자수를 가지고 있으며, 이 전자들을 서로 공유하여 안정된 분자를 만든다. 이때 각 구성 원소의 최외각 전자는 옥테트 규칙을 만족한다.

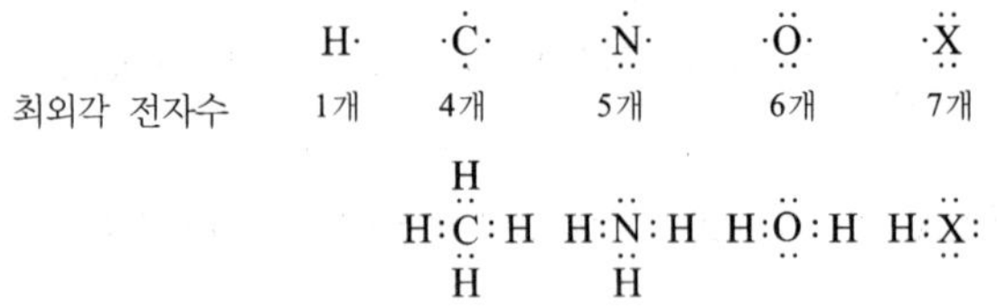

	H·	·C·	·N·	·O·	·X
최외각 전자수	1개	4개	5개	6개	7개

H:C:H (H 위·아래), H:N:H (H 아래), H:O:H, H:X:

2. 위 원소들이 기본 전자수보다 더 많이 가지고 있으면 −, 더 적게 가지고 있으면 + 전하를 띠게 된다.

형식전하 (formal charge) =
원래 가지고 있던 전자수 − 현재 자신이 가지고 있는 전자수

(a)

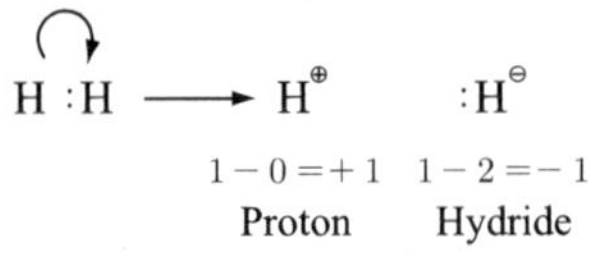

H :H ⟶ $H^{\oplus}$:$H^{\ominus}$

1 − 0 = +1 (Proton) 1 − 2 = −1 (Hydride)

(b)

H_3C—X ⟶ $H_3C^{\oplus}$ (Carbocation) + $X^{\ominus}$

H:C:X (H 위·아래) ⟶ H:$C^{\oplus}$ (H 위·아래) + :$X^{\ominus}$:

C 4 − 4 = 0 C 4 − 3 = +1

X 7 − 7 = 0 X 7 − 8 = −1

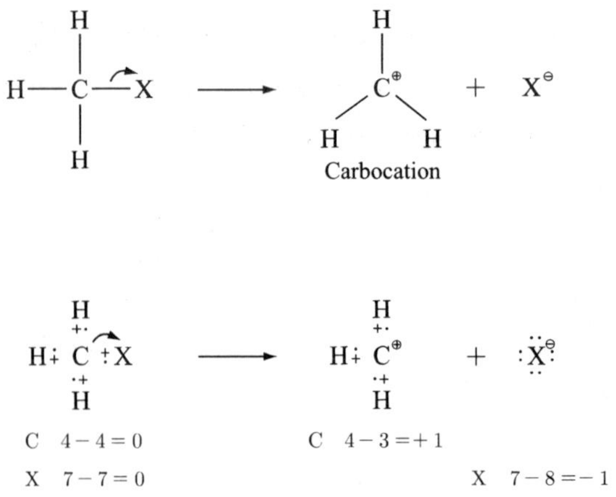

(c)

$$H-\ddot{\underset{\cdot\cdot}{O}}-H \longrightarrow H^{\oplus} + {}^{\ominus}OH$$

Proton　　Hydroxide

$$H:\ddot{\underset{\cdot\cdot}{O}}:H \longrightarrow H^{\oplus} + {}^{\ominus}:\ddot{\underset{\cdot\cdot}{O}}:H$$

H 1−1=0　　H 1−0=+1

O 6−6=0　　O 6−7=−1

(d)

$$RCH = CHR' \quad H^{\oplus} \longrightarrow R\overset{\oplus}{C}H = CH_2R'$$

$$R:\underset{H}{C}::CHR' \quad H^{\oplus} \longrightarrow R:\underset{H}{\overset{\oplus}{C}}::CH_2R'$$

C 4−4=0　　C 4−3=+1

3. **비공유 전자쌍**

중심원자의 비공유 전자쌍과 양성자가 배위 결합을 하는 경우 중심원자의 옥테트 조건은 계속 만족하지만, 중심원자는 양성자와 비공유전자쌍의 전자를 공유하게 되므로 자신의 전자를 하나 양성자에 주는 것이 된다. 따라서 중심전자는 전자수가 하나 줄어들어 양 전하를 가지게 된다.

염기가 양성자를 떼어내어 음이온이 만들어지는 경우도 중심원자의 옥테트 조건은 유지 되만 공유결합에 참여한 전자 두 개를 모두 자신이 가지게 되어 음전하를 가지게 된다.

(a)

$$\ddot{N}H_3 \quad H^{\oplus} \longrightarrow \overset{\oplus}{N}H_4$$

Ammonia　　Ammonia Salt

$$H:\underset{H}{\ddot{N}}:H \quad H^{\oplus} \longrightarrow H:\underset{H}{\overset{H}{N}}:H^{\oplus}$$

N 5−5=0　　N 5−4=+1

(b)

$H_2\ddot{O}: \quad H^{\oplus} \longrightarrow H_3O^{\oplus}$

Hydronium

$H:\ddot{O}:H \quad H^{\oplus} \longrightarrow H:\ddot{O}:H$ (with H above, $\oplus$)

O 6−6=0 O 6−5=+1

(c)

$R\text{–}C(=\ddot{O})\text{–}H \quad H^{\oplus} \longrightarrow R\text{–}C(={}^{\oplus}OH)\text{–}H$

$R\text{–}C(::\ddot{O})\text{–}H \quad H^{\oplus} \longrightarrow R\text{–}C(::\ddot{O}^{\oplus}:H)\text{–}H$

O 6−6=0 O 6−5=+1

(d)

$R\text{–}CH_2\text{–}H \quad \text{Base} \longrightarrow R\text{–}CH_2^{\ominus}$

Carbanion

$R:CH_2:H \quad \text{Base} \longrightarrow R:CH_2:^{\ominus}$

C 4−4=0 C 4−5=−1

(e)

$$R—CH_2—\ddot{O}—H \xrightarrow{\text{Base}} R—CH_2—\ddot{O}:^{\ominus}$$

Alkoxide

H:C:O:H (Base) ⟶ H:C:O:⊖

O 6 − 6 = 0 O 6 − 7 = − 1

4. 여러 가지 예

전자쌍은 항상 전자가 풍부한 곳에서 부족한 곳으로 이동한다.

전자쌍을 주면 주기전보다 전자가 부족하여 +전하를 띠게 되고 전자쌍을 받으면 전자가 풍부해져서 −전하를 가지게 된다.

(a)

$$R—CH=C(\ddot{O}H)—H \rightleftharpoons R—CH_2—C(=\ddot{O})—H$$

Enol (tautomer) Keto

R:C::C(OH)—H ⟶ R:C:C(O⊕H)—H ⟶ R:C:C(=O)—H H⊕

O 6 − 6 = 0 O 6 − 5 = + 1 O 6 − 6 = 0

(b)

(1,4-addition)

O 6 − 6 = 0 O 6 − 7 = − 1

(c)

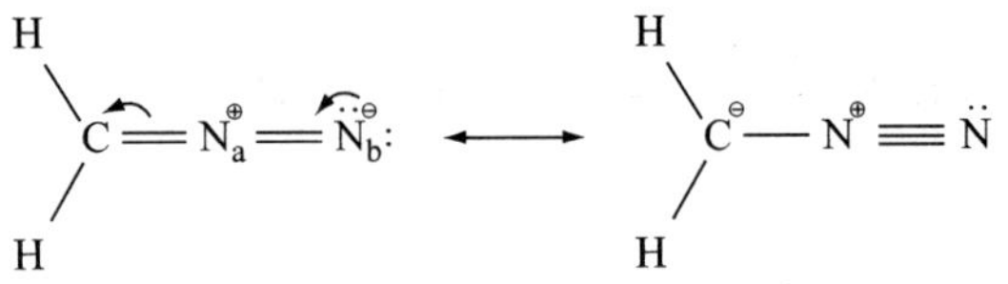

$$H_2C{=}N_a^{\oplus}{=}N_b^{\ominus} \longleftrightarrow H_2C^{\ominus}{-}N^{\oplus}{\equiv}N$$

Diazomethene

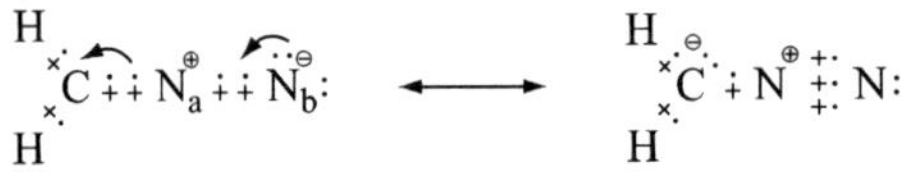

C 4−4=0
Na 5−4=+1
Nb 5−6=−1

C 4−3=−1
Na 5−4=+1
Nb 5−5=0

(d)

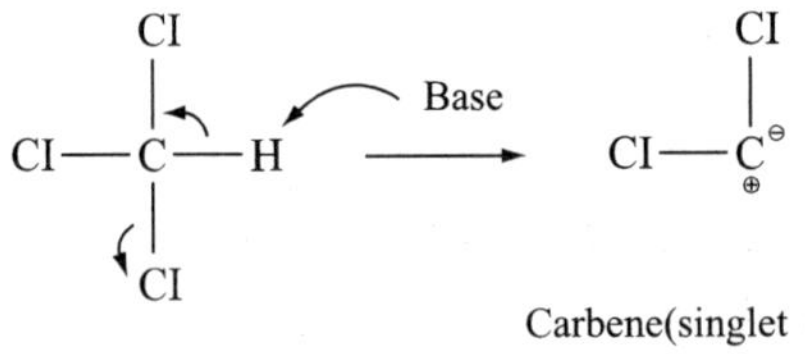

$$Cl_3C{-}H \xrightarrow{\text{Base}} Cl_2C^{\ominus}_{\oplus}$$

Carbene(singlet carbene)

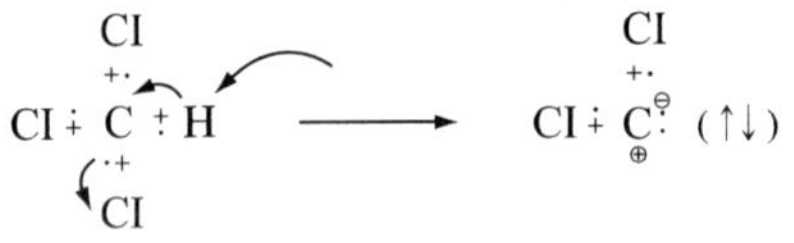

$$Cl_3C{:}H \longrightarrow Cl_2C{:}\ (\uparrow\downarrow)$$

C 4−4=0

C 4−4=0

cf. triplet carbene

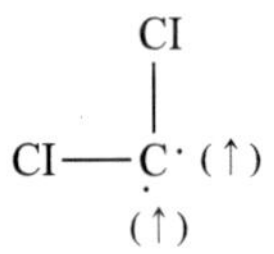

$$Cl_2C\cdot\ (\uparrow)\ (\uparrow)$$

(e)

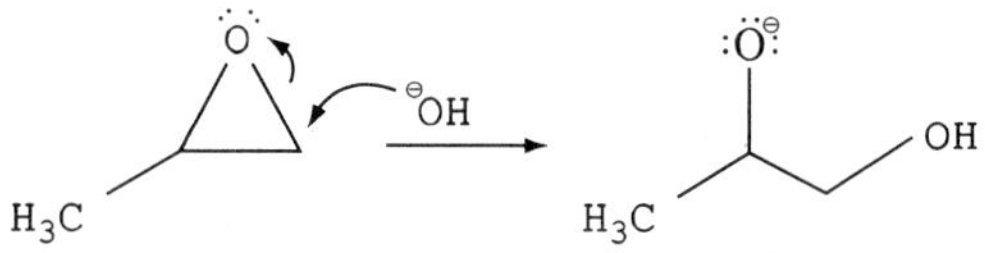

H_3C (epoxide) + $^{\ominus}OH$ → $:\ddot{O}:^{\ominus}$ ... OH, H_3C

O 6 − 6 = 0 O 6 − 7 = − 1

5. **공명구조**

(a)

$CH_2 = CH - \overset{\oplus}{C}H_2 \longleftrightarrow \overset{\oplus}{C}H_2 - CH = CH_2$

Ally1 cation

C 4 − 4 = 0 C 4 − 3 = + 1

C 4 − 3 = + 1 C 4 − 4 = 0

(b)

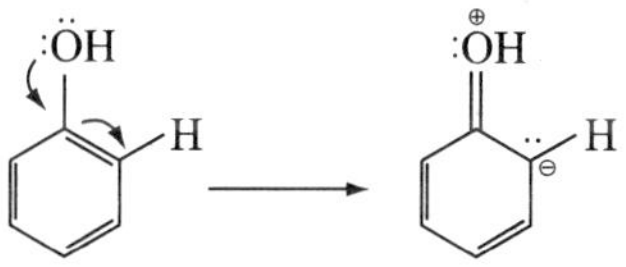

C 4 − 4 = 0 C 4 − 5 = − 1

O 6 − 6 = 0 O 6 − 5 = + 1

Phenol

(c)

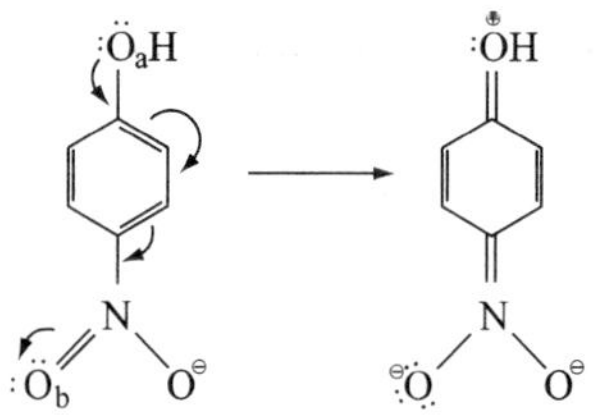

Oa 6 − 6 = 0 Oa 6 − 5 = + 1

Ob 6 − 6 = 0 Ob 6 − 7 = − 1

N 5 − 4 = + 1 N 5 − 4 = + 1

p-Nitrophenol

4.9 양성자 핵자기 공명 화학적 이동의 간단한 계산법

1. 양성자의 화학적 이동 값은 해당 탄소에 연결된 원소들에게 주어진 다음과 같은 값들의 합으로 예측할 수 있다. 이 값들은 각 원소의 전기음성도 값을 고려하여 얻어진다.

H	B	C	N	O	F
0.2	-0.3	0.7	1.7	2.7	3.7
		Si	P	S	Cl, Br, I
		-0.3	0.7	1.7	2.7

또한 불포화 결합 때문에 나타나는 반자기성 비등방성(diamagentic anisotropy) 효과를 고려한 이중결합이나 방향성 고리에는 다음과 같은 값을 추가한다.

$H_2C{=}CH$–**H** vinyl (Vn)	4.2	C_6H_5–**H** aryl (Ar)	6.0
$H_2C{=}CH{-}CH_2$–**H** allyl (Al)	0.8	$C_6H_5{-}CH_2$–**H** benzyl (Bz)	1.2
$HC{\equiv}C$–**H** ethynyl (En)	2.1	(cyclopropyl)–**H** 3-membered ring	- 0.7
$HC{\equiv}C{-}CH_2$–**H** propargyl (Pg)	0.8	(cyclobutyl)–**H** 4-membered ring	0.7

Ex) ① ethanol

$$\overset{H^a}{CH_2}-\overset{H^b}{CH}-OH$$

(a) 2H + C = 0.2 × 2 + 0.7 = 1.1 (observed at 1.22 ppm)

(b) H + C + O = 0.2 + 0.7 + 2.7 = 3.6 (observed at 3.70 ppm)

② acetone

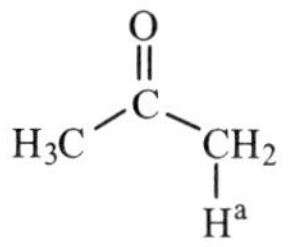

$$H_3C-C(=O)-CH_2-H^a$$

(a) 2H + C + Al = 0.2 × 2 + 0.7 + 0.8 = 1.9 (observed at 2.05 ppm)

③ toluene

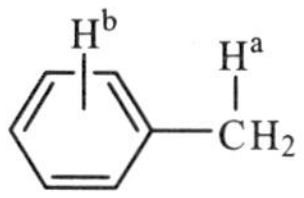

$$C_6H_4(H^b)-CH_2-H^a$$

(a) 2H + C + Bz = 0.2 × 2 + 0.7 + 1.2 = 2.3 (observed at 2.32 ppm)

(b) 2C + Ar = 2 x 0.7 + 6.0 = 7.4 (observed at 7.17 ± 0.03 ppm)

④ cyclopropane

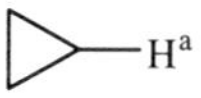

$$C_3H_5-H^a$$

(a) H + 2C + 3-membered ring = 0.2 + 0.7 × 2 + (-0.7) = 0.9 (observed at 0.70 ppm)

⑤ acetonitrile

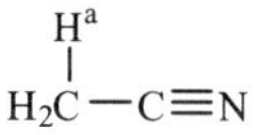

$$H^a-H_2C-C\equiv N$$

(a) 2H + C + Pg = 0.2 × 2 + 0.7 + 0.8 = 1.9 (observed at 1.95 ppm)

⑥ TMS

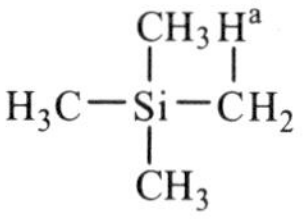

$$H_3C-Si(CH_3)_2-CH_2-H^a$$

(a) 2H + Si = 0.2 × 2 + (-0.3) = 0.1 (observed at 0.0 ppm)

2. 포화된 탄소에서 알릴(allyl)이나 벤질(benzyl) 효과는 산소나 질소원소가 있는 경우에도 적용이 된다.

Ex) ① ethyl acetate

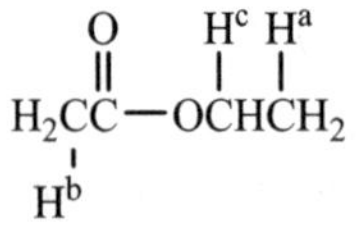

$H_2CC(=O)-OCH(H^c)CH_2(H^a)$, H^b on H_2C

(a) 2H + C = 0.2 × 2 + 0.7 = 1.1 (observed at 1.25 ppm)

(b) 2H + C + Al = 0.2 × 2 + 0.7 + 0.8 = 1.9 (observed at 2.03 ppm)

(c) H + C + O + Al = 0.2 + 0.7 + 2.7 + 0.8 = 4.4 (observed at 4.12 ppm)

② DMF

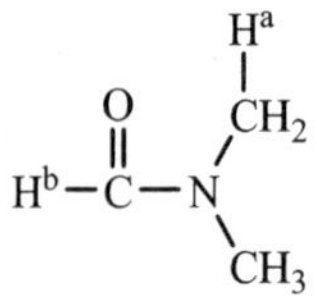

$H^b-C(=O)-N(CH_2H^a)(CH_3)$

(a) 2H + N + Al = 0.2 × 2 + 1.7 + 0.8 = 2.9 (observed at 2.88, 2.97 ppm)

(b) N + O + Vn = 1.7 + 2.7 + 4.2 = 8.6 (observed at 8.02 ppm)

3. 산소나 불소가 한 탄소에 두 개이상 결합되어 있는 경우에는 그 값이 산술적 합으로 나타나지 않고, 그 효과가 감소한다. 예를 들면 산소가 하나 있는 경우에는 2.7이지만 두 번째 산소가 미치는 영향은 1.7로 감소한다. 불소의 경우에도 첫 번째는 3.7이지만 두 번째는 2.7의 효과를 미친다.

Ex) 4,6-dioxacycloheptene

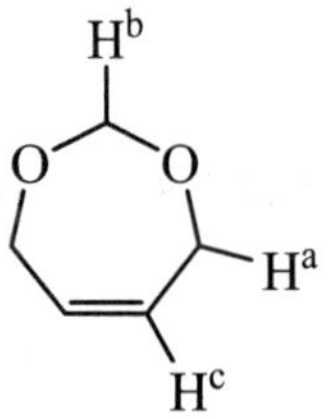

H^b, O, O, H^a, H^c

(a) H + C + O + Al = 0.2 + 0.7 + 2.7 + 0.8 = 4.4 (observed at 4.30 ppm)

(b) H + O + 2nd O = 0.2 + 2.7 + 1.7 = 4.6 (observed at 4.90 ppm)

(c) 2C + Vn = 0.7 × 2 + 4.2 = 5.6 (observed at 5.70 ppm)

좀 더 자세한 것은 다음 논문을 참조하기 바랍니다.

Jeffreys, J. A. D. Journal of Chemical Education 1979, 56, 807

4.10 카제인을 이용한 그림물감 만들기

이 실험은 학생들이 만들어낸 물감으로 직접 그림을 그림으로써 유기화학 실험에 재미를 갖게 하고 실험을 친숙하게 할 목적으로 수행하면 좋을 것이라고 생각하여 부록에 실었습니다. 카제인(casein)으로 그림을 그리면 보통의 물감과는 다르게 부드럽고 자연에 가까운 색을 낼 수 있기 때문에 정서적으로 메마를 수 있는 실험수업에 도움이 될 것입니다.

Ⅰ. 카제인의 추출

※ 감압 필터가 오래 걸리므로 감압 필터 순서를 기다리면서 방법 II의 안료 만들기 과정을 먼저 하면 실험시간을 단축시킬 수 있다.

① 250mL 비이커에 우유 150mL와 스핀바를 넣고 자석교반기에서 가열할 준비를 한 다음 클램프로 잘 고정한 온도계를 설치하고 교반하면서 40℃까지 가열한다.

② 용액의 온도가 40℃가 되면 열원을 제거하고, 물과 아세트산을 1:2의 비율로 희석한 용액을 10.0mL 넣는다. 카제인 침전이 생성되는 것을 관찰하고 모액이 뿌옇다면 맑아질 때까지 희석한 아세트산을 소량씩 첨가한다. (침전 때문에 용액이 잘 보이지 않으므로 아세트산을 첨가하고 5분 간 교반한 후 멈추고 용액의 상태를 확인한다.)

③ 응결된 카제인을 감압필터한 후에 비이커에 옮겨 담는다. 필터할 때 시간이 오래 걸리므로 여과지의 구멍이 되도록 큰 것을 쓰는 것이 좋다. 와트만의 정성여과지 기준으로 구멍의 크기가 가장 큰 4번 여과지가 좋을 것이다. 카제인 침전이 여과지의 구멍을 막게 되므로 여과지가 찢어지지 않게 조심하면서 유리막대로 계속 저어주면 필터를 빨리 할 수 있다. 카제인은 물감의 바인더로 쓰일 것이어서 물기를 많이 뺄 필요는 없다.

II. 안료 만들기

※ 안료를 만들 때 중복되는 시약이 많으므로 실험 전에 미리 비슷한 시약을 쓰는 것끼리 분류하여 실험하는 것이 편하다.

① 하얀색 안료

따뜻한 물 5.0mL를 준비하여 염화 칼슘 이수화물 (calcium chloride dihydrate, $CaCl_2$) 0.50g과 무수 탄산 소듐 (sodium carbonate anhydrous, Na_2CO_3) 0.50g을 시험관에 넣고 녹인 후 침전을 감압 필터한다. (시험관을 따뜻한 물에 담가놓으면 쉽게 녹일 수 있다.)

② 녹색 안료

포타슘 육시안화 철(II) (potassium hexa cyanoferrate(II), $K_4Fe(CN)_6$) 0.30g과 염화 코발트 (cobalt chloride, $CoCl_2$) 0.30g을 사용해 전 과정과 동일 순서로 만든다.

③ 라벤더색 안료

염화 코발트 0.30g와 무수 탄산 소듐 0.30g을 사용해 전 과정과 동일 순서로 만든다.

④ 파란색 안료

황산 암모늄 철(III) (ammonium iron(III) sulfate, $(NH_4)_2Fe(SO_4)_2$) 0.30g과 포타슘 육시안화 철(II) 0.30g을 사용해 전 과정과 동일 순서로 만든다.

⑤ 오렌지색 안료

황산 암모늄 철(III) 0.30g과 소듐 실리케이트 (sodium silicate, Na_2SiO_3) 1.0mL를 사용해 전 과정과 동일 순서로 만든다. (소듐 실리케이트는 점도가 높아 1.0mL를 취하는 것이 불가능하므로 소듐 실리케이트 : 물 = 1 : 2 의 비율로 희석한 용액 3.0mL를 사용한다. 감압필터를 할 때에도 소듐 실리케이트의 점성 때문에 물이 완전히 빠지지는 않는다.)

⑥ 남색 안료

염화 코발트 0.30g와 소듐 실리케이트 1.0mL를 사용해 전 과정과 동일 순서로 만든다.

⑦ 갈색 안료

황산 암모늄 철(III) 0.30g과 탄산 소듐 0.30g을 사용해 전 과정과 동일 순서로 만든다.

⑧ 검은색 안료

미리 만들 필요는 없고, 숯가루 (powdered charcoal)를 물과 섞어 쓰도록 한다.

III. 그림 그리기

※ 안료만으로는 종이와의 흡착력이 부족하여 고정이 되지 않는다. 안료를 종이에 고정시키는 역할을 카제인이 해준다.

① 파레트나 그 대용품 위에 추출한 카제인과 안료를 1:1의 비율로 잘 섞고 물의 양을 적당히 조절하여 물감을 만든다. (OHP 필름 등의 대용품을 쓰는 것이 편하다.) 카제인을 섞는 비율에 따라 색의 농도가 달라진다. 많이 섞을수록 연한 색깔이 나오게 되므로 자신이 원하는 색이 나오도록 카제인과 안료의 비율을 조절하도록 한다.

② 카제인을 이용한 물감은 덧칠하여도 색이 섞이지 않기 때문에 연한 색은 물감이 마른 후 짙은 색으로 칠하여 고칠 수 있다. 따라서 채색을 할 때는 연한 색부터 칠한다.

③ 카제인은 점성이 있어서 다른 것이 붙으면 잘 떨어지지 않기 때문에 그림을 완성한 후 완전히 마르기 전에는 조심해야 한다.

④ 사용한 붓은 바로 씻지 않으면 딱딱하게 굳어버리게 되므로 사용 후 깨끗이 세척한다.

⑤ 그림을 완성한 후 각자 자신의 작품에 대한 설명시간을 갖도록 하자.

4.11 실험 시험문제의 예

기본 테크닉 문제유형 - 일반적으로 구조를 통해 화합물의 이름을 쓰거나 주어진 이름을 통해 구조를 그리는 문제를 낼 수 있다.

(예) 1. 다음 화합물의 구조를 그리시오.
(1) 사이클로헥산온 옥심 (Cyclohexanone Oxime)
(2) DMSO

2. 다음 화합물의 이름을 명명하시오.

(1) $H_3CH_2CO-C(=O)-CH=CH-C(=O)-OCH_2CH_3$ (구조식: 두 H가 이중결합의 서로 반대쪽)

(2) 벤젠 고리에 COOH와 NO_2가 이웃한 구조 (OH, NO_2)

1장 유기 화합물의 극성과 구조

1.1 용해와 극성

1. 다음 화합물의 구조를 그리고, 구조를 통해 물과 헥세인에 대한 용해도를 예상하시오.

명 명	구조식	물	헥세인
에탄올			
메탄올			
에틸 아세테이트			
아세토나이트릴			

2. $C_4H_{10}O$ 이성질체를 모두 그리고, 각 화합물의 물과 헥세인에 대한 용해도를 예상하고 그 이유를 구조를 통해 설명하시오.

3. 다음 표는 시료와 물을 동량 취하여 용해도를 실험한 결과이다.

화합물	물	NaCl 첨가시
다이에틸 에테르	안 섞임	
THF	섞임	층 분리됨
퓨란	안 섞임	
다이옥세인	섞임	층 분리됨

물과 섞여있는 THF나 다이옥세인에 NaCl을 넣으면 층이 분리되는 이유를 설명하시오.

1.2 얇은 막 크로마토그라피

1. 다음 화합물을 TLC로 전개시켰을 때 상대적인 R_f값을 예상하고, 그 이유를 분자구조를 통해 설명하시오.

(1) 시스-스틸벤 (cis-Stilbene) / 트랜스-스틸벤(trans-Stilbene)

(2) 다이에틸 퓨마레이트 (Diethyl Fumarate) / 다이에틸 말레이트 (Diethyl Maleate)

(3) 오쏘 - 나이트로아닐린 (*o*-Nitro aniline) / 파라 - 나이트로아닐린 (*p*-Nitroaniline)

(4) 오쏘 - 다이나이트로벤젠 (*o* - Dinitrobenzene) / 메타 - 다이나이트로벤젠 (*m* - Dinitrobenzene) / 파라 - 이나이트로벤젠 (*p* - Dinitrobenzene)

2. 두 미지시료 A와 B를 TLC 상에서 같은 전개용매로 각각 전개한 결과 두 시료 모두 0.53의 R_f값이 나왔다. TLC를 통해 이 두 시료가 같은 화합물인지 아닌지 확인하려면 어떻게 해야 하겠는가?

3. 다음 실험 결과를 보고 일반적인 이성질체 간의 극성차이에 대해 설명하시오.

화합물	전개용매	R_f값
다이에틸 말레이트	에틸 아세테이트 : 헥세인 = 1 : 4	0.43
다이에틸 퓨마레이트		0.60

4. U.V 램프에서 TLC판 위에 유기물질의 점적이 보이는 원리를 설명하시오.

1.3 증류와 편극성

1. 다음은 물과 아닐린의 혼합물을 증류하기 시작한 후 시간에 따른 온도의 변화를 표로 나타낸 것이다. 각 온도변화에 따라 어떤 화합물이 증류되고 있는지 설명하시오.

가) 0~20분 : 25°C
나) 20~21분 : 25°C => 93°C로 온도 상승
다) 21~60분 : 93°C
라) 60~61분 : 93°C => 80°C로 온도 하강
마) 61분 이후 : 온도 상승

예) 가 - 증류가 시작되기 전의 상태

2. 딘 스탁 장치에 의한 물과 톨루엔을 분리하는 실험에서는 온도계를 사용하지 않는다. 이 실험에서 증류가 끝났다고 판단할 수 있는 근거는 무엇인지 기술하시오.

3. 물과 톨루엔의 극성차이는 두 화합물의 혼합용액의 끓는점에 어떤 영향을 미치겠는가? 불변끓음 혼합물의 최고 끓는점과 최저 끓는점을 통해 설명하시오.

1.4 추출과 산 해리상수

1. 추출을 통해 분리해낸 유기층에 남아있는 소량 또는 미량의 물을 제거하는 방법을 자세히 기술하시오.

2. 벤조산, 벤질 알코올 및 페놀이 섞여있는 혼합용액에 포화 탄산수소나트륨 용액을 첨가하면 유기층에서 벤조산만이 제거된다. 그 이유를 pK_a 값과 관련하여 설명하시오.

3. 어떤 화합물 A의 용해도가 10.0g / 100mL H_2O (25°C), 10.0g / 100mL 다이에틸 에테르일 때, 다음 물음에 답하시오.

   (1) 분포계수(K)를 구하시오.

   (2) 화합물 A가 100mL 물에 5.0g 녹아있는 경우, 이것을 다이에틸 에테르 100mL 를 가지고 한번에 추출하는 경우(①)와 다이에틸 에테르 50mL를 2번 이용하여 추출한 경우(②)로 나누어서 계산하여 그 효율성을 비교하시오.

1.5 재결정과 쌓임

1. 다음 표는 화합물 A와 화합물 B의 용해도를 나타낸 것이다.

용매 1.0mL	화합물 A	화합물 B
물 (25°C)	6.84mg	0.42mg
메탄올	340mg	9.09mg
에탄올	400mg	83.3mg
아세톤	400mg	50.0mg
클로로폼	4.55mg	6.6mg
다이에틸 에테르	220mg	22.2mg

(1) 화합물 A와 화합물 B가 섞여있는 혼합물을 재결정하여 순수한 화합물 B를 얻어내고자 할 때, 가장 적절한 용매를 선택하고 그 이유를 자세히 설명하시오.

(2) 화합물 A와 화합물 B가 섞여있는 혼합물을 재결정하고 난 후에, 모액과 재결정한 물질을 공점적하여 TLC를 찍었을 때 예상되는 TLC 패턴을 그리고, 그 이유를 설명하시오. (단, 극성의 상대적인 세기는 화합물 A가 더 크다고 가정한다.)

2. 설탕과 소금의 혼합물을 재결정하는 과정에서 혼합물의 수용액에 아세톤을 가해주면 소금이 재결정된다. 그 이유를 설탕과 소금의 구조를 통해 설명하시오.

3. 재결정을 할 때 용액을 상온까지 식혀도 결정이 생기지 않을 경우에는 어떤 방법으로 결정이 생기게 할 수 있는가?

1.6 추출/재결정/증류가 통합된 혼합물의 분리실험

1. 다음 빈칸을 채우고 1~4번의 시약을 첨가했을 때의 화학식을 쓰시오.

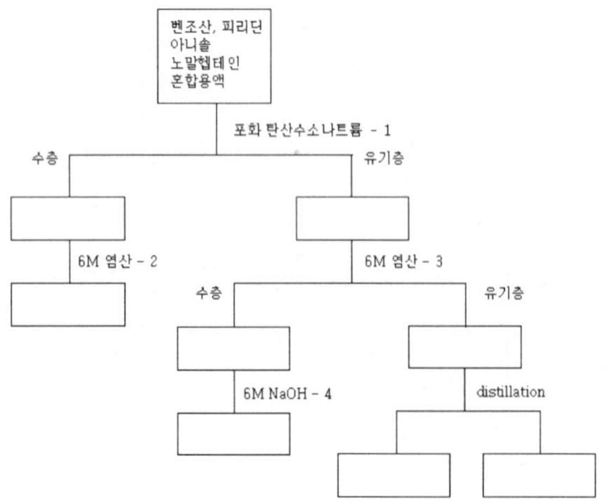

2장 초급 유기 반응

2.1 산 촉매 에스터 반응

1. 다음 반응의 메카니즘을 그리시오.

$$C_6H_5-C(=O)-OH \xrightleftharpoons[CH_3OH]{H_2SO_4} C_6H_5-C(=O)-OCH_3 + H_2O$$

2. 에스터화 반응은 가역반응이다. 좋은 수율의 에스터 화합물을 얻기 위한 방법을 아는 대로 쓰시오.

3. 반응 마무리 시에 포화 탄산수소나트륨 용액을 넣어주는 이유는 무엇인가?

4. 반응 마무리 시에 다이에틸 에테르와 함께 물을 넣고 교반해주는 이유를 설명하시오.

5. 반응 마무리 시에 메탄올은 물과 극성이 비슷하여 층 분리가 안되는 경우가 있다. 층 분리를 위해서 넣어주는 물질은 무엇이고 그 원리는 무엇인지 설명하시오.

2.2 염기 비누화 반응

1. 메틸 살리실레이트가 사라진 것을 확인하기 위하여 에틸 아세테이트 : 헥세인 = 1:9 전개용매를 이용한다. 이 조건에서는 살리실산의 TLC 점적을 확인할 수 없는데 그 이유는 무엇이며 살리실산이 생성된 것을 확인하기 위한 전개용매 조건은 무엇인가?

2. 다음 반응의 2번 단계에서 반응의 추진력은 무엇인가?

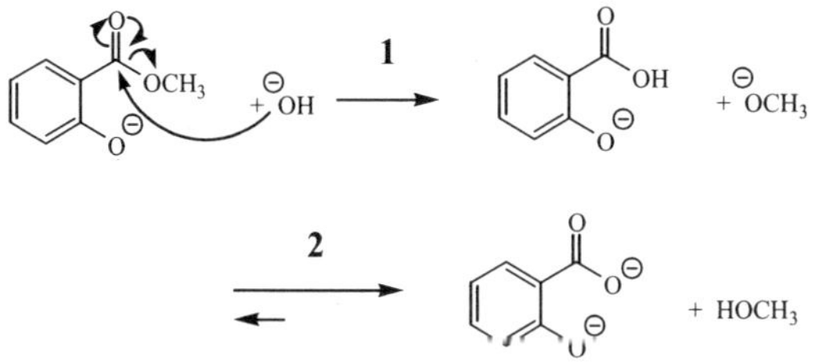

$$\text{methyl salicylate ester (O}^-\text{)} + OH^- \xrightarrow{1} \text{salicylic acid (O}^-\text{)} + {}^-OCH_3$$

$$\underset{\longleftarrow}{\xrightarrow{2}} \text{salicylate dianion} + HOCH_3$$

3. 반응 마무리 시에 3.0M 황산으로 pH를 2까지 낮추는 이유를 설명하시오.

2.3 무수 초산 아마이드 합성

1. 물과 진한 염산의 혼합용액이 들어있는 플라스크에 아닐린을 첨가하면 처음에는 섞이지 않다가 점차 섞이는 것을 볼 수 있다. 그 이유를 화학반응식을 통해 설명하시오.

2. 아닐린의 4차 암모늄염이 생성된 플라스크에 소듐 아세테이트와 무수 아세트산을 순서대로 첨가했을 때 예상되는 반응 메카니즘을 그리시오.

2.4 산화반응

실험 1 크롬산을 이용한 산화 반응

1.다음 반응식을 완성하시오.

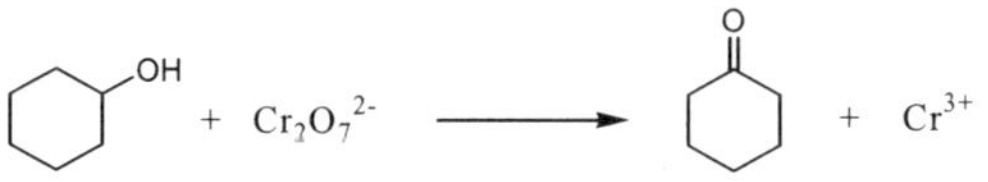

$$\text{cyclohexanol} + Cr_2O_7^{2-} \longrightarrow \text{cyclohexanone} + Cr^{3+}$$

2. 사이클로헥산올을 산화시키기 위한 반응에서 용매로 헥세인을 넣어주는 이유를 설명하시오.

3. TLC로 반응의 종결을 확인한 후 옥살산을 넣는 이유를 설명하시오.

4. 반응 마무리 시에 다이에틸 에테르를 추출 용매로 쓰는 이유는 무엇인가?

실험 2 PCC를 이용한 산화 반응

1. 필터 케익 (filter cake)을 만들 때 무수 마그네슘 설페이트와 실리카겔을 사용한다. 그 이유를 극성을 통해 설명하시오.

2. PCC의 원어 (full name)와 구조를 그리시오.

3. PCC를 이용한 산화 반응의 반응식을 쓰시오.

2.5 환원반응

실험 1 수소 음이온을 이용한 환원 반응

1. 벤즈알데하이드에 $NaBH_4$를 넣었을 때의 화학 반응식을 그리시오.

2. 반응 종료를 TLC로 확인한 후 물을 첨가하는 이유는 무엇인가?

3. 반응 마무리 시에 포화 탄산수소나트륨 용액을 넣어 주는 이유는 무엇인가?

실험 2 주석을 이용한 환원 반응

1. 불변 끓음 혼합물 (azeotrope)이란 무엇인지 예를 들어 설명하시오.

2. Tin (Sn)을 이용한 환원 반응의 반응식을 쓰시오.

2.6 친전자성 치환 나이트로벤젠 합성

1. 다음 반응의 메카니즘을 그리시오.

$$HNO_3 \xrightarrow{H_2SO_4} H_2O + {}^+NO_2$$

2. 나이트로화 반응은 발열반응이므로 낮은 온도에서 반응을 진행시킨다. 용액의 온도를 낮추기 위한 방법과 그 원리를 설명하시오.

3. 용매로 헥세인을 넣어주는 이유는 무엇인가?

2.7 카니자로 자동 산화 - 환원 반응

1. 다음 반응식의 메카니즘을 쓰시오.

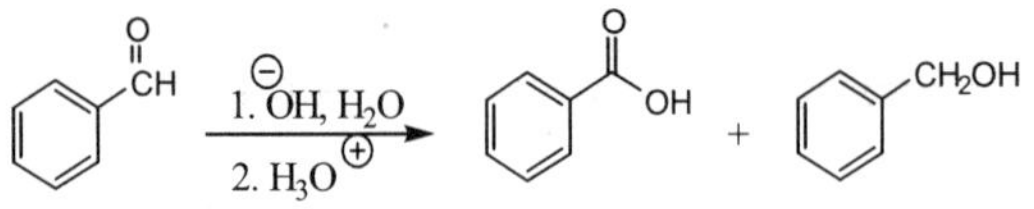

2. 반응 마무리 과정에서 20% 소듐 바이설파이트 용액을 넣어 주는 이유를 화학반응식을 이용하여 설명하시오.

3. 아래 반응의 추진력은 무엇인가?

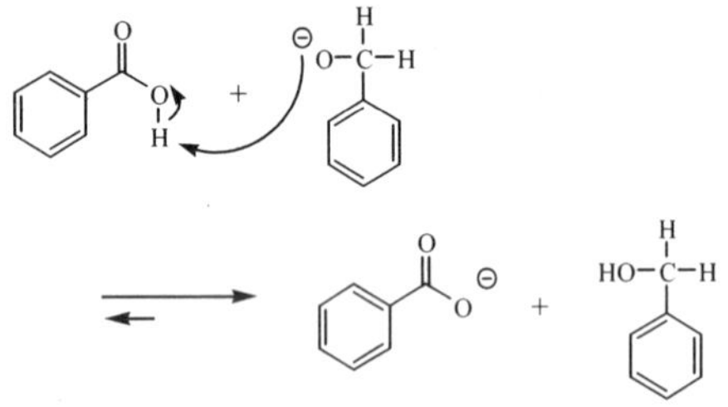

2.8 알돌 축합 엔온 합성

1. 다음 반응의 메카니즘을 그리시오.

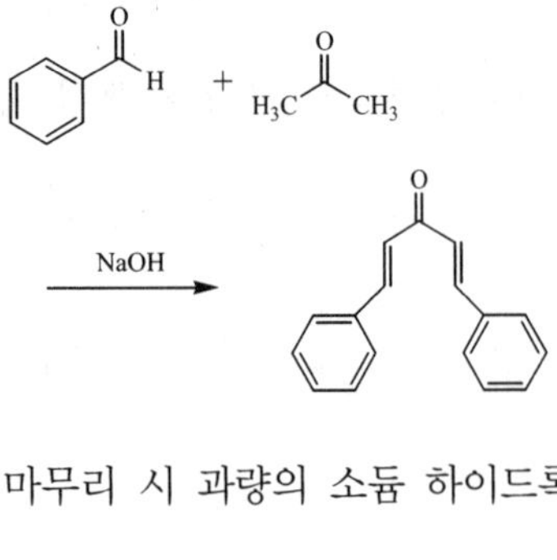

2. 반응 마무리 시 과량의 소듐 하이드록사이드를 제거하는 방법을 기술하시오.

3. 알파 위치의 수소가 없는 경우 일어날 수 있는 반응은?

3장 중급 유기 반응

3.1 다이아조늄을 이용한 아조염료 합성

1. 다이아조늄을 만드는 과정을 얼음중탕에서 수행하는 이유를 설명하시오.

2. 감압필터 시에 포화 염화소듐 용액을 사용하는 이유는 무엇인가?

3.2 베크만 자리옮김 반응을 이용한 락탐합성

1. 옥심을 만드는 과정에서 반응이 진행되지 않았다. 반응물의 pH를 측정한 결과 pH=2~3이 나왔다. 반응이 진행되지 않은 이유를 설명하시오.

2. 옥심이 만들어지는 메카니즘을 그리시오.

3.3 나자로프반응을 이용한 오각 고리의 엔온 합성

1. 다음 반응이 어느 쪽으로 진행되는지 예상하고, 그 이유를 설명하시오.

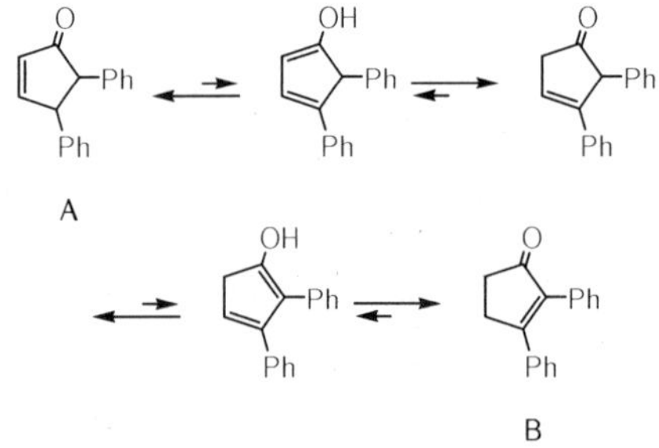

| 저자소개 |

교수신문 315호 (2004년 5월 31일자) "우리 대학 명강의 시리즈" 에 실린 기사로 저자소개를 대신합니다.

■우리대학 명강의 : 김홍범 동국대 교수의 '유기화합물의 결합 및 구조'

양창봉 / 동국대 생물학과 3학년

책을 뒷장부터 보는 수업…장갑 · 우산도 '교재

'생명과학을 제대로 공부하려면 유기화학을 들어야 하는지 몰랐다. 그저 생화학을 수강하면 된다는 생각을 했다. 하지만 주위에서 유기화학을 먼저 듣고 생화학을 공부해야 한다는 조언이 많았다. 그 수강하게 된 게 '유기 화합물의 결합 및 구조' 말 그대로 유기화합물의 결합과 구조, 그리고 기본적인 반응 메카니즘에 대해서 배우는 강좌다.

분자모형부터 생활 소재까지 설명에 이용

주위의 조언으로 마지못해 듣게 된 강의였지만, 강의진행은 이제까지 보지 못했던 독특한 방법으로 진행 됐다. 기껏해야 슬리이드나 OHP만을 이용해 그림만 보여주는 다른 강의와는 달리, 교수님께서는 매 수업시간마다 분자모형을 가지고 오셔서 수업 시간에 직접 만들어 보여주셨다.

교수님은 교과서에 나오는 화합물들의 구조 하나하나를 보여주기 위해 일일이 결합 막대를 떼고 다시 붙이는 작업을 마다하지 않으셨다. 또 교과서의 그림만으로는 유기화합물의 3차원적 구조를 머릿속으로 잘 그려낼 수 없으니 직접 만들어 봐야 한다며, 연구실에 분자모형 세트 여러 개를 구비해 놓았으니 빌려가라고 하셨다.

각 화합물의 성질에 대한 이해를 돕기 위해 여러 가지 도구를 사용하기도 했다. 한번은 교수님께서 작업용장갑과 골키퍼 장갑을 갖고 오셨는데, 그날 공부할 내용인 '거울상 이성질체 설명하기 위해서였다. '거울상 이성질체'란 두 이성질체의 3차원적 구조가 같지 않아서 포개어지지 않고, 다만 그 구조가 서로 거울에 비친 모습과 같다는 걸 의미한다. 교수님은 이를 설명하기 위해 골키퍼 장갑을 이용하셨다. 즉 골키퍼 장갑의 경우 왼손과 오른손의 구분이 있어 포개어지지 않는데, '거울상 이성질체'가 이와 같다는 것이다. 하지만 '거울상 이성질체'가 아닌 경우에는 작업용 장갑처럼 왼손과 오른손이 구분이 없어 서로 포개어 질 수 있다는 것이다.

또 어느 날은 나무로 된 우산살을 들고 오신 적도 있다. 이번엔 또 뭔가 하고 봤더니 S_N2 반응에서 정사면체 분자의 중심 탄소에 친핵체가 공격하면 반대편 치환체가 떨어져 나가는 모습을 이해시키기 위해서 비도 안 오는 날에 우산살을 들고 오셨던 것이었다. 이 밖에 각종 반응을 설명하기 위해 노트북과 빔 프로젝터로 컴퓨터 그래픽으로 구현한 화합물의 구조를 보여주시기도 했다.

교재의 이용도 다른 교수님들과는 달랐다. 교수님께서는 새 단원을 나갈 때마다 각 장의 마지막에 있는 요약 부분을 먼저 보도록 했다. 중요한 개념과 용어 들을 먼저 익힌 후 본론에 들어갔다.

숲을 먼저 보고 나서 그 안에 있는 나무 들을 하나하나씩 보도록 배려한 것이다. 보통 다른 강좌는 천편일률적으로 첫 장부터 무작정 나갔는데, 이런 훈련을 통해 자연과학 원서를 공부하는 요령을 자연스럽게 터득할 수 있었다.
교수님은 언제나 지난 수업시간의 핵심 내용을 연구실 앞에 게시했다. 학생들이 필기하느라 수업 내용에 집중하지 못하는 일이 없도록 하기 위해서다. 매번 강의에 들어와 필기를 해야 하는 조교는 무척 번거롭겠지만, 수업을 듣는 학생 입장으로서는 세심한 배려라 느끼지 않을 수 없었다.

대부분의 학생들은 좋아하지 않지만 교수님은 수업 중에 질문을 자주 하셨다. 사실 질문 받는 것이 그리 좋지만은 않았다. 질문에 답하지 못하면 난처한 상황에 처하기 때문이다. 하지만 오히려 그 덕분에 긴장감이 생겼고, 지루하지 않을 수 있어 수업에 더욱 집중하게 됐다.

평가는 모두 세 번의 시험과 수시로 보는 퀴즈의 점수를 모두 합산해서 석차를 냈다. 전체 점수에서 작지 않은 비중을 차지하는 퀴즈를 수시로 내면서, 시험기간에만 잠깐 공부하는 일이 없도록 했다. 이는 참으로 바람직한 방법이라고 생각한다. 물론 개인적으로 안 좋은 성적을 받긴 했지만 말이다.

시험 뒤 '이프로' 음료수를 주는 까닭

매번 시험이 끝난 후 성적이 좋은 학생들에게 음료수 '이프로'를 주셨는데, 왜 하필 '이프로'냐면, 교수님의 목표가 강의를 듣는 모든 수강생들이 전국에 있는 유기화학을 공부하는 대학생들 중 상위 2% 안에 드는 것이기 때문이다. 자그마한 선물에 학생들에 대한 크나큰 격려의 의미가 담겨있다는 느낌을 듬뿍 받을 수 있었다. 그리고 많은 학생들의 이름을 기억하시고 계시면서 친근하게 불러주셨던 것 또한 인상 깊었다.

단지 연구와 행정적인 업무에 바쁜 나머지 미처 강의에 충실하지 못하시는 교수님들이 많은데 김홍범 교수님은 부단히 고민하고 노력하시는 흔적이 강의시간에 여실히 드러났다. 나 또한 학자의 길을 걷다가 만약 대학 교단에 서게 된다면, 아마 김홍범 교수님의 강의를 생각하면서 학생들을 가르치지 않을까 싶다.

〈참조〉

http://www.kyosu.net/?news/view/id=6625&page=2

Index

ㅂ

ㅅ

ㅎ

A

B

C

Q

R

S

T

U

V

X

다시 쓴 유기화학 실험 〈제4판〉

| 저　　자 김 홍 범
| 발 행 인 주 정 희
| 발 행 처 자유아카데미
| 주　　소 경기도 파주시 회동길 37-42
파주출판도시
| 전　　화 031-955-1321
| F A X 031-955-1322
| 홈페이지 www.freeaca.com
| 전자우편 main@freeaca.com(대표)
editor@freeaca.com(편집)
| 등　　록 제406-2003-017호, 1980. 7. 12
| 제4판1쇄 2009년 2월 28일 발행
| 제4판6쇄 2014년 7월 20일 발행
| 정　　가 22,000원

저자와의
협의하에
인지생략

ISBN 978-89-7338-756-4 93430